工业和信息产业职业教育教学指导委员会“十二五”规划教材
高等职业教育土建类专业系列规划教材

建筑工程概预算

（第2版）

王晓青　汪照喜　主编

電子工業出版社
Publishing House of Electronics Industry
北京 • BEIJING

内 容 简 介

本教材是在2007年出版的《建筑工程概预算》的基础上，广泛收集了各使用高校教师和读者的反馈信息，并征求了很多专家意见，按照新的标准和要求重新编写而成的。

本书系统介绍了建筑工程概预算的理论与方法，共14章，分为两大部分。第一部分为基本理论，包括建筑工程概预算综述、工程造价的构成、建筑工程定额、投资估算、设计概算、施工图预算的编制。第二部分为实务，包括建筑面积计算、基础及土方工程计价、主体结构工程计价、钢筋工程计量与计价、屋面防水及保温工程计价、装饰工程计价、措施项目计价、工程竣工结算和决算的编制方法。

本教材理论知识简洁、明了、够用；既有传统定额计价又有工程量清单计价，且以工程量清单计价为主；实例（指每章的例题）和案例（指本教材附录部分的某工程施工图预算编制，在教材以后的内容中简称"本教材案例"）与理论结合紧密；文字与图、表结合，通俗易懂，并且以某一建筑工程施工图预算的编制贯穿于整个实务篇每一章节的内容中，体现了本教材案例讲述的完整性。

本书可作为高职高专院校土建大类各专业，如建筑工程技术、工程造价、房地产经营与估价、建筑工程项目管理、工程监理、建筑经济管理等专业的教材，也可作为土建大类经营管理人员的培训教材或参考用书。

图书在版编目（CIP）数据

建筑工程概预算 / 王晓青，汪照喜主编. —2版. —北京：电子工业出版社，2012.1
高等职业教育土建类专业系列规划教材
ISBN 978-7-121-15277-1

Ⅰ. ①建… Ⅱ. ①王… ②汪… Ⅲ. ①建筑概算定额－高等职业教育－教材②建筑预算定额－高等职业教育－教材 Ⅳ. ①TU723.3

中国版本图书馆CIP数据核字（2011）第242777号

策划编辑：张云怡
责任编辑：张云怡
印　　刷：北京天宇星印刷厂
装　　订：北京天宇星印刷厂
出版发行：电子工业出版社
　　　　　北京市海淀区万寿路173信箱　邮编 100036
开　　本：787×1092　1/16　印张：17.75　字数：454.4千字
版　　次：2007年6月第1版
　　　　　2012年1月第2版
印　　次：2014年6月第5次印刷
印　　数：2 500册　定价：33.00元

凡所购买电子工业出版社图书有缺损问题，请向购买书店调换。若书店售缺，请与本社发行部联系，联系及邮购电话：（010）88254888。

质量投诉请发邮件至 zlts@phei.com.cn，盗版侵权举报请发邮件至 dbqq@phei.com.cn。

服务热线：（010）88258888。

前　　言

本教材是全国高职高专土建类专业系列规划教材之一，根据建设部和国家质量监督检验检疫总局联合发布的《建设工程工程量清单计价规范》（GB50500—2008）、《建筑工程建筑面积计算规范》（GB/T50353-2005）为依据，以建筑工程为对象，以建筑工程计量、计价的基本方法为主要内容，并将案例贯穿于本教材实务的每一章，突出学生职业实践能力的培养和职业素质的提高。

1 版教材自 2007 年出版以来，深受广大高职院校师生欢迎，也给我们提供了很好的建议和意见。修订版教材的主要内容包含两大部分，第一部分为基本理论，包括建筑工程概预算综述、工程造价的构成、建筑工程定额、投资估算、设计概算、施工图预算的编制。第二部分为实务，包括建筑面积计算、基础及土方工程计价、主体结构工程计价、钢筋工程计量与计价、屋面防水及保温工程计价、装饰工程计价、措施项目计价、工程竣工结算和决算的编制方法。书中包含了大量的案例，注重理论与实际的结合。

本书有以下特点：

1．异。到目前为止，市场上还没有一本既将新的建筑工程建筑面积计算、工程量清单计价、定额计价融入一体，又将某一建筑工程施工图预算的编制的案例贯穿于每一章的高职高专的建筑工程概预算的教材。本教材已经将新的建筑面积计算规范纳入到教材中而区别其他教材仍沿用旧的建筑面积计算规则。

2．新。教材内容依据《建筑工程建筑面积计算规范》（GB/T50353-2005）、《建设工程工程量清单计价规范》（GB50500 2008）、建标[2003]206 号文《建筑安装工程费用项目组成》等新的规定和工程造价领域最新发展动态及研究成果编写。

3．易。内容通俗，图文并茂，容易学习和掌握。教材以技能操作和技能培养为主线，理论联系实际、实例紧贴理论。

4．全。基础理论知识系统，案例贯穿于全文实务的每一章，每一章均有能力描述、小结和练习题。既有传统定额计价又有工程量清单计价。

此次修订中，案例使用的分部分项工程量清单综合单价分析表为了便于教材版面的排版，将表 6.8 进行了调整。在实际工程中根据《建设工程工程量清单计价规范》（GB50500-2008）应用的是表 6.8 的格式，在学习中应注意用表 6.8 进行分部分项工程量清单综合单价分析。

本书由王晓青、汪照喜主编，郑仁贵、陈金华、唐宗洁、方英副主编。参加本书编写的人员有武汉工业职业技术学院王晓青（第 2、5、6、9、13 章）；武汉工业职业技术学院汪照喜（第 1、3、4、7、8 章）；武汉工业职业技术学院郑仁贵（第 10、12 章）；武汉交通职业学院陈金华（第 8 章的桩基础工程、砌体基础工程、砼基础工程部分，第 14 章）；武汉工业职业技术学院熊威（第 11 章）；重庆文理学院唐宗洁以及武汉工业职业技术学院方英、戴淑娟、简亚敏。

本书可作为高职高专院校土建大类中房地产经营与估价、建筑工程项目管理、工程造价、建筑监理、建筑经济管理等专业的教材，也可作为土建大类经营管理人员的培训教材或参考用书。

本书在编写过程中，参考了大量的文献资料，在此向它们的作者表示衷心的感谢。限于编者的水平，书中难免存在不足之处，敬请各位同行和广大读者批评指正。

编　者

2011 年 10 月

目　录

第1篇

基 本 理 论

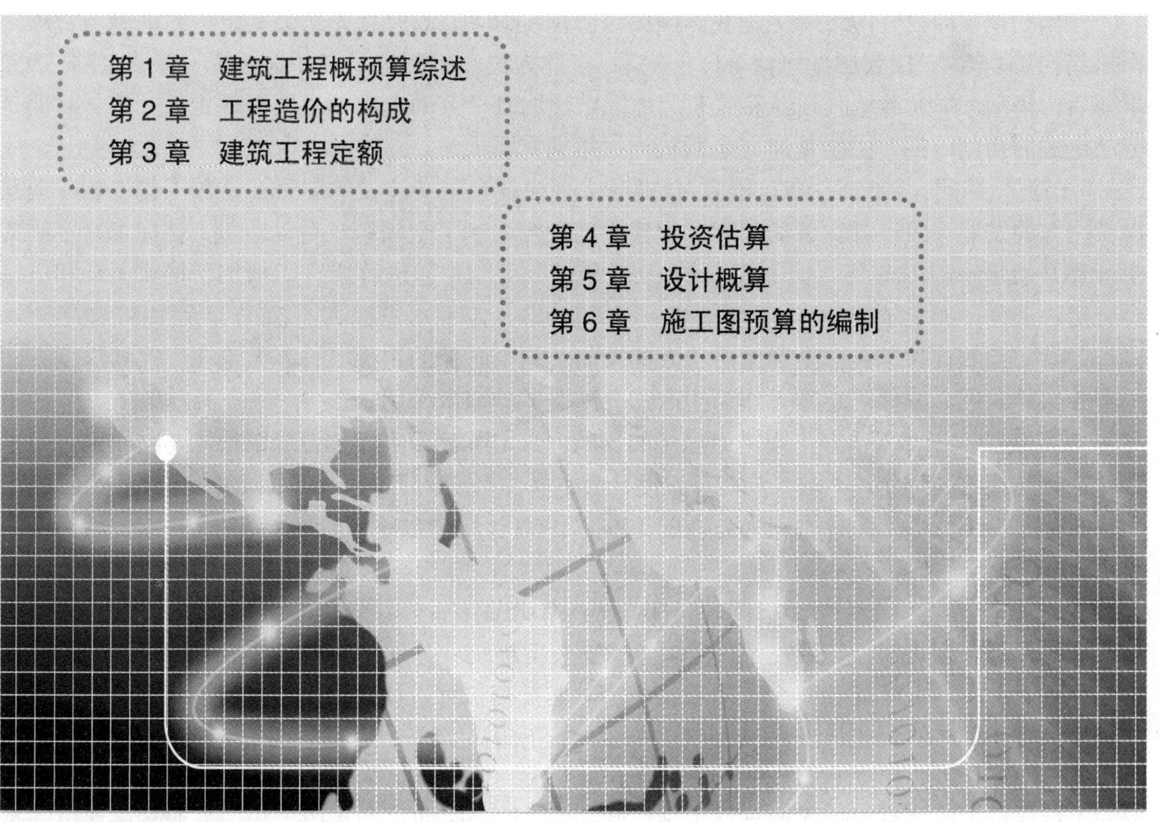
第 1 章　建筑工程概预算综述
第 2 章　工程造价的构成
第 3 章　建筑工程定额
第 4 章　投资估算
第 5 章　设计概算
第 6 章　施工图预算的编制

第 1 章　建筑工程概预算综述

【能力点描述】

通过本章的学习，学生应了解我国建筑工程定额的发展历程；了解我国工程造价管理的发展阶段；熟悉我国工程造价改革的任务及目标；熟悉我国现行工程造价计价的方式；熟悉实行工程量清单计价的目的和意义；理解建设项目的分解及造价的形成；掌握建筑工程概预算的分类；了解影响建筑工程概预算的因素。

1.1　我国工程造价管理概述

1.1.1　我国建筑工程定额的发展历程

我国建筑工程定额是在建国后逐渐建立并日趋完善的。建国初期，吸取和借鉴了前苏联建筑工程定额的经验，20 世纪 70 年代后又参考了欧、美、日等国家有关定额方面的管理科学内容，经历了分散→集中→分散→集中统一领导与分散管理相结合的发展历程。在各个时期，结合我国工程建设施工的实际情况，编制了适合我国工程建设的不同定额。

建国初期（1949～1952 年）是我国国民经济恢复时期，政府首先从劳动定额的编制与管理工作抓起。1951 年 4 月，我国参照前苏联的定额，东北人民政府制定了东北地区统一劳动定额。1952 年前后，华东、华北等地区相继参照东北地区定额编制了劳动定额或工料消耗定额。这一时期是劳动定额的初创时期，主要是建立定额机构，培训定额人员。

“一·五”期间（1953～1957 年），伴随着大规模社会主义建设的展开，定额工作也相应地获得了空前的发展。1955 年，劳动部和工程建设部联合编制了全国统一劳动定额，这标志着定额集中管理开始起步。1956 年，国家建委对 1955 年统一劳动定额进行修订，增加了材料消耗和机械台班定额部分，颁发了 1956 年《全国统一施工定额》，定额水平提高了 5.2%。至 1957 年年末，执行劳动定额的计件工人占全部生产工人的 70%。这个时期的定额工作，无论在广度和深度方面都有较快的发展，发挥了定额工作为生产和分配服务的双重作用。

1958 年受大跃进等“左”倾错误思想的影响，否定了社会主义按劳分配原则，因而也否定了劳动定额和计件工资制，不顾客观规律，使社会主义生产遭到了很大损失。1959 年年底工程建设企业实行计件工资的工人只占工人总数的 13%，1960 年这个数字大约不到 5%，导致劳动生产率大幅下降。

1961 年中央提出“调整、巩固、充实、提高”八字方针，纠正“左”倾错误。1962 年原国家工程建设部又正式修订、颁发了《全国建筑安装工程统一劳动定额》，定额水平比 1956 年提高了 4.58%，项目增加到 10 524 个。随着统一定额的贯彻执行，计件工资逐步得到恢复，实行计件工资和奖励制度的人数达到工人总数的 70%。为了适应用定额工日计算劳动生产率的需要，原工程建设部颁发了 1966 年《全国统一劳动定额》。但随着 1966 年“文化大革命”的开始。已基本成形的工程建设定额体系再一次遭到严重破坏和冲击，这一时期也是我国定额工作遭到破坏时间最

长、损失最大的时期。

十年动乱结束后，我国进入了改革开放全面发展的新时期。1979 年 10 月国家工程建设总局颁发了《建筑安装工程统一劳动定额》，定额水平按可比项目比 1966 年提高了 4.39%，其后三年期间的统计显示，按新定额实行计件工资和奖励的工人，已占生产工人总数的 74%左右。1985 年，城乡建设环境保护部又颁发了《全国建筑安装工程统一劳动定额》，它是在 1979 年定额的基础上，参照各地近期的劳动定额调查研究资料，进行综合分析和平衡后修订的。

1995 年 12 月 15 日，建设部颁发了最新的《全国统一工程建设基础定额》（土建工程）GJD—101—1995 和《全国统一建筑工程预算工程量计算规则》GJD_{GZ}—101—1995。各省、市、自治区在国家统一定额的基础上，也修订了各自的预算定额和概算定额。

1.1.2　我国工程造价管理的发展阶段

1949 年中华人民共和国成立后，全国面临着大规模的兴建工作。为了用好有限的基本建设资金，合理地确定工程造价，我国学习、引进了前苏联的套用概算、预算定额确定造价的管理制度。概、预算制度的建立，有效地促进了建设资金的合理安排和节约使用，为国家经济建设起到了积极作用。改革开放以后，我国又学习国际上先进的、适应市场经济条件的工程造价管理方法，与国际惯例接轨，推出了工程造价管理改革的新举措，开创了工程造价改革的新局面。回顾五十多年来我国工程造价管理的历程，既有成功的经验，又有失败的教训，大致可分为以下五个阶段。

1. 建立和健全工程造价管理制度阶段（1949 年～1957 年）

建国初期（1949 年～1952 年）是我国国民经济的恢复时期，为了贯彻按劳分配的原则，也为了迎接我国经济建设高潮的到来，政府首先从劳动定额的编制与管理工作抓起。这期间，东北、华北等地区先后制定了地区的劳动定额或工料消耗定额。在“一·五”期间，我国开始兴起了大规模经济建设资金，在学习、引进原苏联经验的基础上，逐步建立了具有我国计划经济特色的工程定额管理和工程预算制度。

为此，1954 年由国家计委编制了《1954 年建筑工程设计预算定额》。1955 年国家建设委员会颁发了《工业与民用建筑预算暂行细则》和《建筑安装工程间接费用定额》。《工业与民用建筑预算暂行细则》规定了经过批准的初步设计总概算是确定工程费用的法定文件，是工程项目投资的最高限额，明确了基本建设概、预算在建设工作中的地位和作用。并于 1956 年正式颁发了《建筑工程预算定额》，规定了在工程造价中可按工程成本提取 2.5%作为企业的法定利润。国家计委于 1957 年颁布了《基本建设工程设计与预算文件审批暂行办法》和《工业与民用建设设计及预算编制办法》等一系列法规、文件，从组织上、技术上建立了我国计划经济模式下的工程概、预算制度，基本形成了我国以自己的概、预算定额为基础的工程造价管理制度。

2. 工程造价管理工作被削弱阶段（1958 年～1965 年）

1958 年开始的第二个五年计划期间，由于大跃进等“左”倾思潮的影响，否定按劳分配原则，对定额和预算的作用出现了错误的看法和做法。1958 年由国家计划委员会、国家经济委员会联合下文，把基本建设预算编制办法、定额的制定权下放给省、市、自治区，由此造成工程量计算规则和定额项目因各省、市、自治区而异，取费标准也不统一。1959 年有关部门决定，取消了建筑安装企业2.5%的法定利润，把建筑安装企业作为实报实销、不计盈利的单位对待。在浮夸风、大锅饭及只算政治账、不算经济账等“左”倾思想影响下，削弱并放弃了工程定额和预算工作，至使投资失控，工程花多少算多少，投资无底洞。各地头脑发热，不顾国情乱上项目，给国家资源带来了极大的损失和浪费。

1961年随着“调整、巩固、充实、提高”八字方针的贯彻，工程造价管理工作有所恢复。1963年1月国家计委《关于1963年编制基本预算依据问题的通知》中要求对下放过了头的部分预算定额等编制依据，重新收归中央统一管理。从总体上讲，这一阶段我国的工程定额与造价管理工作，是从放权到收权，从混乱到恢复健全的时期。

3. 工程造价管理遭到严重破坏阶段（1966年～1976年）

文化大革命期间，左倾错误达到顶峰，定额和概、预算被说成是“管、卡、压”的工具，“设计无概算、施工无预算、竣工无结算”的状况成为普遍现象。国民经济面临崩溃局面，建筑业出现全行业亏损。

1967年，建筑工程部直属企业实行经常费制度，规定完全取消工程概预算，实行工程完工后向建设单位实报实销，造成投资失控、损失浪费极为严重的局面。这一制度实行了6年，于1973年1月1日被迫停止，恢复建设单位与施工单位按施工图预算结算制度。1973年，各省、市、自治区相继制定颁发建筑工程概算定额和预算定额。1975年，国家建委颁发《基本建设投资大包干》的内容、范围、形式、依据、经济核算、拨款等都作了专门规定。

4. 工程造价管理恢复、整顿和健全阶段（1977年～1991年）

1979年10月，国家建筑工程总局颁发了《建筑安装工程统一劳动定额》，1980年，各省、市、自治区在国家建委统一组织和领导下，陆续成立省、市定额站，再度按社会平均先进水平修改和制定了建筑工程土建预算定额，并恢复了按工程成本的2.5%计取企业法定利润的制度，使施工图预算价格比较接近其价值。1984年国家计委、财政部、建设银行联合发布《关于国家预算内基本建设投资全部由拨款改为贷款的暂行规定》，建设投资由过去的无偿使用变为有偿使用。1986年国家计委又发布了《关于控制建设工程造价的若干规定》，规定中明确指出：“为合理确定和有效地控制建设工程造价，建立和健全各有关单位的工程造价控制责任制，实行对工程建设全过程的造价控制和管理，提高投资效益。”在这个阶段，我国不仅恢复和修订了一系列工程预算制度，而且根据商品经济规律的要求，修订了一般土建工程预算定额和间接费定额，变过去社会平均先进水平为平均水平，使按定额计算的工程建设产品价格更为贴近商品经济的要求，使我国工程造价管理理论与实践获得了较快的发展。

5. 工程造价全面改革的质变阶段（1992年至今）

1992年以后，随着国内经济模式加速向社会主义市场经济转变，过去几十年计划经济体制下形成的以定额为中心，量价合一，工程造价静态管理的模式，已不适应市场经济体制的要求。1992年全国工程建设标准定额工作会议提出对工程造价要坚持“控制过程和动态管理”的思路，提出了“量价分离”的改革方针与原则，即“统一‘量’，指导‘价’，竞争‘费’”九个字的改革设想和实施办法。建设部于1995年发布《全国统一建筑工程基础定额》和《全国统一建筑工程预算工程量计算规则》，统一了全国定额项目的划分和工程量计算规则，落实了“统一量”的要求。在合同价格结算方面规定可以采用政府主管部门公布的“信息价”。1999年1月建设部又发布了《建设工程施工发包与承包价格管理暂行规定》，对加强整个工程造价计算依据和计价方法的改革

起到了推动作用。

随着我国加入世界贸易组织（WTO），工程造价工作与国际惯例接轨已是迫在眉睫。2001 年 10 月 25 日建设部发布了 107 号部长令《建筑工程施工发包与承包计价管理办法》，该文件更加明确提出："建筑工程施工发包与承包价在政府宏观调控下，由市场竞争形成。工程发、承包计价应遵循公平、合法和诚实信用的原则"。这标志着我国工程造价改革发生了质的飞跃。这种新的工程造价管理体制可描述为："在国家宏观控制下，以市场形成工程造价为主的价格机制"，形成"宏观调控，市场竞争，合同定价，依法结算"的市场环境与氛围。为了进一步贯彻落实"计价管理办法"，建设部于 2003 年 2 月 17 日颁布了国家标准《建设工程工程量清单计价规范》，这是实现我国工程造价改革由计划经济模式向市场经济模式转变的重要标志，是一场新的工程造价制度建设革命的开始。

1.1.3　我国工程造价改革的任务及目标

我国工程造价改革的主要任务是：

（1）变"统一量"为企业各自的消耗量。建设部于 1995 年发布的《全国统一建设工程基础定额》（土建）在标准的施工工法条件下，统一了定额项目的划分，按社会平均水平，统一规定了定额的消耗量，促进了计价基础的统一。但是要体现企业的个别成本，就必须允许企业按自己的施工工法，按照自己企业的劳动生产率来确定自己企业的人、材、机消耗量。这是每个建筑施工企业必须要做的工作，即建立企业自己的消耗量定额或消耗量标准。在建立企业定额时可借鉴和参考国家的《全国统一建设工程基础定额》（土建）。

（2）变"指导价"为市场价。市场价格瞬息万变，各省制定定额时的指导价跟不上市场价格的变化。要建立完善的工程造价信息系统，充分利用现代通信、计算机、网络等科技手段，组织工程造价管理部门、咨询单位、材料及设备生产厂家等建立完善、快捷的人、材、机市场价格信息系统，实现资源信息共享，及时为用户提供人工、材料、设备价格信息及造价指数。

（3）变"竞争费"为企业自主取费。2003 年 10 月 25 日建设部、财政部联合发布的《建筑安装工程费用项目组成》中就改变了过去直接规定各项费用费率的做法，改为用附件的方式给出了"建筑安装工程费用参考计算方法"，把取费的自主权交还给了企业，让企业根据自己发生的实际费用，考虑竞争因素自己决定取费的方法和程序。

（4）完善招标投标制度，规范工程发承包招标投标行为，大力推行合理低价中标评标方法，真正实现优胜劣汰，建立统一、开放、有序的建筑市场体系。

（5）确立咨询业公正、负责的社会地位。工程造价咨询面向社会接受委托，承担建设项目的可行性研究、投资估算、项目经济评价、工程概算、工程预算、工程结算、竣工决算以及工程招标标底、投标报价的编制和审核，对工程造价进行监控。充分发挥造价咨询业的咨询、顾问、监督作用，并逐渐代替政府行使造价管理的职能，同时也接受政府有关部门的管理和监督。

综上所述，工程造价管理体制改革的最终目标是建立"政府宏观调控，企业自主报价，市场竞争形成价格，社会全面监督"的工程造价管理体制，由过去行政直接干预转变为对工程造价依法监管，与国际惯例接轨，建立适应市场经济和全球经济一体化的工程造价管理体制。

1.1.4 我国现行工程造价计价的方式

我国现行工程造价计价的方式分为工程量清单计价和定额计价两种。

定额计价是我国长期使用的一种基本方法，它是根据统一的工程量计算规则依据施工图纸计算工程量、套取定额，确定直接工程费，再根据建筑工程费用定额规定计算工程造价的方法。

工程量清单计价是国际上通用的方法，也是我国目前推行的计价方式，是指由招标人按照国家统一规定的工程量计算规则计算出工程数量，由投标人依据企业自身的实力，根据招标人提供的工程数量自主报价的一种方式。这种计价方式与工程招投标活动有着很好的适应性，有利于促进工程招投标公平、公正和高效的进行。

不论是哪种计价方式，在确定工程造价时，都是先计算工程数量，再计算工程价格。

1. 定额计价概述

（1）定额计价的概念。定额计价是我国传统的计价方式，在招投标时，不论是作为招标标底还是投标报价，其招标人和投标人都需要按国家规定的统一工程量计算规则计算工程数量，然后按建设行政主管部门颁布的预算定额或单位估价表计算工、料、机的费用，再按有关费用标准计取其他费用，汇总后得到工程造价。

在整个计价过程中，计价依据是固定的，即权威性“定额”。定额是计划经济时代的产物，在特定的历史条件下，起到了确定和衡量工程造价标准的作用，规范了建筑市场，使专业人士在确定工程造价时有所依据，但定额指令性过强，不利于竞争机制的发挥。

（2）定额计价方式下建筑工程计价文件的编制方法。采用定额计价方式确定单位工程价格，其编制方法通常有单价法和实物法两种。

① 单价法。单价法是在确定单位工程造价时利用预算定额（或消耗量定额及基价表）中各分部分项工程相应的定额单价来编制单位工程计价文件的方法。首先按施工图纸计算各分部分项工程的工程量（包括实体项目和非实体项目），并乘以相应单价，汇总得到单位工程的定额直接费和施工技术措施费，再加上按规定程序计算出来的施工组织措施费、间接费、利润和税金等，最后汇总各项费用即得到单位工程造价。

② 实物法。实物法是在确定单位工程造价时首先计算出分项工程量，然后套用预算定额中相应人工、材料、机械台班消耗量，并汇总，再分别乘以该工程当时当地的人工、材料、机械台班的实际单价，得到直接工程费，并按规定计取其他各项费用，最后汇总就可得出单位工程造价的方法。

2. 工程量清单计价概述

（1）工程量清单。工程量清单是指建设工程的分部分项工程项目、措施项目、其他项目、规费项目和税金项目的名称和相应数量等的明细清单（《建设工程工程量清单计价规范》（GB50500—2008）第 2.0.1 条）。由招标人按照《建设工程工程量清单计价规范》（GB50500—2008）附录中统一的项目编码、项目名称、计量单位和工程量计算规则编制明细清单，它包括分部分项工程量清单、措施项目清单、其他项目清单、规费项目清单及税金项目清单。具体做法是招标人按照招标文件和施工设计图纸要求将拟建招标工程的全部项目和内容，依据统一的工程量计算规则、统一的工程量清单项目编制规则要求，计算拟建招标工程的分部分项实物工程量，按工程部位性质分解为分部分项或某一构件列在清单上作为招标文件的组成部分，供投标单位逐项填写单价。经过比较投标单位所填单价与合价，合理选择最佳投标人。

① 项目编码。项目编码是分部分项工程量清单项目名称的数字标识。分部分项工程量清单的项目编码，应采用 12 位阿拉伯数字表示。1～9 位应按附录的规定设置，10～12 位应根据拟建工程的工程量清单项目名称设置，同一招标工程的项目编码不得有重码。例如，当同一标段的一份工程量清单中含有多个单项或单位工程且工程量清单是以单位工程为编制对象时，在编制工程量清单时应特别注意对项目编码 10～12 位的设置不得有重码的规定。例如一个标段的工程量清单含有三个单位工程，每一个单位工程中都有项目特征相同的实心砖墙砌体，此时第一个单位工程的实心砖墙项目编码应为 010302001001，第二个应为 010302001002，第三个应为 010302001003，并分别列出各单位工程实心砖墙的工程量。

② 项目特征。项目特征是构成分部分项工程量清单项目、措施项目自身价值的本质特征。项目特征必须描述，因为项目特征明确的是工程项目的实质，直接决定工程的价值。项目特征描述的原则有以下几点：

a．项目特征描述的内容按《建设工程工程量清单计价规范》（GB50500—2008）附录规定的内容和拟建工程的实际要求，以能满足确定综合单价的需要为前提。

b．对采用标准图集或施工图纸能够全部或部分满足项目特征描述要求的，项目特征描述可直接采用详见××图集或××图号的方式，但对不能满足项目特征描述要求的部分，仍应用文字描述进行补充。项目特征描述举例如表 1.1 所示。

表 1.1　砖砌体（编码：010302）

项目编码	项目名称	项目特征	计量单位	工程量计算规则	工程内容
010302001×××	实心砖墙	1.砖品种、规格、强度等级 2.墙体类型 3.墙体厚度 4.墙体高度 5.勾缝要求 6.砂浆强度等级、配合比	m^3	略	1.砂浆制作、运输 2.砌砖 3.勾缝 4.砖压顶砌筑 5.材料运输

此例中，a.砖的品种、规格、强度等级：需描述是页岩砖还是煤灰砖等；是标准砖还是非标准砖，若是非标准砖应注明规格尺寸；砖的强度等级是 MU10、MU15 还是 MU20 等内容；因为砖的品种、规格、强度等级直接关系到砖的价格。b.墙体类型：是混水墙还是清水墙，清水是双面还是单面等。c.墙的厚度：是 1 砖厚还是 1 砖半厚等，因为墙体厚度、类型直接影响砌砖的工效以及砖、砂浆的消耗量。d.墙体高度：可以不描述，因为实心砖墙清单项目的计量单位是立方米，是由墙体高度、长度和厚度相乘得到的结果，对墙体高度的描述实质意义不大。e.勾缝要求：是否勾缝；勾缝是原浆还是加浆勾缝；如果是加浆勾缝，还必须注明砂浆配合比。f.砂浆强度等级、配合比：必须描述砂浆的种类，是混合砂浆，还是水泥砂浆；砂浆的强度等级是 M5、M7.5 还是 M10 等。

（2）工程量清单计价。

根据《建设工程工程量清单计价规范》（GB50500—2008）中的规定：采用工程量清单计价，建设工程造价由分部分项工程费、措施项目费、其他项目费、规费和税金组成。分部分项工程量清单计价应采用综合单价计价，综合单价是指完成一个规定计量单位的分部分项工程量清单项目或措施清单项目所需的人工费、材料费、施工机械使用费和企业管理费与利润，以及一定范围内的风险费用。措施项目清单计价应根据拟建工程的施工组织设计，可以计算工程量的措施项目，应按分部分项工程量清单的方式采用综合单价计价；其余的措施项目可以“项”为单位的方式计价，应包括除规费、税金外的全部费用（规范第 4.1.4 条）。措施项目清单中的安全文明施工费应按照国家或省级、行业建设主管部门的规定计价，不得作为竞争性费用（规范第 4.1.5 条）。规费和税金应按国家或省级、行业建设主管部门的规定计算，不得作为竞争性费用（规范第 4.1.8 条）。采用工程量清单计价的工程，应在招标文件或合同中明确风险内容及其范围（幅度），不得采用“无限风险”、“所有风险”或类似语句规定风险内容及其范围（幅度）。

① 招标控制价。国有资金投资的工程建设项目应实行工程量清单招标，并应编制招标控制价。招标控制价超过批准的概算时，招标人应将其报原概算部门审核。投标人的投标报价高于招标控制价的，其投标应予以拒绝。

招标控制价应由具有编制能力的招标人，或受其委托具有相应资质的工程造价咨询人编制。

招标控制价应在招标时公布，不应上调或下浮，招标人应将招标控制价及有关资料报送工程所在地工程造价管理机构备查。

投标人经复核认为招标人公布的招标控制价未按照《建设工程工程量清单计价规范》（GB50500—2008）的规定编制的，应在开标前 5 天向招投标监督机构或（和）工程造价管理机构投诉。招投标监督机构应会同工程造价管理机构对投诉进行处理，发现有错误的，应责成招标人修改。

② 投标价。除《建设工程工程量清单计价规范》（GB50500—2008）中的强制性规定外，投标价由投标人自主确定，但不得低于成本。 投标价应由投标人或受其委托具有相应资质的工程造价咨询人员编制。

投标人应按招标人提供的工程量清单填报价格。填写的项目编码、项目名称、项目特征、计量单位、工程量必须与招标人提供的一致。

分部分项工程费应依据《建设工程工程量清单计价规范》（GB50500—2008）综合单价的组成内容，按招标文件中分部分项工程量清单项目的特征描述确定综合单价计算。综合单价中应考虑招标文件中要求投标人承担的风险费用。招标文件中提供了暂估单价的材料，按暂估的单价计入综合单价。

投标人可根据工程实际情况结合施工组织设计，对招标人所列的措施项目进行增补。 措施项目费应根据招标文件中的措施项目清单及投标时拟定的施工组织设计或施工方案按《建设工程工程量清单计价规范》（GB50500—2008）的规定（规范第 4.1.4 条）自主确定。其中安全文明施工费应按照《建设工程工程量清单计价规范》（GB50500—2008）（规范第 4.1.5 条）的规定确定。

其他项目费应按下列规定报价：

a．暂列金额应按招标人在其他项目清单中列出的金额填写；

b．材料暂估价应按招标人在其他项目清单中列出的单价计入综合单价；专业工程暂估价应按招标人在其他项目清单中列出的金额填写；

c．计日工按招标人在其他项目清单中列出的项目和数量，自主确定综合单价并计算计日工费用；

d．总承包服务费根据招标文件中列出的内容和提出的要求自主确定。

规费和税金应按《建设工程工程量清单计价规范》（GB50500—2008）（规范第 4.1.8 条）中的规定确定。

1.1.5　实行工程量清单计价的目的和意义

1. 实行工程量清单计价是工程造价深化改革的产物

长期以来，我国发承包计价、定价都是以工程预算定额作为主要依据。1992 年，为了适应建筑市场改革的要求，提出了“控制量，指导价，竞争费”的改革措施，工程造价管理由静态管理模式逐步转变为动态管理模式。其中对工程预算定额改革的思路是：将工程预算定额中的人工、材料、机械的消耗量和相应的单价分离，人、材、机的消耗量是国家通过有关规范、标准及社会的平均水平确定的。“控制量”的目的就是保证工程质量，“指导价”和“竞争费”就是要逐步走向市场形成价格。这一措施在我国实行社会主义市场经济初期起到了积极作用。但随着建筑市场化进程的发展，这种做法仍然难以改变工程预算定额中国家指令性的状况，难以满足招投标竞争定价和合理低价中标评标方法的要求。因为，控制的量是反映社会平均消耗水平，不能准确反映各个企业的实际消耗量，不能全面地体现企业技术装备水平、管理水平和劳动生产率，因此还不能充分体现市场公平竞争的原则。工程量清单计价将改革以工程预算定额为计价依据的计价方式。

2. 实行工程量清单计价是规范建设市场秩序、适应社会主义市场经济发展的需要

工程造价是工程建设的核心内容，也是建设市场运行的核心内容，建设市场上存在许多不规范行为，大多与工程造价有关。过去的工程预算定额在工程发包与承包工程计价中对于调节双方利益、反映市场价格等方面已经显得滞后，特别是在公开、公平、公正竞争方面，缺乏合理完善的机制，甚至出现了一些漏洞。实现建设市场的良性发展除了法律法规和行政监管以外，发挥市场规律中“竞争”和“价格”的作用是治本之策。工程量清单计价是市场形成造价的主要形式，工程量清单计价有利于发挥企业自主报价能力，实现从政府定价到市场定价的转变；有利于规范业主在招标中的行为，从而真正体现公开、公平、公正的原则，反映市场经济规律。

3. 实行工程量清单计价是促进建设市场有序竞争和企业健康发展的需要

采用工程量清单计价方式招标投标，对发包单位，由于工程量清单是招标文件的组成部分，招标单位必须编制出准确的工程量清单，并承担相应的风险，从而可以促进招标单位提高管理水平。由于工程量清单是公开的，将避免工程招标中弄虚作假，暗箱操作等不规范行为。对承包单位，采用工程量清单报价，必须对单位工程成本、利润进行分析，精心选择施工方案，并根据企业的定额合理确定人工、材料、施工机械等要素的投入与配置，优化组合，合理控制现场经费和施工技术措施费用，确定有竞争力的投标价。

1.2　建设项目的分解及其造价形成

基本建设项目是一个系统工程，为了工程管理和确定工程造价的要求，可以将基本建设项目划分为基本建设项目、单项工程、单位工程、分部工程和分项工程五个基本层次，如图 1.1 所示。

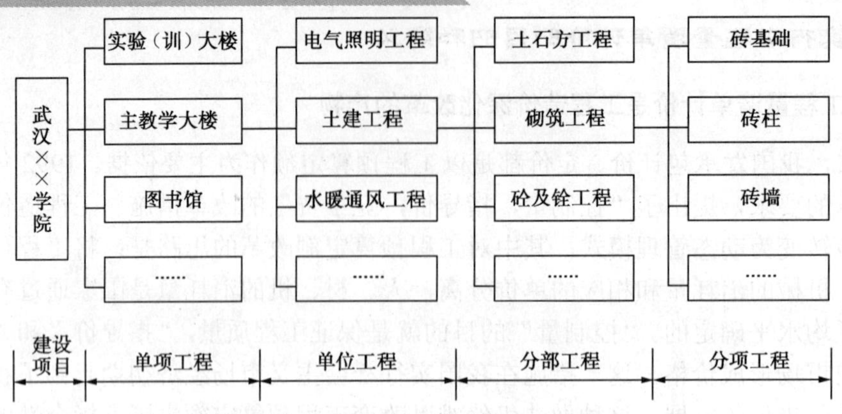

图1.1　建设项目分解示意图

1. 基本建设项目（简称建设项目）

建设项目是指在一个或几个场地上，按照一个总体设计进行施工的各个工程项目的总体。建设项目可由一个工程项目或几个工程项目构成。建设项目在经济上实行独立核算，在行政上具有独立组织形式。在我国，建设项目的实施单位一般称为建设单位，实行建设项目法人负责制。如一座工厂、一所学校、一所医院等均为一个建设项目，由项目法人单位实行统一管理。

建设项目的工程造价一般指投资估算、设计总概算和竣工总决算的造价。

2. 单项工程

单项工程又称工程项目，是建设项目的组成部分。一个建设项目可以是一个单项工程，也可以包括几个单项工程。单项工程是指具有独立的设计文件、建成后可以独立发挥生产能力和使用效益的工程。如一所学校的教学楼、办公楼、图书馆等，一座工厂中的各个车间、办公楼等。

单项工程的工程造价由编制单项工程综合概（预）算确定。

3. 单位工程

单位工程是单项工程的组成部分。单位工程是指具有独立设计文件，可以独立组织施工，但建成后不能独立发挥生产能力和使用效益的工程。如某教学楼是一个单项工程，该教学楼的土建工程、室内给排水工程、室内电气照明工程等，均属单位工程。

单位工程的造价由编制施工图预算确定。

4. 分部工程

分部工程是单位工程的组成部分。分部工程是指在一个单位工程中，按工程部位及使用的材料和工种进一步划分的工程。如一般土建工程的土石方工程、桩基础工程、砌筑工程、混凝土和钢筋混凝土工程、金属结构工程、楼地面工程、屋面工程、装饰工程，均属分部工程。

对于每个分部工程，因为构造、使用材料规格或施工方法等因素的不同，完成同一计量单位的工程需要消耗的人工、材料和机械量及其价格的差别也是很大的，因而，还需要把分部工程进一步划分为分项工程。

5. 分项工程

分项工程是分部工程的组成部分。分项工程是指在一个分部工程中，按不同的施工方法、不

同的材料和规格，对分部工程进一步划分，它是指能用较为简单的施工过程就能完成，以适当的计量单位就可以计算工程量及其单价的建筑或设备安装工程的产品。如砌筑工程可以划分为砖基础、内墙、外墙、空斗墙、空心墙、柱、钢筋砖过梁等分项工程。分项工程没有独立存在的意义，只是为了便于计算建筑工程造价而分解出来的"假定产品"。

综上所述，一个建设项目是由一个或几个单项工程组成的；一个单项工程是由一个或几个单位工程组成的；一个单位工程又包含很多分部工程，分部工程又可以划分为若干个分项工程；而建设计价文件的编制就是从分项工程开始的。对计价文件编制对象进行分项划分，是正确编制工程计价文件的一项重要工作。建设项目的这种划分，不仅有利于编制计价文件，而且有利于项目的组织管理。

1.3　建筑工程概预算的分类

建筑工程概预算分类如图 1.2 所示。

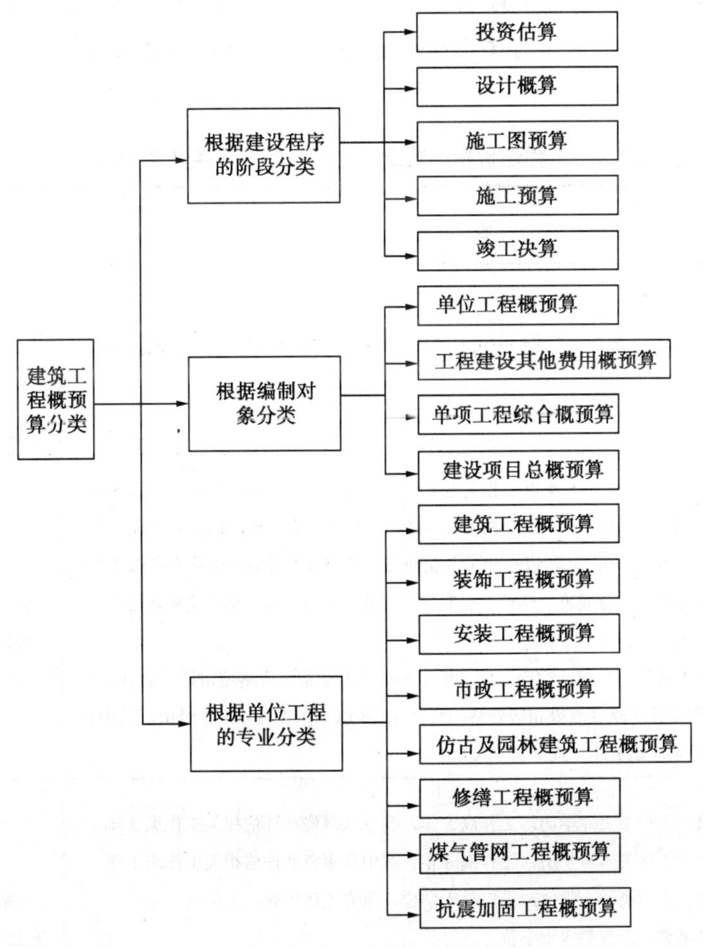

图 1.2　建筑工程概预算分类示意图

1.4 影响建筑工程概预算的因素

影响建筑工程概预算费用或建设项目投资的因素很多，其主要因素有以下几个方面：

（1）政策法规性因素；

（2）地区性与市场性因素；

（3）设计因素；

（4）施工因素；

（5）编制人员素质因素。

1.5 工程造价相关专业执业资格简介

我国建筑法规定：从事建筑活动的专业技术人员，应当依法取得相应的执业资格证书，并在执业资格证书许可的范围内从事建筑活动。涉及工程造价专业方面的执业资格主要有：造价工程师、监理工程师、建造师、咨询工程师（投资）、房地产估价师、资产评估师、设备监理师、投资建设项目管理师（职业水平）等多个执业资格。报考相关执业资格的报考条件和考试科目如表1.1所示。

表1.1　工程造价相关执业资格考试的报考条件及考试科目

序号	名称	报考条件	报考科目
1	注册监理工程师	具有高级专业技术职称，或取得中级专业技术职称后具有3年以上工程设计或施工管理实践经验	《建设工程合同管理》、《建设工程质量、投资、进度控制》、《建设工程监理基本理论与相关法规》、《建设工程监理案例分析》
2	房地产估价师	1. 相关学科中专学历，8年以上相关专业经历，其中从事房地产估价实务满5年 2. 相关学科大专学历，6年以上相关专业经历，其中从事房地产估价实务满4年 3. 相关学科本科学历，4年以上相关专业经历，其中从事房地产估价实务满3年 4. 相关学科硕士学位或第二学位、研究生班毕业，从事房地产估价实务满2年 5. 取得房地产估价相关学科博士学位 6. 不具备上述学历，但通过国家统一组织的经济专业初级资格或审计、会计、统计专业助理级资格考试并取得相应资格，具有10年以上相关专业工作经历，其中从事房地产估价实务满6年，成绩特别突出	《房地产基本制度与政策》、《房地产投资经营与管理》、《房地产估价理论与实务》、《房地产估价案例与分析》
3	注册资产评估师	1. 经济类、工程类大专学历，工作满5年，其中从事资产评估相关工作满3年 2. 经济类、工程类本科学历，工作满3年，其中从事资产评估相关工作满1年 3. 经济类、工程类硕士学位或第二学士学位、研究生班毕业，工作满1年 4. 取得经济类、工程类博士学位 5. 非经济类、工程类专业毕业，其相对应的从事资产评估相关工作年限延长2年 6. 不具备上述规定学历，但通过国家统一组织的经济、会计、审计专业初级资格考试，取得相应专业技术资格，并从事资产评估相关工作满5年	《资产评估》、《经济法》、《财务会计》、《机电设备评估基础》、《建筑工程评估基础》

续表

序号	名称	报考条件	报考科目
4	注册造价工程师	1. 工程造价专业大专毕业，从事工程造价业务工作满 5 年；工程或工程经济类大专毕业后，从事工程造价业务工作满 6 年 2. 工程造价专业本科毕业，从事工程造价业务工作满 4 年；工程或工程经济类本科毕业后，从事工程造价业务工作满 5 年 3. 获上述专业第二学士学位、研究生班毕业或获硕士学位，从事工程造价业务工作满 3 年 4. 获上述专业博士学位，从事工程造价业务工作满 2 年	《工程造价管理基础理论与相关法规》、《工程造价计价与控制》、《建设工程技术与计量》、《工程造价案例分析》
5	注册咨询工程师	1. 工程技术类或工程经济类专业大专毕业后，从事工程咨询相关业务满 8 年 2. 工程技术类或工程经济类专业本科毕业后，从事工程咨询相关业务满 6 年 3. 获工程技术类或工程经济类专业第二学士学位或研究生班毕业后，从事工程咨询相关业务满 4 年 4. 获工程技术类或工程经济类专业硕士学位，从事工程咨询相关业务满 3 年 5. 获工程技术类或工程经济类专业博士学位，从事工程咨询相关业务满 2 年 6. 获非工程技术类、工程经济类专业上述学历或学位人员，其从事工程咨询相关业务年限相应增加 2 年	《工程咨询概论》、《宏观经济政策与发展规划》、《工程项目组织与管理》、《项目决策分析与评价》、《现代咨询方法与实务》
6	一级建造师	1. 取得工程类或工程经济类大学专科学历，工作满 6 年，其中从事建设工程项目施工管理工作满 4 年 2. 取得工程类或工程经济类大学本科学历，工作满 4 年，其中从事建设工程项目施工管理工作满 3 年 3. 取得工程类或工程经济类双学士学位或研究生班毕业，工作满 3 年，其中从事建设工程施工管理工作满 2 年 4. 取得工程类或工程经济类硕士学位，工作满 2 年，其中从事建设工程项目施工管理工作满 1 年 5. 取得工程类或工程经济类博士学位，从事建设工程项目施工管理工作满 1 年	《建设工程经济》、《建设工程法规及相关知识》、《建设工程项目管理》、《专业工程管理与实务》
7	注册设备监理师	1. 取得工程技术专业中专学历，累计从事设备工程专业工作满 20 年 2. 取得工程技术专业大专学历，累计从事设备工程专业工作满 15 年 3. 取得工程技术专业本科学历，累计从事设备工程专业工作满 10 年 4. 取得工程技术专业硕士及以上学位，累计从事设备工程专业工作满 5 年	《设备工程监理基础及相关知识》、《设备监理合同管理》、《质量投资进度控制》、《设备监理综合实务与安全分析》
8	投资建设项目管理师	1. 取得工程技术、工程经济或工程管理类专业大专学历，从事投资建设项目专业管理工作满 10 年 2. 取得工程技术、工程经济或工程管理类专业大学本科学历，从事投资建设项目专业管理工作满 8 年 3. 取得工程技术、工程经济或工程管理类硕士学位，从事投资建设项目专业管理工作满 5 年 4. 取得工程技术、工程经济或工程管理类博士学位，从事投资建设项目专业管理工作满 3 年 5. 取得非工程技术、工程经济或工程管理类专业学历或学位，其从事投资建设项目专业管理工作年限相应增加 2 年	《宏观经济政策》、《投资建设项目决策》、《投资建设项目组织》、《投资建设项目实施》

本章小结

本章介绍了我国建筑工程定额的发展历程；我国工程造价管理的发展阶段；我国工程造价改革的任务及目标；我国现行工程造价计价的方式；实行工程量清单计价的目的和意义；建设项目的分解及造价的形成；建筑工程概预算的分类和影响建筑工程概预算的因素。

思考与练习

1．简述我国建筑工程定额的发展历程。
2．我国工程造价管理经历了哪几个阶段？
3．我国工程造价改革的任务及目标是什么？
4．简述我国现行工程造价计价的方式。
5．实行工程量清单计价的目的和意义是什么？
6．什么是工程量清单？什么是工程量清单计价？什么是综合单价？
7．什么叫建设项目、单项工程、单位工程？为什么要对建设项目进行分解？
8．影响建筑工程概预算的因素有哪些？

第2章　工程造价的构成

【能力点描述】

通过本章的学习，学生应了解工程造价的含义及特点；掌握我国现行建设工程造价的构成；掌握我国现行建筑安装工程费用的组成。

2.1　工程造价的含义及特点

2.1.1　工程造价的含义

工程造价有工程投资费用和工程建造价格两种含义。

1. 工程投资费用

从投资者（业主）的角度来定义，工程造价是指建设一项工程预期开支或实际开支的全部固定资产投资费用。

2. 工程建造价格

从承包者（承包商）或供应商，或规划、设计等机构的角度来定义，为建成一项工程，预计或实际在土地市场、设备市场、技术劳务市场，以及承包市场等交易活动中所形成的建筑安装工程的价格和建设工程总价格。

2.1.2　工程造价的特点

1. 工程造价的大额性

一项工程不仅实物形体庞大，而且造价高昂。动辄数百万、数千万、数亿、数十亿，特大的工程项目造价可达百亿、千亿元人民币。工程造价的大额性使它关系到有关各方面的重大经济利益，同时也会对宏观经济产生重大影响。这就决定了工程造价的特殊地位，也说明了造价管理的重要意义。

2. 工程造价的个别性和差异性

任何一项工程都有特定的用途、功能、规模。因此对每一项工程的结构、造型、空间分割、设备配置和内外装饰都有具体的要求，所以工程内容和实物形态都具有个别性和差异性。产品的差异性决定了工程造价的个别性差异。

3. 工程造价的动态性

任何一项工程从决策到竣工交付使用，都有一个较长的建设期间，而且由于不可控因素的影响，在预计工期内，许多影响工程造价的动态因素，如工程变更，设备材料价格，劳动价格以及费率、汇率会发生变化。这种变化必然会影响到造价的变动。所以，工程造价在整个建设期间处于不确定状态，直至竣工决算后才能最终确定工程的实际造价。

4. 工程造价的层次性

造价的层次性取决于工程的层次性。一个建设项目包含一个或几个单项工程，一个单项工程由多个单位工程组成，单位工程又可以分为很多分项工程。

5. 工程造价的兼容性

造价的兼容性首先表现在它有工程投资费用和工程建造价格两种含义。其次表现在造价构成因素的广泛性和复杂性。在工程造价中成本因素非常复杂，其中为获得建设工程用地支出的费用、项目科研和规划设计费用、与政府一定时期政策相关的费用占有相当的份额。再次，盈利的构成也较为复杂，资金成本较大。

2.2 我国现行建设工程造价的构成

我国现行工程造价构成主要内容为建设项目总投资（包含固定资产投资和流动资产投资两部分），建设项目总投资中的固定资产投资与建设项目的工程造价在量上相等。也就是说，工程造价由建筑安装工程费用，设备及工、器具购置费用，工程建设其他费用，预备费，建设期贷款利息，固定资产投资方向调节税等费用构成，具体构成内容如图 2.1 所示。

2.3 我国现行建筑安装工程费用的组成

2.3.1 定额计价的费用构成

根据中华人民共和国建设部、财政部，2003 年 10 月 15 日联合颁发的关于印发《建筑安装工程费用项目组成》的通知（建标[2003]206 号），我国现行建筑安装工程费用由直接费用、间接费用、利润和税金四个部分组成，如图 2.2 所示。

1. 直接费用

直接费用由直接工程费和措施费组成。

（1）直接工程费：指施工过程中耗费的构成工程实体的各项费用，包括人工费、材料费、施工机械使用费。

① 人工费：指直接从事建筑安装工程施工的生产工人开支的各项费用，内容包括以下几部分。

a．基本工资：指发放给生产工人的基本工资。

b．工资性补贴：指按规定标准发放的物价补贴，如煤、燃气补贴，交通补贴，住房补贴，流动施工津贴等。

c．生产工人辅助工资：指生产工人年有效施工天数以外非作业天数的工资，包括职工学习、培训期间的工资，调动工作、探亲、休假期间的工资，因气候影响的停工工资，女工哺乳期间的工资，病假在六个月以内的工资及产、婚、丧假期的工资。

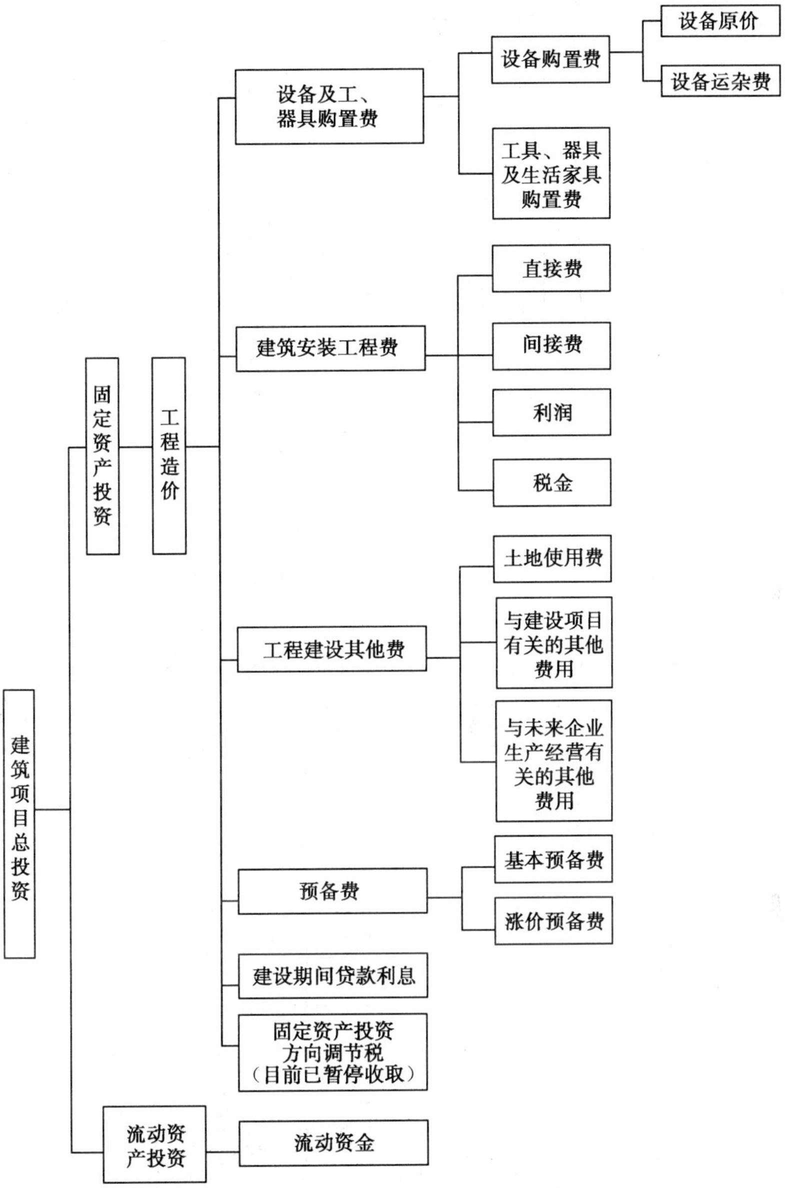

- 建筑项目总投资
  - 固定资产投资
    - 工程造价
      - 设备及工、器具购置费
        - 设备购置费
          - 设备原价
          - 设备运杂费
        - 工具、器具及生活家具购置费
      - 建筑安装工程费
        - 直接费
        - 间接费
        - 利润
        - 税金
      - 工程建设其他费
        - 土地使用费
        - 与建设项目有关的其他费用
        - 与未来企业生产经营有关的其他费用
      - 预备费
        - 基本预备费
        - 涨价预备费
      - 建设期间贷款利息
      - 固定资产投资方向调节税（目前已暂停收取）
  - 流动资产投资
    - 流动资金

图 2.1　我国现行建设工程造价的构成

d．职工福利费：指按规定标准计提的职工福利费。

e．生产工人劳动保护费：指按规定标准发放的劳动保护用品的购置费及修理费，徒工服装补贴，防暑降温费，在有碍身体健康环境中施工的保健费用等。

② 材料费：指施工过程中耗费的构成工程实体的原材料、辅助材料、构配件、零件、半成品的费用，内容包括以下几部分。

a．材料原价（或供应价格）。

b．材料运杂费：指材料自来源地运至工地仓库或指定堆放地点所发生的全部费用。

c．运输损耗费：指材料在运输装卸过程中不可避免的损耗。

d．采购及保管费：指为组织采购、供应和保管材料过程中所需要的各项费用，包括采购费、仓储费、工地保管费、仓储损耗。

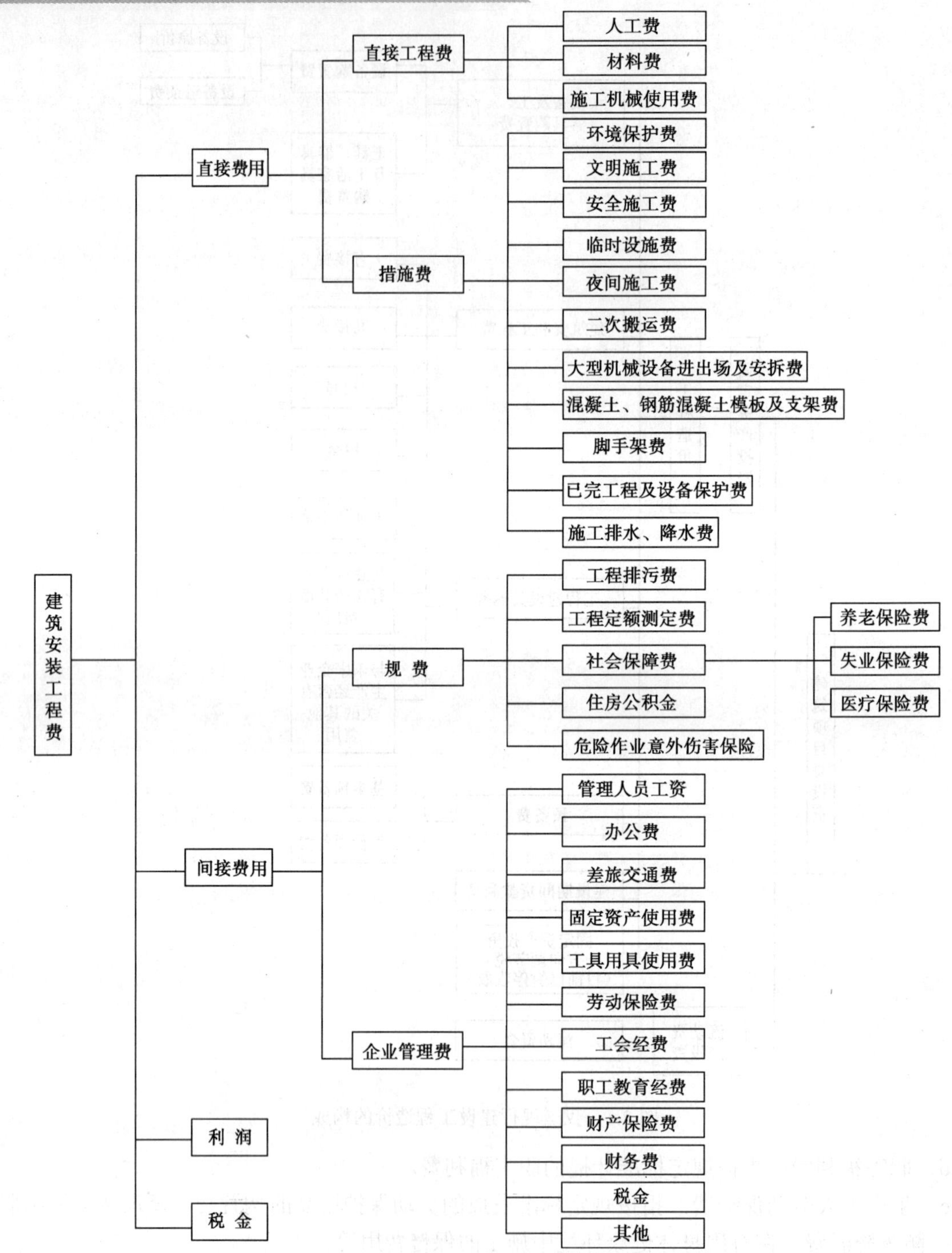

图 2.2 建筑安装工程费用组成

e．检验试验费：指对建筑材料、构件和建筑安装物进行一般鉴定、检查所发生的费用，包括自设试验室进行试验所消耗的材料和化学药品等费用。不包括新结构、新材料的试验费和建设单位对具有出厂合格证明的材料进行检验，对构件做破坏性试验及其他特殊要求检验试验的费用。

③ 施工机械使用费：指施工机械作业所发生的机械使用费以及机械安拆费和场外运费。施工机械台班单价由下列七项费用组成。

a．折旧费：指施工机械在规定的使用年限内，陆续收回其原值及购置资金的时间价值。

b．大修理费：指施工机械按规定的大修理间隔台班进行必要的大修理，以恢复其正常功能所需的费用。

c．经常修理费：指施工机械除大修理以外的各级保养和临时故障排除所需的费用。包括为保障机械正常运转所需替换设备与随机配备工具附具的摊销和维护费用，机械运转中日常保养所需润滑与擦拭的材料费用及机械停滞期间的维护和保养费用等。

d．安拆费及场外运费：安拆费指施工机械在现场进行安装与拆卸所需的人工、材料、机械和试运转费用以及机械辅助设施的折旧、搭设、拆除等费用；场外运费指施工机械整体或分体自停放地点运至施工现场或由一施工地点运至另一施工地点的运输、装卸、辅助材料及架线等费用。

e．人工费：指机上司机（司炉）和其他操作人员的工作日人工费及上述人员在施工机械规定的年工作台班以外的人工费。

f．燃料动力费：指施工机械在运转作业中所消耗的固体燃料（煤、木柴），液体燃料（汽油、柴油）及水、电等。

g．养路费及车船使用税：指施工机械按照国家规定和有关部门规定应缴纳的养路费、车船使用税、保险费及年检费等。

（2）措施费：指为完成工程项目施工，发生于该工程施工前和施工过程中非工程实体项目的费用。具体包括以下内容。

① 环境保护费：指施工现场为达到环保部门要求所需要的各项费用。

② 文明施工费：指施工现场文明施工所需要的各项费用。

③ 安全施工费：指施工现场安全施工所需要的各项费用。

④ 临时设施费：指施工企业为进行建筑工程施工所必须搭设的生活和生产用的临时建筑物、构筑物和其他临时设施费用等。

⑤ 夜间施工费：指因夜间施工所发生的夜班补助费、夜间施工降效、夜间施工照明设备摊销及照明用电等费用。

⑥ 二次搬运费：指因施工场地狭小等特殊情况而发生的二次搬运费用。

⑦ 大型机械设备进出场及安拆费：指机械整体或分体自停放场地运至施工现场或由一个施工地点运至另一个施工地点，所发生的机械进出场运输、转移费用及机械在施工现场进行安装、拆卸所需的人工费、材料费、机械费、试运转费和安装所需的辅助设施等费用。

⑧ 混凝土、钢筋混凝土模板及支架费：指混凝土施工过程中需要的各种钢模板、木模板、支架等的支、拆、运输费用及模板、支架的摊销（或租赁）费用。

⑨ 脚手架费：指施工需要的各种脚手架搭、拆、运输费用及脚手架的摊销（或租赁）费用。

⑩ 已完工程及设备保护费：指竣工验收前，对已完工程及设备进行保护所需的费用。

⑪ 施工排水、降水费：指为确保工程在正常条件下施工，采取各种排水、降水措施所发生的各种费用。

2. 间接费用

间接费用由规费和企业管理费组成。

（1）规费：指政府和有关权力部门规定必须缴纳的费用（简称规费）。具体包括以下内容。

① 工程排污费：指施工现场按规定缴纳的工程排污费。

② 工程定额测定费：指按规定支付工程造价（定额）管理部门的定额测定费。现已暂停收取。

③ 社会保障费。社会保障费包括养老保险费、失业保险费和医疗保险费。

④ 住房公积金：指企业按规定标准为职工缴纳的住房公积金。

⑤ 危险作业意外伤害保险：指按照建筑法规定，企业为从事危险作业的建筑安装施工人员支付的意外伤害保险费。

（2）企业管理费：指建筑安装企业组织施工生产和经营管理所需费用。

① 管理人员工资：指管理人员的基本工资、工资性补贴、职工福利费、劳动保护费等。

② 办公费：指企业管理办公用的文具、纸张、账表、印刷、邮电、书报、会议、水电、烧水和集体取暖（包括现场临时宿舍取暖）用煤等费用。

③ 差旅交通费：指职工因公出差、调动工作的差旅费、补助费，市内交通费和误餐补助费，职工探亲路费，劳动力招募费，职工离退休、退职一次性路费，工伤人员就医路费，工地转移费以及管理部门使用的交通工具的油料、燃料、养路费及牌照费。

④ 固定资产使用费：指管理和试验部门及附属生产单位使用的属于固定资产的房屋、设备仪器等的折旧、大修、维修或租赁费。

⑤ 工具用具使用费：指管理使用的不属于固定资产的生产工具、器具、家具、交通工具和检验、试验、测绘、消防用具等的购置、维修和摊销费。

⑥ 劳动保险费：指由企业支付离退休职工的安家补助费、职工退职金、六个月以上的病假人员工资、职工死亡丧葬补助费、抚恤费以及按规定支付给离休干部的各项经费。

⑦ 工会经费：指企业按职工工资总额计提的工会经费。

⑧ 职工教育经费：指企业为职工学习先进技术和提高文化水平，按职工工资总额计提的费用。

⑨ 财产保险费：指施工管理用财产、车辆保险。

⑩ 财务费：指企业为筹集资金而发生的各种费用。

⑪ 税金：指企业按规定缴纳的房产税、车船使用税、土地使用税、印花税等。

⑫ 其他：包括技术转让费、技术开发费、业务招待费、绿化费、广告费、公证费、法律顾问费、审计费、咨询费等。

3. 利润

利润是指施工企业完成所承包工程获得的盈利。

4. 税金

税金是指国家税法规定的应计入建筑安装工程造价内的营业税、城市维护建设税及教育费附加等。

2.3.2 工程量清单的费用组成

根据《建设工程工程量清单计价规范》的规定，工程量清单计价费用由分部分项工程费、措施项目费、其他项目费、规费和税金组成，如图 2.3 所示。

1. 分部分项工程费

分部分项工程量清单费用采用综合单价计价。综合单价指完成工程量清单中单位项目所需的人工费、材料费、施工机械使用费、管理费和利润，并考虑风险因素。

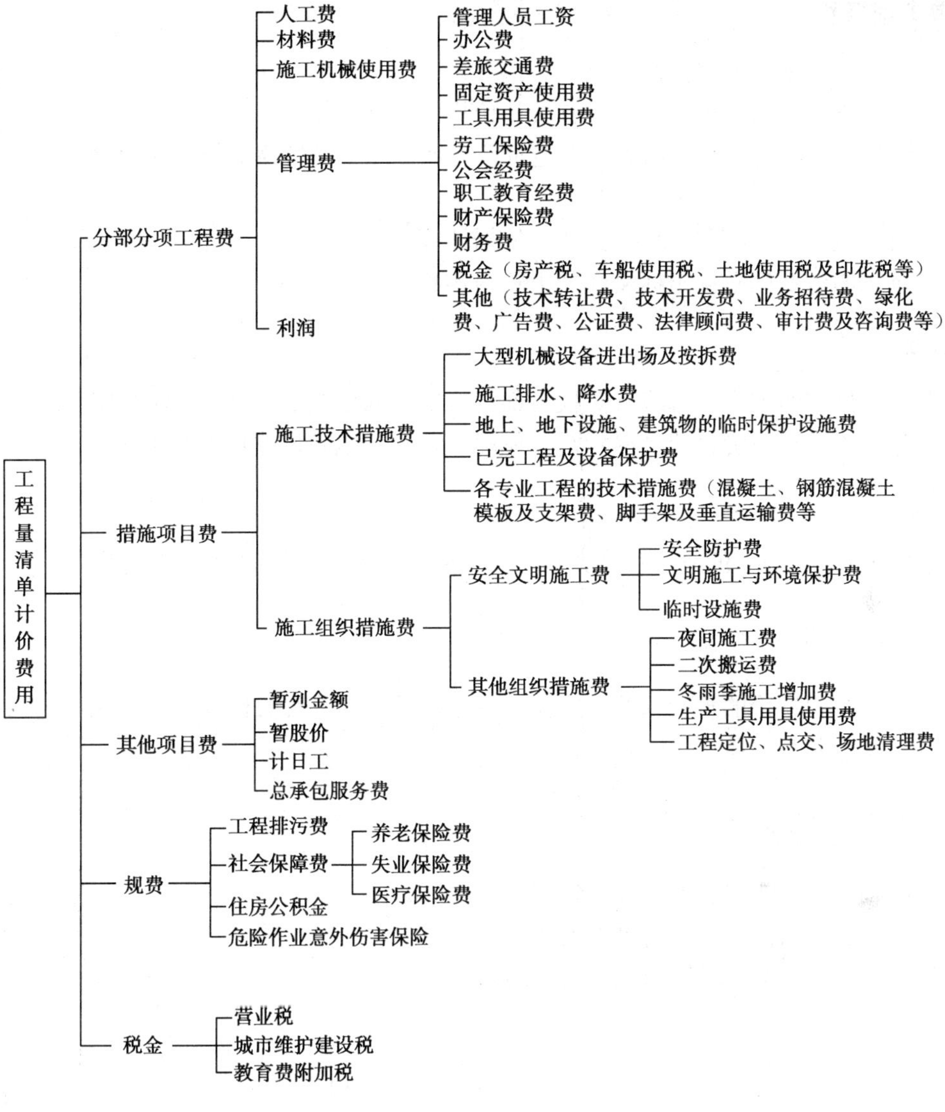

- 工程量清单计价费用
  - 分部分项工程费
    - 人工费
    - 材料费
    - 施工机械使用费
    - 管理费
      - 管理人员工资
      - 办公费
      - 差旅交通费
      - 固定资产使用费
      - 工具用具使用费
      - 劳工保险费
      - 公会经费
      - 职工教育经费
      - 财产保险费
      - 财务费
      - 税金（房产税、车船使用税、土地使用税及印花税等）
      - 其他（技术转让费、技术开发费、业务招待费、绿化费、广告费、公证费、法律顾问费、审计费及咨询费等）
    - 利润
  - 措施项目费
    - 施工技术措施费
      - 大型机械设备进出场及按拆费
      - 施工排水、降水费
      - 地上、地下设施、建筑物的临时保护设施费
      - 已完工程及设备保护费
      - 各专业工程的技术措施费（混凝土、钢筋混凝土模板及支架费、脚手架及垂直运输费等
    - 施工组织措施费
      - 安全文明施工费
        - 安全防护费
        - 文明施工与环境保护费
        - 临时设施费
      - 其他组织措施费
        - 夜间施工费
        - 二次搬运费
        - 冬雨季施工增加费
        - 生产工具用具使用费
        - 工程定位、点交、场地清理费
  - 其他项目费
    - 暂列金额
    - 暂股价
    - 计日工
    - 总承包服务费
  - 规费
    - 工程排污费
    - 社会保障费
      - 养老保险费
      - 失业保险费
      - 医疗保险费
    - 住房公积金
    - 危险作业意外伤害保险
  - 税金
    - 营业税
    - 城市维护建设税
    - 教育费附加税

图 2.3　工程量清单计价费用的组成

（1）人工费：是指直接从事建筑安装工程施工的生产工人开支的各项费用。

（2）材料费：是指施工过程中耗费的构成工程实体的原材料、辅助材料、构配件、零件、半成品的费用。

（3）施工机械使用费：是指使用施工机械作业所发生的费用。

（4）管理费：是指建筑安装企业组织施工生产和经营管理所需的费用。

（5）利润：是指按企业经营管理水平和市场的竞争能力，完成工程量清单中各个分项工程应获得并计入清单项目中的利润。分部分项工程费用中，还应考虑风险因素，计算风险费用。风险费用是指投标企业在确定综合单价时，客观上可能产生的不可避免的误差，以及在施工过程中遇到施工现场条件复杂，自然条件恶劣，施工中意外事故，物价暴涨和其他风险因素所发生的费用。

2. 措施项目费

措施项目费是指为完成工程项目施工，发生于该工程施工准备和施工过程中的技术、生活、安全、环境保护等方面的非工程实体项目。

3. 其他项目费

其他项目费应按下列规定计价：

（1）暂列金额应根据工程特点，按有关计价规定估算。

（2）暂估价中的材料单价应根据工程造价信息或参照市场价格估算；暂估价中的专业工程金额应分不同专业，按有关计价规定估算。

（3）计日工应根据工程特点和有关计价依据计算。

（4）总承包服务费应根据招标文件列出的内容和要求估算。

4. 规费

规费是指根据省级政府或省级有关权力部门规定必须缴纳的，应计入建筑安装工程造价的费用。其内容包括工程排污费、社会保障费、住房公积金、危险作业意外伤害保险等。

5. 税金

税金是指国家税法规定的应计入建筑工程造价内的营业税、城市维护建设税及教育费附加税等。

本章小结

本章介绍了工程造价的含义和特点；我国现行建设工程造价的构成；我国现行建筑安装工程费用的组成以及工程量清单计价的费用构成。

思考与练习

1. 简述工程造价的含义。工程造价的特点是什么？
2. 简述我国现行建设工程造价的构成。
3. 简述我国现行建筑安装工程费用的组成。

第 3 章　建筑工程定额

【能力点描述】
通过本章的学习，学生应了解建筑工程定额的基本知识和定额原理，能正确运用各种定额。

3.1　概述

3.1.1　建筑工程定额的概念

1. 定额的概念

所谓“定”就是规定；“额”就是额度或限度。从广义理解，定额就是规定的额度或限度，即标准或尺度。

2. 建筑工程定额的概念

建筑工程定额是指在正常的施工条件下，完成一定计量单位的合格建筑产品所必须消耗的人工、材料和机械台班的数量标准。

例如，某省建筑工程预算定额规定：用 M5 水泥砂浆砌筑 $10m^3$ 砖基础，所需人工 12.18 工日；M5 水泥砂 $2.36m^3$、标准砖 5.236 千块、水 $1.05m^3$；灰浆搅拌机（200L）0.3 台班。

3.1.2　建筑工程定额的分类

建筑工程定额是一个综合性的概念，它包含的定额种类很多，根据不同的分类方法，可以分为不同的类别。具体的分类方法如图 3.1 所示。

3.1.3　建筑工程定额的特性

建筑工程定额主要有以下特性：

1. 科学性和群众性

建筑工程定额是在调查研究和总结生产实践经验的基础上，运用科学的方法制定的，其各种消耗量指标经实践证明能正确反映社会生产力水平，因此，具有科学性。它的制定需要群众参与，制定完后需要在群众中运用，因此，它具有群众性。

2. 法令性和强制性

定额是由国家主管部门或由其授权的机关统一制定的，一经制定和颁发便具有法令的性质，只要在规定的范围以内，任何单位都必须严格执行，不得任意变更定额的内容和水平。因此，建筑工程定额具有法令性和强制性。

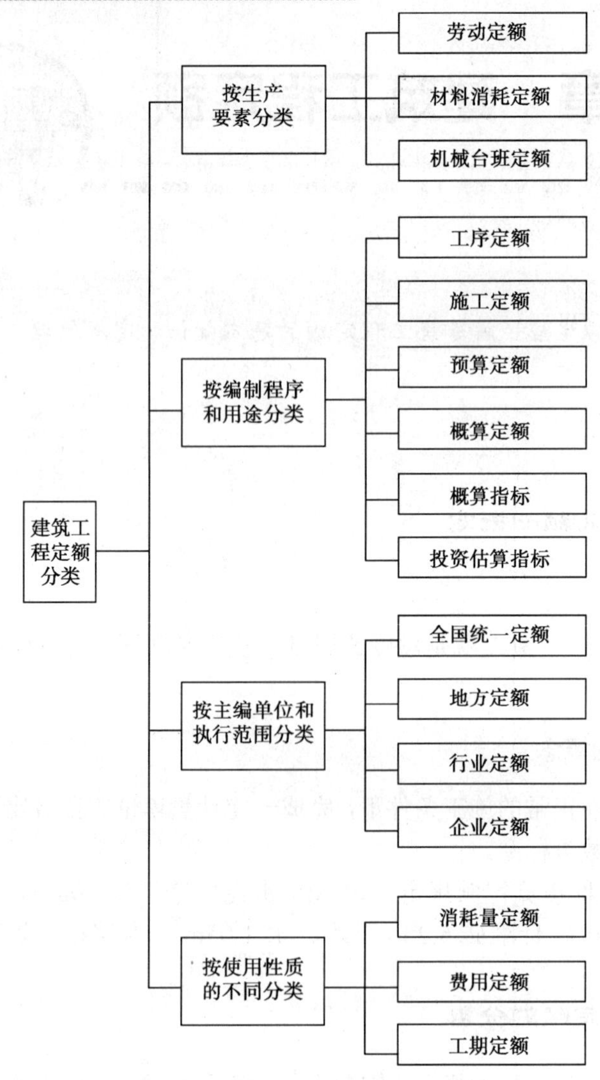

图 3.1　建筑工程定额分类图

3. 可变性和相对性

定额中规定的各种消耗量是一定时期内生产力水平的反映，具有相对稳定性；随着科学技术的进步和管理水平的提高，原有定额的内容和消耗量不能适应生产力发展，必须对定额的内容进行修改而具有可变性。

当然，建筑工程定额还有其他的一些特性，如灵活性、针对性等。

3.2 施工定额

3.2.1 施工定额的概念、组成及编制原则

1. 施工定额的概念

施工定额是指在正常的施工条件下，以施工过程为标定对象规定完成一定计量单位的合格建

筑产品所必须消耗的人工、材料和机械台班的数量标准。

2. 施工定额的组成

施工定额由三个相对独立的部分组成：劳动定额、材料消耗定额和机械台班定额。

3. 施工定额的编制原则

（1）确定定额水平必须遵循平均先进水平的原则。定额水平即是定额消耗量的多少。定额水平高，完成某建筑产品的消耗量少；定额水平低，完成某建筑产品的消耗量多。平均先进水平是指在正常的施工条件下，多数施工班组或生产者经过努力可以超过的水平。简单地说，它低于先进水平，略高于平均水平。

（2）定额的结构、内容贯彻简明适用的原则。即定额项目划分合理、步距大小适当、文字通俗易懂、计算方法简便、便于携带和使用。

（3）贯彻专群结合、以专为主的原则。即专业技术人员与群众相结合，以专业技术人员为主。

3.2.2　施工过程和工作时间分析

1. 施工过程

在测定劳动定额前，首先要进行工时（即工作的时间）研究。工时是指在施工过程中消耗的工作时间。为了研究工时，首先要对施工过程进行研究，施工过程根据不同的方法可以分为不同的类别。

（1）按完成方法分类。

① 纯手动过程。纯手动过程只需计算人工消耗量。

② 纯机动过程。纯机动过程只计算机械消耗量。

③ 半机械化过程。半机械化过程需同时考虑其中的人工消耗量和机械消耗量。

（2）按劳动分工特点分类。

① 个人完成的施工过程。个人完成的施工过程消耗时间与个人产量挂钩计算消耗量。

② 工人班组完成的施工过程。工人班组完成的施工过程消耗时间与班组产量挂钩计算消耗量。

③ 施工队完成的施工过程。施工队完成的施工过程消耗时间与施工队产量挂钩计算消耗量。

（3）按过程是否重复分类。

① 循环施工过程。循环施工过程研究其一个循环过程的消耗进而推出整个消耗。

② 非循环施工过程。非循环施工过程直接研究其整个过程消耗。

（4）按组织程序分类，可分为工序、工作过程和综合工作过程。

① 工序是组织上分不开和技术上相同的施工过程，是工艺方面最简单的施工过程，也是测定劳动定额的最基本单位。工序可以由一个人、工人班组或施工队完成，也可以手去动、机动或半机械化完成。工序的特点是工人班组、工作地点、施工工具和材料均不发生变化，如人工挖土。

② 工作过程是由同一名工人或同一个工人班组所完成的在技术操作上相互有机联系的工序的总和，即工程过程可以分解为若干工序。对工作过程的研究实际上是对组成工作过程的工序进行研究，由工序的结果组成工作过程的结果。工作过程的特点是人员编制不变、工作地点不变，而材料和工具可以变换，如砌墙和勾缝。

③ 综合工作过程是同时进行的、在组织上有机地联系在一起的、最终能获得一种产品的工

作过程的总和。综合工作过程的特点是人员、工作地点、材料和工具都可以变换。如现浇混凝土构件是由调制、运送、浇灌、捣实混凝土四个工作过程组成的。综合工作过程是预算定额计价的基本单位，一般对应于定额中的分项工程。

2. 工人工作时间分析

工人工作时间分为定额时间和非定额时间两部分，如图3.2所示。

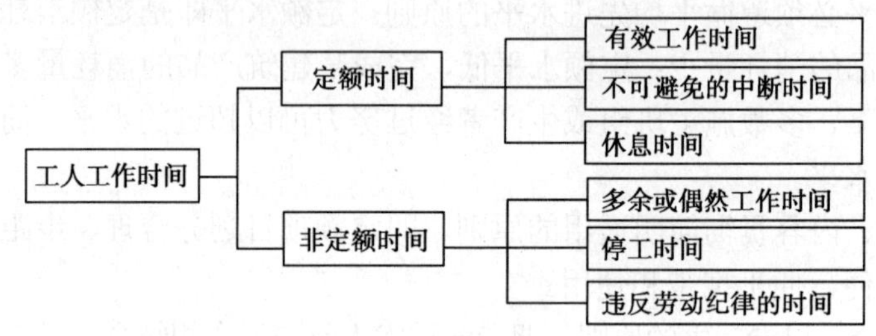

图3.2　工人工作时间分析图

（1）有效工作时间。有效工作时间包括准备与结束工作时间、基本工作时间、辅助工作时间。

① 准备与结束工作时间是指在工作开始前的准备工作和结束工作所消耗的时间。准备与结束工作时间可分为班内的准备与结束工作时间（如：工作班中的领料、领工具、布置工作地点、检查、清理及交接班等）与任务内的准备与结束工作时间（如：接受任务书、技术交底、熟悉施工图及与整个任务有关的准备与结束工作）。

② 基本工作时间是指直接完成部分建筑产品的生产任务所必须消耗的工作时间，包括某一施工过程的所有有关工序的工作时间。基本工作时间与工作任务的数量成正比。

③ 辅助工作时间是为了保证基本工作正常进行所必需的辅助性工作时间。例如：校正、移动临时性工作台、转移工作位置所消耗的时间等。

（2）休息时间。休息时间是指工人为了恢复体力所必需的时间（如喝水等）。这与劳动强度、环境和工作性质有关。

（3）不可避免的中断时间。这是由于在施工中的技术操作及施工组织本身的特点所必须中断的时间。如汽车司机在装卸车期间的中断时间。

（4）多余或偶然工作时间。这是指在正常施工条件下不应发生的或是意外因素所造成的时间消耗。例如：产品不符合质量要求的返工等。

（5）停工时间。停工时间有以下两种情况。

① 由于施工技术、组织不当造成的停工。例如：准备工作不足、材料供应不及时等。

② 由于外部原因造成的停工。例如：气候突变、停电、停水等。

（6）违反劳动纪律的时间。这是指工人不遵守劳动纪律而损失的时间。如迟到、早退、擅自离开工作岗位、工作时间聊天等。

3. 机械工作时间分析

机械工作时间分为定额工作时间和非定额工作时间两部分，如图3.3所示。

（1）有效工作时间。有效工作时间分成正常负荷下的工作时间和降低负荷的工作时间两部分。前者包括由于技术原因，机械可能在低于规定负荷下工作。例如：汽车运载容量轻的货物，而不能达到规定载重吨位。降低负荷的工作时间是指由于管理失职、机械陈旧或故障等原因所致。

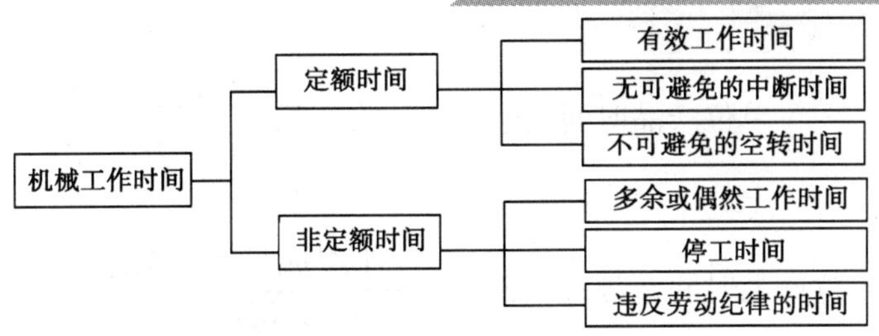

图 3.3 机械工作时间分析

（2）不可避免的空转时间。这是指由于施工工艺和组织的特点所引起的机械空转。它又分循环不可避免空转（如运输汽车空车返回）及定时不可避免的空转（如运输汽车在工作班开始和结束时的空车行驶）。

（3）不可避免的中断时间。有以下三种原因：

① 与操作有关的不可避免的中断。例如：载重汽车在装卸车时的中断时间，转移地点的中断时间。

②与机械有关的不可避免的中断时间。例如：机械准备与结束工作时的中断时间，正常维修保养机械时的中断时间等。

③ 工人休息时间。这是指在使用机械的工人必需的休息时间中，使机械暂时中断的时间。

（4）多余或偶然工作时间。有以下两种情况：

① 由于工人未及时供料所造成的空转。

② 机械在正常运转下的多余工作。例如：混凝土搅拌机搅拌混凝土时，超过规定的搅拌时间。

（5）停工时间。有以下两种情况：

① 由于施工组织不当所引起的停工。例如：未及时供给机械所需的燃料。

② 非施工本身所造成的停工。例如：外部原因造成的停电、恶劣气候影响的停工。

（6）违反劳动纪律的时间。这是指工人迟到、早退等未遵守劳动纪律的原因。

3.2.3 劳动定额

1. 劳动定额的概念

劳动定额也称劳动消耗定额、人工定额、技术定额或时间技术定额。它是指在正常的施工条件下，规定完成单位合格的产品所必需的劳动时间消耗量的标准或在单位的时间内完成合格产品的数量标准。

2. 劳动定额的表现形式

劳动定额有两种表现形式，即时间定额和产量定额。

（1）时间定额。

① 时间定额亦称工时定额，是指在正常的施工条件下，规定完成单位合格产品所必需的劳动时间消耗量的标准。

② 时间定额以“工日”为单位（每一工日工作时间按 8 小时计算），如：工日/m^3、工日/m^2、工日/m 等。

③ 计算公式。

$$单位产品时间定额（工日）=\frac{1}{每工产量}$$

或

$$单位产品时间定额（工日）=\frac{小组成员工日数总和}{每班产量}$$

（2）产量定额。

① 产量定额是指在正常的施工条件下，规定在单位时间内完成的合格产品的数量。

② 产量定额的单位为 m^3/工日、m^2/工日、m/工日等。

③ 计算公式。

$$每工产量=\frac{1}{单位产品时间定额（工日）}$$

或

$$每班产量=\frac{小组成员工日数总和}{单位产品时间定额（工日）}$$

（3）两种表现形式的关系。时间定额和产量定额互为倒数关系。

（4）劳动定额的表示方式。

① 复式方式。劳动定额的复式表示方式如表 3.1 所示。

砖墙劳动定额工作内容包括砌墙面艺术形式、墙垛、平璇及安装平璇模板、梁板头砌砖，梁板下塞砖，楼楞间砌砖，留楼梯踏步斜槽，留孔洞，砌各种凹进处、山墙泛水槽，安放木砖、铁件，安放 60kg 以内的预制混凝土门窗过梁、隔板、垫块以及调整立好后的门窗框等。

表 3.1　每 1m³ 砌体的劳动定额（复式方式）

项目		双面清水				单面清水					序号
		0.5 砖	1 砖	1.5 砖	2 砖及 2 砖以外	0.5 砖	0.75 砖	1 砖	1.5 砖	2 砖及 2 砖以外	
综合	塔吊	$\frac{1.49}{0.671}$	$\frac{1.2}{0.833}$	$\frac{1.14}{0.877}$	$\frac{1.06}{0.943}$	$\frac{1.45}{0.69}$	$\frac{1.41}{0.709}$	$\frac{1.16}{0.862}$	$\frac{1.08}{0.926}$	$\frac{1.01}{0.99}$	一
	机吊	$\frac{1.69}{0.592}$	$\frac{1.41}{0.709}$	$\frac{1.34}{0.746}$	$\frac{1.26}{0.794}$	$\frac{1.64}{0.61}$	$\frac{1.61}{0.621}$	$\frac{1.37}{0.73}$	$\frac{1.28}{0.781}$	$\frac{1.22}{0.82}$	二
砌砖		$\frac{0.996}{1}$	$\frac{0.69}{1.45}$	$\frac{0.62}{1.62}$	$\frac{0.54}{1.85}$	$\frac{0.952}{1.05}$	$\frac{0.908}{1.1}$	$\frac{0.65}{1.54}$	$\frac{0.563}{1.78}$	$\frac{0.494}{2.02}$	三
运输	塔吊	$\frac{0.412}{2.43}$	$\frac{0.418}{2.39}$	$\frac{0.418}{2.39}$	$\frac{0.418}{2.39}$	$\frac{0.412}{2.43}$	$\frac{0.415}{2.41}$	$\frac{0.418}{2.39}$	$\frac{0.418}{2.39}$	$\frac{0.418}{2.39}$	四
	机吊	$\frac{0.61}{1.64}$	$\frac{0.619}{1.62}$	$\frac{0.619}{1.62}$	$\frac{0.619}{1.62}$	$\frac{0.61}{1.64}$	$\frac{0.613}{1.63}$	$\frac{0.619}{1.62}$	$\frac{0.619}{1.62}$	$\frac{0.619}{1.62}$	五
调制砂浆		$\frac{0.081}{12.3}$	$\frac{0.096}{10.4}$	$\frac{0.101}{10.4}$	$\frac{1.102}{9.8}$	$\frac{0.081}{12.3}$	$\frac{0.085}{11.8}$	$\frac{0.096}{10.4}$	$\frac{0.101}{9.9}$	$\frac{0.102}{9.8}$	六
编号		4	5	6	7	8	9	10	11	12	

注：① 此表摘自城乡建设部 1985 年颁布的《全国建筑安装工程统一劳动定额》砖石分册。

② 横线上面数字表示单位产品时间定额，横线下方数字表示单位时间产量定额。

② 单式方式。劳动定额的单式表示方式如表 3.2 所示。

砖墙劳动定额工作内容包括砌墙面艺术形式、墙垛、平旋模板、梁板头砌砖、梁下塞砖、楼楞间砌砖、留楼梯踏步斜槽、留孔洞，砌各种凹进处、山墙泛水槽，安放木砖、铁件，安放 60kg 以内的预制混凝土门窗过梁、隔板、垫块，以及调整立好后的门窗框等。

表 3.2 每 $1m^3$ 砌体的劳动定额（单式方式）

项目		双面清水			单面清水					序号
		1 砖	1.5 砖	2 砖及 2 砖以外	0.5 砖	0.75 砖	1 砖	1.5 砖	2 砖及 2 砖以外	
综合	塔吊机吊	1.27	1.20	1.12	1.52	1.48	1.23	1.14	1.07	一
		1.48	1.41	1.33	1.73	1.69	1.44	1.35	1.28	二
砌砖		0.726	0.653	0.568	1.00	0.956	0.684	0.593	0.52	三
运输	塔吊机吊	0.44	0.44	0.44	0.434	0.437	0.44	0.44	0.44	四
		0.652	0.652	0.652	0.642	0.645	0.652	0.652	0.652	五
调制砂浆		0.101	0.106	0.107	0.085	0.089	0.101	0.106	0.107	六
编号		4	5	6	7	8	9	10	11	

自 1995 年开始，我国全部采用单式方式。

3. 劳动定额的作用

（1）它是计算定额用工、编制施工组织设计、施工作业计划、劳动工资计划和下达施工任务书的依据。

（2）它是衡量工人劳动生产率、考核工效的主要尺度。

（3）它是推行经济责任制、实行计件工资、栋号人工费包干和计算劳动报酬、贯彻按劳分配原则的依据。

（4）它是开展社会主义劳动竞赛的必要条件。

（5）它是确定定员和合理劳动组织的依据。

（6）它是企业实行经济核算的重要基础。

（7）它是编制施工定额、预算定额、概算定额的基础。

3.2.4 材料消耗定额

1. 材料消耗定额的概念

材料消耗定额是指在节约与合理使用材料的条件下，生产单位合格的产品所需消耗的一定品种、一定规格的建筑材料（包括半成品、构件、配件及周转材料等）的数量标准。

2. 材料消耗定额的组成

材料消耗定额的消耗量是由材料消耗的净用量和材料损耗量组成的，净用量是指直接用于建筑产品上的材料。损耗量是指在施工过程中不可避免的废料和损耗。损耗量通常用损耗率表示，损耗率是指材料的损耗量与材料总耗量之比。其相互关系如下：

材料总耗量＝材料净用量＋材料损耗量

$$材料损耗率=\frac{材料损耗量}{材料总耗量}\times 100\%$$

对具体的材料，其损耗率是一定的。因此

$$材料总耗量=\frac{材料净用量}{1-损耗率}$$

3. 材料消耗定额的作用

材料消耗定额是编制材料需要量计划、运输计划、供应计划、签发限额领料单和经济核算的依据。

3.2.5 机械台班使用定额

1. 机械台班使用定额的概念

机械台班使用定额又称机械使用定额，是指在正常的施工条件下，生产单位合格产品所必须消耗的一定品种、规格施工机械的作业时间的数量标准。

2. 机械台班使用定额的表现形式

机械台班使用定额有两种表现形式，即机械的时间定额和机械的产量定量。

（1）机械时间定额。

① 机械时间定额是指在正常的施工条件下，某种机械生产单位合格产品所必须消耗的台班数量。

② 机械时间定额以“台班”为单位（工人使用一台机械工作8小时称为一个台班），如台班/m^3、台班/m^2、台班/m等。

③ 计算公式。

$$机械时间定额=\frac{1}{机械台班产量定额}$$

（2）机械台班产量定额。

① 机械台班产量定额是指某种机械在正常的施工条件下，单位时间内完成的合格产品的数量。

② 其单位为m^3/台班、m^2/台班、m/台班等。

③ 计算公式。

$$机械台班产量定额=\frac{1}{机械时间定额}$$

（3）人工配合机械的人工时间定额。

$$人工时间定额=\frac{小组成员工日数总和}{机械台班产量定额}$$

$$机械台班产量定额=\frac{小组成员工日数之和}{人工时间定额}$$

（4）机械时间定额与机械产量定额的关系。机械时间定额与机械产量定额之间是互为倒数的

关系，即机械时间定额×机械产量定额＝1。

3.3 预算定额

3.3.1 预算定额的概念和作用

1. 预算定额的概念

预算定额是指在正常的施工条件下，完成单位合格产品（分项工程或结构构件）所需的人工、材料和机械消耗的数量标准。如《湖北省建筑工程消耗量定额及统一基价表》（2008 年）A2—16 规定，用 M5 混合砂浆砌筑 10 m^3 的 1 砖单面清水砖墙所需人工：普工 8.49 工日、技工 10.38 工日；材料：标准砖 5.4 千块、M5 混合砂浆 2.25 m^3、水 1.06 m^3；机械：200L 灰浆搅拌机 0.38 台班。

预算定额是工程建设中一项重要的技术经济文件，它的各项指标反映了在完成单位分项工程消耗的活劳动和物化劳动的数量限度。编制施工图预算时，需要按照施工图纸和工程量计算规则计算工程量，还需要借助于某些可靠的参数计算人工、材料和机械（台班）的消耗量，并在此基础上计算出资金的需要量和建筑安装工程的价格。

2. 预算定额的作用

（1）预算定额是编制施工图预算、确定建筑安装工程造价的基础。

（2）预算定额是编制施工组织设计的依据。

（3）预算定额是工程结算的依据。

（4）预算定额是施工单位进行经济活动分析的依据。

（5）预算定额是编制概算定额的基础。

（6）预算定额是合理编制招标标底、拦标价、投标报价的基础。

3.3.2 预算定额手册的内容

（1）文字说明：包括总说明、建筑面积的计算规则、分部说明、分部工程量计算规则等。

（2）定额项目表：它是定额手册的核心内容，包括工作内容、表格（项目名称、计量单位、定额编号、各种消耗量）、附注等。

（3）附录：主要包括混凝土配合比表、砂浆配合比表等。

3.3.3 预算定额的编制

1. 预算定额编制的原则

预算定额编制应贯彻“平均水平”、“简明适用”和“统一性”原则。

2. 预算定额编制的依据

编制预算定额应遵循以下依据：

（1）现行的劳动定额和施工定额。

（2）现行的设计规范、施工验收规范、质量评定标准和安全操作规程。
（3）具有代表性的典型工程施工图及有关图集。
（4）新技术、新结构、新材料和先进的施工方法等。
（5）相关的科学实验、技术测定的统计、经验资料等。
（6）现行的预算定额、材料预算价格及有关文件规定等。

3.4 单位估价表

3.4.1 单位估价表的概念、组成及作用

1. 单位估价表的概念

单位估价表是以货币形式确定的一定计量单位的分部分项工程或结构构件直接工程费的表格文件。它是根据预算定额所确定的人工、材料、机械台班消耗数量分别乘以人工工资单价、材料预算价格、机械台班单价汇总而成的一种表格。

2. 单位估价表的组成

（1）“三量”：人工消耗量、各种材料消耗量、各种机械台班消耗量。
（2）“三价”：人工工资单价、材料预算价格、机械台班单价。
（3）“三费”：人工费、材料费、机械费。
（4）基价：三费之和，即基价＝人工费＋材料费＋机械费。其中，人工费＝综合工日的消耗量×人工工资单价；材料费＝Σ（各种材料消耗量×相应材料的预算价格）；机械使用费＝Σ（各种机械台班消耗量×相应施工机械台班单价）。

3. 单位估价表的作用

（1）它是确定工程造价的依据。
（2）它是编制标底和投标报价的依据。
（3）它是拨付工程价款和银行贷款的依据。
（4）它是竣工结算的依据。

3.4.2 人工工日单价的确定

1. 人工消耗量指标的确定

预算定额中人工消耗指标应包括为完成该分项工程定额单位所必需的用工数量，即包括基本用工和其他用工两部分。人工消耗指标一是以现行的《建筑安装工程统一劳动定额》为基础进行计算，二是以现场测定进行计算。

（1）基本用工。基本用工是指完成某一合格分项工程所必须消耗的技术工种用工。例如，为完成各种墙体工程中的砌砖、调运砂浆、铺砂浆、运砖等所需的工日数量。

（2）其他用工。其他用工是辅助基本用工完成生产任务所耗用的人工。按其工作内容的不同可分为以下三类：

① 辅助用工：指技术工种劳动定额内不包括但在预算定额内又必须考虑的工时，称为辅助

用工，如材料加工、筛砂、洗石、淋灰、机械土方配合用工等。

② 超运距用工：指预算定额中规定的材料、半成品的平均水平运距超过劳动定额规定运输距离的用工。

③ 人工幅度差：主要是指预算定额与劳动定额由于定额水平不同而引起的水平差。另外还包括定额中未包括，但在一般施工作业中又不可避免的而且无法计量的用工。

2. 人工工日单价的确定

（1）人工工日单价的概念。人工工日单价是指一个建筑安装工人工作 8 小时，在预算中按现行有关政策法规规定应计入的全部人工费用。

（2）人工工日单价的组成内容。人工工日单价组成内容，在各部门、各地区并不完全相同。按照现行规定其组成内容为：基本工资、工资性补贴、辅助工资、职工福利费和劳动保护费。

（3）人工工日单价的计算。人工工日单价是指预算中使用的生产工人的工资单价，是用于编制施工图预算时计算人工费的标准，而不是企业发给生产工人工资的标准。它不分工人工种和技术等级，是一种按合理劳动组合加权平均计算的综合工日单价。综合工日单价的计算公式如下：

综合工日单价＝日基本工资＋日辅助工资＋日工资性津贴＋日职工福利费＋日劳动保护费

3.4.3　材料预算价格的确定

1. 材料消耗量的确定

通常采用现场技术测定法、实验室试验法、现场统计法和理论计算等方法来确定材料的净用量和损耗量。

（1）现场技术测定法。通常用于制定材料损耗量，也可以提供确定材料净用量的参考数据。其优点是能通过现场观察、测定、取得产品产量和材料消耗的资料，为编制材料定额提供技术数据。

（2）实验室试验法。主要是编制材料净用量定额，能够对结构、化学成分和物理性能以及按强度等级控制的混凝土、砂浆配比作出科学的结论，给编制材料消耗定额提供有技术依据的、比较精确的计算数据。用于施工生产时，需加以必要的调整后方可作为定额数据。

（3）现场统计法。这种方法是在现场施工中，对分部分项工程使用的材料、完成建筑产品的数量、竣工后剩余材料的数量等资料，进行统计、整理和分析而编制材料消耗定额的方法。

（4）理论计算法。这种方法是根据设计图纸、施工规范和材料规格，运用一定的理论计算公式计算材料消耗量而编制材料消耗定额的方法。常用的理论公式计算有以下几种。

① 砖砌体材料消耗量的计算。每立方米不同厚度的标准砖砌的砖墙，其砖和砂浆净用量的理论计算公式为：

$$\text{砖的净用量（块）}=\frac{\text{墙厚的砖数}\times 2}{\text{墙厚}\times（\text{砖长}+\text{灰缝}）\times（\text{砖厚}+\text{灰缝}）}$$

$$\text{砖的总耗量}=\frac{\text{砖的净用量}}{1-\text{损耗率}}$$

$$\text{砂浆净用量（m}^3\text{）}=（1\text{m}^3\ \text{砌体体积}-\text{砖的净用量}\times\text{单块砖的体积}）$$

$$\text{砂浆的总耗量}=\frac{\text{砂浆的净用量}}{1-\text{损耗率}}$$

例 3.1　计算 1 m³一砖厚内墙所需标准砖和砂浆的消耗量。已知灰缝为 10mm，砖和砂浆的损耗率均为 1%。

解：砖的净用量（块）$=\dfrac{1\times 2}{0.24\times(0.24+0.01)\times(0.053+0.01)}=529$（块）

砂浆的净用量（m^3）$=1-529\times 0.24\times 0.115\times 0.053=0.226$（$m^3$）

砖的总耗量（块）$=\dfrac{529}{(1-1\%)}=534$（块）

砂浆的总用量（m^3）$=\dfrac{0.226}{(1-1\%)}=0.228$（$m^3$）

② 块料面层材料消耗量的计算。每 $100m^2$ 不同材质、规格的块料面层，其块料和砂浆净用量的计算公式为：

块料净用量（块）$=\dfrac{100}{(\text{块料长}+\text{灰缝宽})\times(\text{块料宽}+\text{灰缝宽})}$

结合层材料净用量＝100×结合层厚

灰缝材料净用量＝（100－块料长×块料宽×$100m^2$ 块料的净用量）×料块厚度

例 3.2 1∶3 水泥砂浆贴 152mm×152mm×5mm 瓷砖墙面，结合层厚 10mm，灰缝宽 2mm，瓷砖损耗率为 6%，砂浆损耗率为 2%。计算每 $100m^2$ 墙面瓷砖与砂浆的总耗量。

解：瓷砖的净用量（块）$=\dfrac{100}{(0.152+0.002)\times(0.152+0.002)}=4217$（块）

瓷砖的总耗量（块）$=\dfrac{4216.6}{(1-6\%)}=4485.7$（块）

结合层砂浆净用量＝100×0.01＝1（m^3）

灰缝砂浆净用量＝（100－0.152×0.152×4216.6）×0.005＝0.013（m^3）

砂浆总消耗量$=\dfrac{(1+0.013)}{(1-2\%)}=1.033$（$m^3$）

2. 材料预算价格的确定

（1）材料预算价格的概念。材料预算价格是指材料（包括构件、成品及半成品）从其来源地（或交货地点）到达施工工地仓库（或施工现场内存放材料的地点）后的出库价格。例如某省标准砖预算价格为 180 元/千块，M5 混合砂浆预算价格为 132.27 元/m^3。

（2）材料预算价格的组成内容。材料预算价格由材料原价（或供应价）、运杂费、运输损耗费、采购及保管费、检验试验费等组成。

（3）材料预算价格的确定方法。材料预算价格的计算公式为：

材料预算价格＝（材料原价＋材料运杂费＋运输损耗费）×（1＋采购及保管费费率）－包装品回收价值

① 材料原价的确定。材料原价即材料供应价，是指材料的出厂价、进口材料的抵岸价或销售部门的批发价或零售价。对同一种材料，因产地、供应渠道不同出现几种原价时，应计算加权平均原价，其加权平均原价按其供应量的比例加权平均计算。

例 3.3 某种材料有两个来源地。甲地供应量为 70%，原价为 23.5 元/吨；乙地供应量为 30%，原价为 24.2 元/吨。求该种材料的加权平均原价。

解：该种材料的加权平均原价为：23.5×70%＋24.2×30%＝23.71（元/吨）

② 材料运杂费的确定。材料运杂费是指材料自来源地运至工地仓库或指定堆放地点所发生的全部费用，包括包装费、装卸费、运输费、调车和驳船费以及附加工作费等。

③ 材料运输损耗费的确定。材料运输损耗费是指材料在运输装卸过程中不可避免的损耗。其计算公式为：

材料运输损耗费＝（材料供应价＋运杂费）×相应材料运输损耗率

材料运输损耗率一般都有具体的规定，如表 3.3 所示。

表 3.3　部分材料运输损耗率表

材 料 类 别	损 耗 率
机红砖、空心砖、砂、水泥、陶粒、耐火土、水泥地面砖、白瓷砖、卫生洁具、玻璃灯罩	1
机制瓦、脊瓦、水泥瓦	2
石棉瓦、石子、耐火砖、玻璃、色石子、大理石板、水磨石板、混凝土管、缸瓦管	0.5
砌块	1.3

④ 采购及保管费的确定。采购及保管费是指为组织采购、供应和保管材料过程中所需要的各项费用。采购及保管费一般按照材料到库价格乘以费率取定，其计算公式为：

采购及保管费＝材料运到工地仓库的价格×采购及保管费率

或

采购及保管费＝（材料原价＋材料运杂费＋材料运输损耗费）×采购及保管费率

（4）材料预算价格的确定实例。

例 3.4　根据表 3.4 所给数据计算某地区瓷砖的材料预算价格。

表 3.4　瓷砖的基础数据表

<table>
<tr><th>供应厂家</th><th>供应量（千块）</th><th>出厂价（元/千块）</th><th>运距（km）</th><th>运价（元/t·km）</th><th>容重/（kg/块）</th><th>装卸费（元/t）</th><th>采保费率（%）</th><th>运输损耗费率（%）</th></tr>
<tr><td>A 厂</td><td>150</td><td>280</td><td>12</td><td>0.84</td><td rowspan="3">2.6</td><td rowspan="3">2.20</td><td rowspan="3">2</td><td rowspan="3">1</td></tr>
<tr><td>B 厂</td><td>350</td><td>300</td><td>15</td><td>0.75</td></tr>
<tr><td>C 厂</td><td>500</td><td>290</td><td>5</td><td>1.05</td></tr>
<tr><td>合计</td><td>1000</td><td></td><td></td><td></td><td></td><td></td><td></td><td></td></tr>
</table>

解：① 各厂的供应比例为：

A 厂：150/1000＝0.15　　B 厂：350/1000＝0.35　　C 厂：500/1000＝0.5

② 各厂的预算价格为：

A 厂：（280＋12×0.84×2.6＋2.2×2.6）×1.01×1.02＝321.35（元/千块）

B 厂：（300＋15×0.75×2.6＋2.2×2.6）×1.01×1.02＝345.09（元/千块）

C 厂：（290＋5×1.05×2.6＋2.2×2.6）×1.01×1.02＝318.71（元/千块）

③ 该材料的预算价格为：

321.35×0.15＋345.09×0.35＋318.77×0.5＝328.36（元/千块）

3.4.4　机械台班单价的确定

1. 机械台班单价的概念

机械台班单价是指一台施工机械在一个工作班（8 小时）中，为了使这台施工机械能正常运转所需的全部费用。例如，某省 200L 灰浆搅拌机台班单价为 61.29 元/台班。

2. 机械台班单价的组成内容

机械台班单价由折旧费、大修费、经常修理费、安拆费及场外运费、人工费、燃料动力费、养路费及车船使用税七项费用构成。

3. 机械台班单价的确定

机械台班单价＝折旧费＋大修费＋经常修理费＋安拆费及场外运输费＋燃料动力费＋人工费＋养路费及车船使用税

（1）折旧费计算。折旧费指施工机械在规定的使用年限内，陆续收回其原值及购置资金的时间价值。

$$折旧费=\frac{机械原值\times（1-残值率）\times 贷款利息系数}{耐用总台班}$$

① 机械原值是指国产机械价格或进口机械价格。国产机械价格包括原价、运杂费、供销部门手续费等，进口机械价格包括到岸价、关税、外贸手续费等。

② 残值率是指机械报废时回收的残余价值占机械原值的比率。残值率按有关文件规定计取：运输机械2%，特大型机械3%，中小型机械4%，掘进机械5%。

③ 贷款利息系数是指为补偿企业贷款购置机械设备所支付的利息，以大于1的贷款利息系数，将贷款利息（单利）分摊在台班折旧费中，其公式为：

$$贷款利息系数=1+\frac{(n+1)}{2}\times I$$

式中 n—机械折旧年限（国家规定的各类固定资产计提折旧的年限）；

i—当年银行贷款利率。

④ 耐用总台班是指机械在正常施工条件下，从投入使用直到报废为止，按规定应达到的使用总台班数。机械耐用总台班的计算公式为：

$$耐用总台班=折旧年限\times 年工作台班$$

年工作台班是根据有关部门对各类主要机械最近三年的统计资料分析确定的。

（2）大修理费计算。

$$台班大修理费=\frac{一次大修理费\times 寿命期内大修理次数}{耐用总台班}$$

① 一次大修理费是按机械设备规定的大修理范围和修理工作内容，进行一次全面修理所需消耗的工时、配件、辅助材料、机油、燃料以及送修运输等全部费用。

② 寿命期大修理次数是为恢复原机械功能按规定在寿命期内需要进行的大修理次数。

（3）经常修理费计算。台班经常修理费是指大修理间隔期分摊到每一台班的中修理和定期的各级保养费。

$$经常修理费=\frac{中修理费+\sum(各级保养一次费用\times 各级保养次数)}{大修理间隔台班}$$

其中，各级保养一次费用是指机械在各个使用周期内为保证机械处于完好状况，必须按规定的各级保养间隔周期、保养范围和内容进行的一、二、三级保养或定期保养所消耗的工时、配件、辅料、油燃料等费用。

（4）安拆费及场外运输费计算。

安拆费及场外运输费＝机械一次安拆的费用×年平均安拆的次数÷年工作台班＋台班辅助

设施费

辅助设施摊销费＝（一次运输及装卸费＋辅助材料一次摊销费＋一次架线费）×机械年工作台班

（5）燃料动力费计算。定额机械燃料动力消耗量以实测的消耗量为主，以现行定额的消耗量和调查的消耗量为辅的方法确定，其计算公式为

台班燃料动力消耗量＝（实测数×4＋定额平均值＋调查平均值）÷6

台班燃料动力费＝台班燃料动力消耗量×相应单价

（6）人工费的计算。台班人工费的计算公式为：

台班人工费＝定额机上人工工日×日工资单价

定额机上人工工日＝机上定员工日×（1＋增加工日系数）

$$增加工日系数=\frac{（年法定工作天数-辅助工资中年非工作日-机械年工作台班）}{机械年工作台班}$$

增加工日系数一般取定为 0.25。

（7）养路费及车船使用税计算。

$$台班养路费及车船使用税=\frac{载重量×（养路费标准+车船使用税标准）}{机械年工作台班}$$

3.4.5　预算定额（或各个地区消耗量定额及统一基价表）的应用

1. 直接套用

直接套用的条件：当设计的内容与定额项目的内容相一致时，可直接套用定额的预算基价及工料机消耗量，计算该分项工程的直接工程费以及工料机所需量。

例 3.5　某工程采用 M5 水泥砂浆砌筑砖基础 200m^3，试计算完成该分项工程的直接工程费及工料机所需量［采用《湖北省建筑工程消耗量定额及统一基价表》（2008 年）］。

解：（1）确定定额编号，查得 A2—1。从定额项目表中可得

基价：2126.6 元/10m^3；人工消耗量：普工 5.48 工日/10m^3、技工 6.7 工日/10m^3

材料消耗量：M5 水泥砂浆 2.36m^3/10m^3、标准砖 5.236 千块/10m^3 、水泥 1.05/10m^3。

机械：200L 灰浆搅拌机 0.39 台班/10m^3。

（2）计算该分项工程直接工程费。

直接工程费＝定额基价×工程量＝2126.6 /10×200＝42 532（元）

（3）计算工料机所需量。

① 材料所需量。

a.砂浆：2.36m^3/10m^3×200m^3＝47.2（m^3）。

其中（查砌筑砂浆配合比表可得 32.5 水泥：220 千克/1m^3；中粗砂：1.18m^3/1m^3；水：0.27 m^3）

32.5 水泥：220 千克/m^3×47.2m^3＝10384（千克）

中粗砂：1.18m^3/1m^3×47.2m^3＝55.7（m^3）

水：0.27 m^3/1m^3×47.2m^3=12.74（m^3）

b.标准砖：5.236 千块/10m^3×200m^3＝104.72（千块）

② 人工所需量。

普工：5.48 /10×200＝109.6（工日）

技工：6.7 /10×200＝134（工日）

③ 机械所需量。

200L 灰浆搅拌机：0.39 台班/10m^3×200m^3＝7.8（台班）

2. 定额的换算

在确定某一分项工程或结构构件预算价值时，如果施工图纸设计的项目内容与套用的相应定额项目内容不完全一致，则应按定额规定的范围、内容和方法进行换算。使施工图设计内容与预算定额内容相一致的换算（或调整）过程，就称为预算定额的换算（或调整）。

混凝土的换算：由于混凝土强度等级不同而引起定额基价变动，必须对定额基价进行换算。在换算过程中，混凝土消耗量不变，仅调整混凝土的预算价格。因此，混凝土换算实质就是预算单价的调整。其换算公式为：

换算后的定额基价＝换算前定额基价＋换算前定额混凝土用量×（换入混凝土的单价－换出混凝土的单价）

例 3.6 某工程构造柱，设计要求 C25（碎石 40mm、塌落度 30～50）钢筋混凝土现场搅拌浇注，根据《湖北省建筑工程消耗量定额及统一基价表》可知，定额中的砼强度等级为 C20，故需要换算其定额基价。试确定其换算后的定额基价，并分析 C25 砼各组成材料的消耗量。

解：① 确定预算定额编号，查得 A3-25。从定额项目表中可得：现浇 C20（碎石 40mm、塌落度 30～50）混凝土构造柱 10m^3，基价为 3172.61 元/10m^3；C20 混凝土用量为 10.15m^3/10m^3；C20 混凝土单价为 177.44 元/10m^3（也可从混凝土配合比表中查得）。

② 确定换入混凝土的单价。在定额附录中查混凝土配合比表可得：C25（碎石 40mm、塌落度 30～50）混凝土单价为 190.03 元/10m^3；32.5 水泥为 350 千克/m^3；中（粗）砂 0.46m^3/m^3；碎石（40mm）0.91m^3/m^3，水 0.18 m^3/m^3。

③ 确定换算后的定额基价。

换算后的定额基价＝原定额基价＋原定额混凝土用量×（换入混凝土的单价－换出混凝土的单价）＝3172.61＋10.15×（190.03－177.44）＝3300.4 元/10m^3

④ 换算后的消耗量分析。

32.5 水泥：350 千克/m^3×10.15m^3/10m^3＝3552.5（kg/10m^3）

中（粗）砂：0.46m^3/m^3×10.15m^3/10m^3＝0.467（m^3/10m^3）

碎石（40mm）：0.91m^3/m^3×10.15m^3/10m^3＝0.924（m^3/10m^3）

水：0.18 m^3/m^3×10.15m^3/10m^3＝1.827（m^3/10m^3）

3.5 概算定额及概算指标

3.5.1 概算定额

1. 概算定额的概念和作用

（1）概算定额的概念。概算定额也称扩大结构定额，它是指规定完成单位合格产品（扩大分项工程）所需的人工、材料和机械台班的消耗量标准。例如，在概算定额中的“砖基础”工程，往往把预算定额中的挖地槽、基础垫层、砌筑基础、铺设防潮层、回填土、余土外运等不同的分项工程，综合为一个扩大分项工程，即砖基础工程。

（2）概算定额的作用。

① 概算定额是初步设计阶段编制设计概算的依据。基本建设程序规定，采用两阶段设计时，其初步设计阶段必须编制设计概算；采用三阶段设计时，其技术设计阶段必须编制修正设计概算。

② 概算定额是进行设计方案比选的依据。所谓设计方案比选，目的是选择技术先进可靠、经济合理的方案，在满足使用功能的条件下，达到降低造价和节约资源消耗的目的。概算定额采用扩大综合后可为设计方案的比较提供方便条件。

③ 概算定额是编制主要材料需要量计划的依据。根据概算定额所列材料消耗指标计算出工程用料数量，可以在施工图设计之前提出供应计划，为材料的采购、供应做好施工准备。

④ 概算定额是编制概算指标的依据。

⑤ 概算定额是实行工程总承包时作为已完工程价款结算的依据。

2. 概算定额的编制原则和依据

（1）概算定额的编制原则。

① 按社会平均水平确定概算定额水平的原则。概算定额应该贯彻社会平均水平的原则，由于概算定额和预算定额都是工程计价的依据，所以应符合价值规律反映现阶段生产力水平。在概预算定额水平之间应保留必要的幅度差，并在概算定额的编制过程中严格控制。

② 简明适用的原则。

（2）概算定额的编制依据。

① 现行的设计标准及规范。

② 现行建筑和安装工程预算定额。

③ 标准图集和有代表性的设计图纸等。

④ 现行的概算定额及其编制资料。

⑤ 现行的人工工资标准、材料预算价格、机械台班单价等。

3. 概算定额的内容

概算定额由文字说明和定额项目表组成。

3.5.2 概算指标

1. 概算指标的概念

概算指标是指以整个建筑物或构筑物为研究对象，以建筑面积、体积或成套设备装置的台或组为计量单位，规定的人工、材料、机械台班的消耗量标准和造价指标。

2. 概算指标的主要作用

概算指标的作用与概算定额相同，在设计深度不够的情况下，往往用概算指标编制初步设计概算。

3.6 投资估算指标

3.6.1 投资估算指标的概念及作用

1. 投资估算指标的概念

投资估算指标是确定和控制建设项目全过程各项投资支出的技术经济指标，其范围涉及建设前期、建设实施期和竣工验收交付使用期等各个阶段的费用支出。所以投资估算指标比其他各种计价定额具有更大的综合性和概括性。

2. 投资估算指标的作用

投资估算指标是编制建设项目建议书、可行性研究报告等前期工作阶段投资估算的依据，也可以作为编制固定资产长远规划投资额的参考。投资估算指标为完成项目建设的投资估算提供依据，它在固定资产的形成过程中起着投资预测、投资控制、投资效益分析的作用，是合理确定项目投资的基础。投资估算指标中的主要材料消耗量也是一种扩大材料消耗量指标，可以作为初步计算建设项目主要材料消耗量的基础。

3.6.2 投资估算指标的编制原则

因为投资估算指标比其他各种计价定额具有更大的综合性和概括性，所以投资估算指标的编制工作，除了应遵循一般计价定额编制原则外，还必须坚持以下原则。

（1）投资估算指标项目的确定，应考虑以后几年编制建设项目建议书和可行性研究报告投资估算的需要。

（2）投资估算指标的分类、项目划分、项目内容、表现形式等，要结合各专业的特点，并且要与项目建议书、可行性研究报告的编制深度相适应。

（3）投资估算指标的编制既能反映现实的高科技成果，也能适应今后若干年的科技发展水平。坚持技术上的先进、可行和经济上的合理。

（4）投资估算指标的编制必须密切结合行业特点，项目建设的特定条件，在内容上既要贯彻指导性、准确性和可调性的原则，又要具有一定的广度。

（5）投资估算指标的编制要体现国家对固定资产投资实施间接控制作用的特点。要贯彻能分能合、有粗有细、细算粗编的原则。

（6）投资估算指标的编制要贯彻静态和动态相结合的原则。考虑到建设期的动态因素，即价格、建设期利息、固定资产投资方向调节税及涉外工程的汇率等因素的变动。

3.6.3 投资估算指标的内容

投资估算指标一般可分为建设项目综合指标、单项工程指标和单位工程指标三个层次。

1. 建设项目综合指标

建设项目综合指标一般以项目的综合生产能力单位投资表示，如“元/T”、“元/kW”，或以使用功能表示，如医院床位以“元/床”、学校以“元/学生”表示。

2. 单项工程指标

单项工程指标一般以单项工程生产能力单位投资表示。例如，形成单项工程生产能力以“元/T”表示；变配电站以“元/（kV・A）”表示；供水站以“元/m^3”表示；办公室、仓库、宿舍、住宅等房屋则区别不同结构形式以“元/m^2”表示。

3. 单位工程指标

单位工程指标一般表示方式为：房屋区别于不同结构形式以“元/m^2”表示；道路区别于不同结构层、面层以“元/m^2”表示；管道区别于不同材质、管径以“元/m”表示。

3.7 企业定额

3.7.1 企业定额的概念

企业定额是施工企业根据自身的技术和管理水平，以及有关工程造价资料制定的，并供企业使用的人工、材料和施工机械台班消耗量标准。

企业定额反映企业的施工生产成果与生产消耗之间的数量关系，是施工企业生产水平的体现。企业的技术和管理水平不同，企业定额的定额水平也就不同。因此，企业定额是施工企业进行施工管理和投标报价的基础和依据，也是企业核心竞争力的具体表现。

3.7.2 企业定额的作用

（1）企业定额是施工企业计算和确定工程施工成本的依据，是施工企业进行成本管理、经济核算的基础。企业定额是根据本企业的人员技能、施工机械装备程度、现场管理和企业管理水平制定的。按企业定额计算得到的工程费用是企业进行施工生产所需的成本。在施工过程中，对实际施工成本的控制和管理，就应以企业定额作为控制的计划目标数开展相应的工作。

（2）企业定额是施工企业进行工程投标、编制工程投标价格的基础和主要依据。企业定额的定额水平反映出企业施工生产的技术水平和管理水平，在确定工程投标价格时，首先是依据企业定额计算出施工企业拟完成投标工程需发生的计划成本。在掌握工程成本的基础上，再根据所处的环境和条件，从而确定在该工程上拟获得的利润、预计的工程风险费用和其他应考虑的因素，从而确定投标价格。因此，企业定额是施工企业编制计算投标报价的基础。

（3）企业定额是施工企业编制施工组织设计的依据。企业定额可以应用于工程的施工管理，用于签发施工任务单、签发限额领料单以及结算计件工资或计量奖励工资等。企业定额直接反映本企业的施工生产力水平。运用企业定额可以更合理地组织施工生产，有效确定和控制施工中人力、物力消耗，节约成本开支。

3.7.3 企业定额的编制原则

施工企业在编制企业定额时应依据本企业的技术能力和管理水平，以基础定额为参照和指导，测定计算完成分项工程或工序所必需的人工、材料和机械台班的消耗量，准确反映本企业的施工生产力水平。

目前，为适应工程量清单计价办法，企业定额可采用基础定额的形式，按统一的工程量计算规则、统一划分的项目、统一的计量单位进行编制。在确定人工、材料和机械台班消耗量以后，需按选定的市场价格，包括人工价格、材料价格和机械台班价格等编制分项工程基价，并确定工程间接成本、利润、其他费用项目等的计费原则，编制分项工程的综合单价。

3.7.4 企业定额的编制方法

编制企业定额最关键的工作是确定人工、材料和机械台班的消耗量，以及计算分项工程单价或综合单价。具体测定和计算方法同前述施工定额及基础定额的编制。

人工消耗量的确定，首先是根据企业环境，拟定正常的施工作业条件，分别计算测定基本用工和其他用工的工日数，进而拟定施工作业的定额时间。

确定材料消耗量，是通过企业历史数据的统计分析、理论计算、实验试验、实地考察等方法计算确定材料包括周转材料的净用量和损耗量，从而拟定材料消耗的定额指标。

机械台班消耗量的确定，同样需要按照企业的环境，拟定机械工作的正常施工条件，确定机械净工作率和利用系数，据此拟定施工机械作业的定额台班和与机械作业相关的工人小组的定额时间。

人工价格也即劳动力价格，一般情况下按地区劳务市场价格计算确定。人工单价最常见的是日工资，通常是根据工种和技术等级的不同分别计算人工单价，也可以简单地按专业需要的不同等级人工的比例综合计算人工单价。

材料价格按市场价格计算确定，是供货方将材料运至工地现场堆放地或工地仓库后的出库价格，包括材料的生产成本、包装费、利润、税金、运输费、装卸费和其他相关的所有费用。进口材料的价格，也可以是材料到达施工现场的价格，包括材料出厂、运输费、运输保险费、装卸费、进口税、采购费、仓储费及其他相关的费用。

施工机械使用价格最常用的是台班价格，它包括机械设备的折旧费、安拆费、燃料动力费、操作人工费、维修保养费、辅助工具和材料消耗费等。施工机械使用费根据具体情况，可以在开办费中单独列项，也可以摊入分部分项工程的费用之中。

3.8 工期定额

3.8.1 工期定额的概念

工期定额是指在平均的建设管理水平及正常建设条件下，一个建设项目从正式破土动工，到工程全部建成、验收合格交付使用，建设全过程所必需的时间标准，通常按月计算。工期定额在一定的时期内由建设行政主管部门制定并发行，具有一定的法令性。

3.8.2 工期定额的作用

（1）工期定额是编制招标标书和投标报价、签订建筑安装工程承发包合同、确定合同工期的依据。

（2）工期定额是工程竣工结算、计算竣工调价的依据。

（3）工期定额是考核建设项目工期执行情况和奖罚的依据。

（4）工期定额是施工企业编制施工组织设计、合理安排工程进度、合理确定施工方法以及编制各项供应计划的依据。

（5）工期定额是施工企业内部进行项目承包的依据。

本章小结

本章介绍了定额、建筑工程定额、劳动定额、材料消耗定额、施工定额、预算定额、概算定额及概算指标、投资估算指标、企业定额、工期定额的概念、作用、编制；有关定额的组成或分类；预算定额的应用等内容。

思考与练习

1．什么叫建筑工程定额？它具有哪些特性？

2．建筑工程定额的分类方法有几种？各分为哪些种类？

3．什么是劳动定额？有哪几种表现形式？相互关系怎样？

4．什么叫施工过程？为什么要对施工过程进行分类？

5．简述工人和机械工作时间的概念。

6．劳动定额的作用是什么？

7．什么叫施工定额？它由哪几部分组成？

8．施工定额的作用是什么？

9．什么是材料消耗定额？它由哪几部分组成？其作用有哪些？

10．材料消耗定额的编制方法有哪几种？

11．什么是机械台班使用定额？有哪几种表现形式？它们之间关系如何？

12．什么是预算定额？具有什么作用？

13．简述建筑安装工程预算定额的编制原则和依据。

14．预算定额人工消耗量指标包括哪些用工？

15．将预算定额应用中的两个例题，用本地区定额（现行定额）分别计算其直接费并做工料分析。

16．什么叫概算定额？它有什么作用？

17．什么叫概算指标？它有几种表现形式？其作用分别是什么？

18．从定额的标定对象、编制程序、定额项目划分（定额步距）定额的水平和作用等方面说明劳动定额、预算定额、概算定额的区别。

19．什么是工期定额？它有什么作用？

20．什么是企业定额？它有何作用？

第4章 投资估算

【能力点描述】

通过本章的学习，学生应了解建设项目投资估算的作用；掌握投资估算的概念；了解我国投资估算的阶段划分；熟悉投资估算的内容及编制依据；了解投资估算编制的步骤；掌握投资估算编制的方法；能够正确进行投资估算。

4.1 投资估算概述

4.1.1 投资估算的概念

投资估算是指在建设项目的决策阶段，依据已有的资料、运用一定的方法，对拟建项目的全部投资费用进行预测和估算。

根据工程建设程序的要求，任何一个项目，都须经过全面的技术经济论证后，才能决定是否正式立项。投资估算是项目建设前期编制项目建议书和可行性研究报告的重要组成部分，是项目决策的重要依据之一。

4.1.2 投资估算的作用

投资估算的作用可以在以下几点中得以体现：

（1）项目建议书阶段的投资估算是项目主管部门审批项目建议书的依据之一，并对项目的规划、规模起参考作用。

（2）项目可行性研究阶段的投资估算是项目投资决策的重要依据，也是研究、分析、计算项目投资经济效果的重要条件。当可行性研究报告被批准之后，其投资估算额就是作为设计任务书中下达的投资限额，即作为建设项目投资的最高限额，不得随意突破。

（3）项目投资估算对工程设计概算起控制作用，设计概算不得突破批准的投资估算额，并应控制在投资估算额以内。

（4）项目投资估算可作为项目资金筹措及制定建设期贷款计划的依据，建设单位可根据批准的项目投资估算额，进行资金筹措并向银行申请贷款。

（5）项目投资估算是核算建设项目投资需要额和编制投资计划的重要依据。

（6）合理准确的投资估算是进行工程造价改革，实现工程造价事前管理，主动控制的前提条件。

4.1.3 我国投资估算的阶段划分

我国建设项目的投资估算可以分为以下几个阶段。

（1）项目规划阶段的投资估算。此阶段是按项目规划的要求和内容，粗略地估算建设项目所需要的投资额。

（2）项目建议书阶段的投资估算。此阶段是按项目建议书中的产品方案、项目建设规模、产品主要生产工艺、企业车间组成初选厂址等，估算建设项目所需要的投资额。

（3）初步可行性研究阶段的投资估算。此阶段是在掌握了更详细、更深入的资料条件下，估算建设项目所需的投资额。

（4）详细可行性研究阶段的投资估算。此阶段的投资估算极为重要，按照现行项目建议书和可行性研究报告审批要求，其中的投资估算经审查批准之后，便是工程设计任务书中规定的项目投资限额，一般情况下不得随意突破，并可据此列入项目年度基本建设计划。

4.1.4　投资估算的内容

建设项目总投资由建设投资（也称固定资产投资）和流动资金两部分构成。因此，项目投资的估算包括固定资产投资估算和流动资金估算两部分。

固定资产投资估算的内容按照投资费用组成，包括建筑安装工程费、设备及工器具购置费用、工程建设其他费用、预备费、建设期贷款利息、固定资产投资方向调节税。

流动资金是指生产经营性项目投产后，用于购买原材料、燃料、支付工资及其他经营费用等所需的周转资金。

4.1.5　投资估算编制的依据及步骤

1. 投资估算编制的依据

（1）项目建议书、可行性研究报告；

（2）专门机构发布的建设工程造价费用构成、估算指标、计算方法，以及其他有关计算工程造价的文件；

（3）专门机构发布的工程建设其他费用计算办法和费用标准，以及政府部门发布的物价指数；

（4）拟建工程概况（资金来源、建设工期、各单项工程的建设内容及工程量等）；

（5）同类工程的竣工决算资料。

以上资料越具体、越完备，编制的投资估算就越准确。

2. 投资估算的编制步骤

投资估算编制的具体步骤如下：

（1）分别估算各单项工程所需的建筑工程费、设备及工器具购置费、安装工程费；

（2）在汇总各单项工程费用的基础上，估算工程建设其他费用和基本预备费；

（3）估算涨价预备费和建设期利息；

（4）根据产品方案，参照类似项目流动资金占用率，估算流动资金；

（5）汇总出项目总投资。

4.2 投资估算的编制

4.2.1 固定资产投资估算

现行建设投资估算的方法，主要以类似工程为基础进行对比为主要思路，利用各种数学模型和统计经验方式进行估算。固定资产投资估算主要包括静态投资部分的估算和动态投资部分的估算。

1. 静态投资部分的估算

（1）生产能力指数法。生产能力指数法又称指数估算法，它是根据已建成的类似项目生产能力和投资额来粗略估算拟建项目投资额的方法。其计算公式为：

$$C_2=C_1\left(\frac{Q_2}{Q_1}\right)^n f \tag{4.1}$$

式中 C_1——已建类似项目的投资；

C_2——拟建项目的投资额；

Q_1——已建类似项目的生产能力；

Q_2——拟建项目的生产能力；

f——不同时期、不同地点的定额、单价、费用变更等综合调整系数；

n——生产能力指数，$0\leqslant n\leqslant 1$。

运用这种方法的重要条件是要有合理的生产能力指数。当已建类似项目和拟建项目规模相差不大，生产规模比值关系在0.5～2时，n的取值近似为1；当已建类似项目和拟建项目规模相差小于50倍，且拟建项目生产规模的扩大仅靠增大设备规模时，n的取值在0.6～0.7；若是靠增加相同规模设备的数量达到时，则n取值在0.8～0.9。

生产能力指数法主要应用于拟建装置或项目与用来参考的已知装置或项目的规模不同的场合。

例4.1 1982年在某地兴建一座30万吨合成氨的化肥厂，总投资为28 000万元，假如2004年在该地兴建45万吨合成氨的化肥厂，合成氨的生产能力指数为0.81，则所需的投资额是多少？（假定1982年～2004年每年平均工程造价指数为1.10）

解：$C_2=C_1\left(\frac{Q_2}{Q_1}\right)^n f=28\,000\times\left(\frac{45}{30}\right)^{0.81}\times 1.10^{23}=316\,541.77$（万元）

这种估价方法不需要详细的工程设计资料，只需知道工艺流程及规模即可。但是，该方法要求估算资料可靠，条件基本相同。

（2）系数估价法。系数估价法又称因素估算法，它是以拟建项目的主体工程费或主要设备费为基数，以其他工程费占主体工程费的百分比为系数来估算项目总投资的方法。系数估算法的方法很多，常用的方法有设备系数法和主体专业系数法及朗格系数法等。

① 设备系数法。以拟建项目或装置的设备费为基数，根据已建成的同类项目或装置的建筑安装工程费和其他工程费等占设备价值的百分比，求出拟建项目建筑安装工程费及其他工程费用等，再加上拟建项目的其他有关费用，其总和即为项目或装置的投资。其计算公式为：

$$C=E(1+f_1P_1+f_2P_2+f_3P_3+\cdots)+I \tag{4.2}$$

式中 C——拟建项目投资额；

E——拟建项目设备费；

P_1、P_2、P_3…——已建项目中建筑安装工程费及其他工程费等占设备费的百分比；

f_1、f_2、f_3…——由于时间因素引起的定额、价格、费用标准等变化的综合调整系数；

I——拟建项目的其他费用。

② 主体专业系数法。以拟建项目中的最主要、投资比重较大，并与生产能力直接相关的工艺设备投资（包括运杂费及安装费）为基数，根据已建同类项目的有关统计资料，计算出拟建项目的各专业工程（总图、土建、采暖、给排水、管道、电气及电信、自控及其他费用等）占工艺设备投资的百分比，据以求出拟建项目各专业投资，然后加总即为拟建项目总投资。其计算公式为：

$$C=E(1+f_1P_1'+f_2P_2'+f_3P_3'+\cdots)+I \tag{4.3}$$

式中，P_1'、P_2'、P_3'…是已建项目中各专业工程费用占工艺设备费用的百分比，其他符号同前。

③ 朗格系数法。这种方法是以拟建项目的设备费为基数，乘以适当系数来计算项目的建设费。其计算公式为：

$$C=E(1+\sum K_i)\times K_c \tag{4.4}$$

式中　C——拟建项目投资额；

E——拟建项目的主要设备费；

K_i——管线、仪表、建筑物等项费用的估算系数；

K_c——管理费、合同费、应急费等项费用的总估算系数。

其中，总建设费用与设备费用之比为朗格系数 K_L，即

$$K_L=(1+\sum K_i)\times K_c$$

根据不同的项目，朗格系数有不同的取值，其包含的具体内容如表 4.1 所示。

表 4.1　朗格系数表

项　　目		固体流程	固流流程	流体流程
朗格系数 K_2		3.1	3.63	4.74
内容	①包括基础、设备、绝热、油漆及设备安装费	$E\times1.43$		
	②包括上述在内和配管工程费	①×1.1	①×1.25	①×1.6
	③装置直接费	②×1.5		
	④包括上述在内和间接费，即总费用 C	③×1.31	③×1.35	③×1.38

例 4.2　某地建设一座年产 20 万套橡胶轮胎的工厂，已知该厂的设备到达工地的费用为 2204 万元。试估算该工厂的投资。

解：橡胶轮胎工厂的生产流程属于固体流程，主要设备费 E=2204 万元，根据朗格系数表，现计算如下：

（1）计算费用①。

$$①=E\times1.43=2204\times1.43=3151.72\text{（万元）}$$

（2）则设备基础、绝热、刷油及安装费用为：

$$3151.72-2204=947.72\text{（万元）}$$

$$②=①\times1.1=3151.72\times1.1=3466.89\text{（万元）}$$

配管工程费为：3466.89－3151.72=315.17（万元）

（3）计算费用③。

③=②×1.5=3466.89×1.5=5200.34（万元）

装置直接费为：5200.34 万元

（4）计算④，即投资 C。

C=③×1.31=5200.34×1.31=6812.45（万元）

由此估算出该工厂的总投资为6812.45万元，其中间接费为6812.45−5200.34=1612.11（万元）。

朗格系数法是一种较为简单的估算方法，只要对各种不同类型的朗格系数掌握得准确，估算精度就可较高。

（5）比例估算法。这种估算方法是根据统计资料，先求出已有同类企业主要设备投资占全厂建设投资的比例，然后再估算出拟建项目的主要设备投资，即可按比例求出拟建项目的建设投资。其计算公式为：

$$I=\frac{1}{K}\sum_{i=1}^{n}Q_{i}P_{i} \tag{4.5}$$

式中 I——拟建项目的建设投资；

K——主要设备投资占项目总造价的比重；

n——主要设备种类数；

Q_i——第 i 种设备的数量；

P_i——第 i 种设备的单价（到厂价格）。

（6）指标估算法。即采用投资估算指标，概算指标、技术经济指标、造价指标等来编制投资估算。这些指标的表现形式较多，如元/m^2、元/km、元/m^3、元/t、元/kW 等。根据这些指标，乘以相应的面积、长度、体积、产量、容量等，就可以估算出土建工程、给排水工程、照明工程、采暖工程、变配电工程等各单位工程的投资，在此基础上汇总成某一单项工程的投资，再估算工程建设其他费用及基本预备费，即可得出所需投资的估算。

2. 动态投资部分的估算

动态投资估算主要包括由价格变动可能增加的投资额，即涨价预备费和建设期贷款利息，涉外项目还应考虑汇率变化对投资的影响。

（1）涨价预备费的估算。其计算公式为：

$$PC=\sum_{t=1}^{n}K_{t}\left[(1+i)^{t}-1\right] \tag{4.6}$$

式中 PC——涨价预备费估算额；

n——项目的建设期年份数；

K_t——建设期中第 t 年的投资计划额，包括设备及工器具购置费、建筑安装工程费、工程建设其他费用及基本预备费；

i——年价格变动率，可根据工程造价指数信息的分析得出。

例 4.3 某项目的静态投资为10 000万元，项目建设期为3年，项目投资年分配比例为第一年20%、第二年60%、第三年20%，建设期内年平均价格变动率为6%，则估计该项目建设期的涨价准备费是多少？

解：该项目为期三年的建设静态投资分别为：

第一年 10 000×20%=2000（万元）

第二年　10 000×60%＝6000（万元）

第三年　10 000×20%＝2000（万元）

由项目建设期的涨价准备费估算额为：

$$PC=\sum_{t=1}^{n} K+[(1+6\%)^{t}-1]$$
$$=2000\times[(1+6\%)^{1}-1]+6000\times[(1+6\%)^{2}-1]+2000[(1+6\%)^{3}-1]$$
$$=243.6（万元）$$

（2）建设期利息的估算。一般按以下公式进行计算：

$$建设期每年应计利息=（年初借款累计+\frac{1}{2}\times当年借款额）\times年利率$$

例 4.4　某企业拟新建一项目，建设期为 3 年，在建设期第一年贷款 500 万元、第二年贷款 300 万元，贷款年利率为 10%，各年贷款均在年内均匀发放。试计算建设期利息。

解：第一年利息　$q=\frac{1}{2}\times500\times10\%=25$（万元）

第一年年末的本利和　$F_1=500+25=525$（万元）

第二年年末本利和　$F_2=525+300+67.5=892.5$（万元）

第三年利息　$q_3=892.5\times10\%=89.25$（万元）

三年建设期利息为　25＋67.5＋89.25＝181.75（万元）

（3）固定资产投资方向调节税。根据国务院的决定，对《中华人民共和国固定资产投资方向调节税暂行条例》规定的纳税义务人，其固定资产投资应税自 2000 年 1 月 1 日起新发生的投资额，暂停征收固定资产投资方向调节税。

4.2.2　流动资金估算

流动资金是指生产经营项目建成后，为保证项目正常生产或服务运营，用于购买原材料、燃料、支付工资及其他经营费用等所必需的周转资金。流动资金估算一般采用分项详细估算法，对设计深度浅或小型项目可采用扩大指标法。

1. 分项详细估算法

分项详细估算法也称定额估算法，是对构成流动资金的各项流动资产和流动负债分别进行估算。在可行性研究中，为简化计算，仅对存货、现金、应收账款和应付账款四项内容进行估算，其计算模型为：

流动资金＝流动资产－流动负债

流动资产＝应收账款＋存货＋现金

流动负债＝应付账款

流动资金本年增加额＝本年流动资金－上年流动资金

流动资金估算的具体步骤为：

① 计算存款、现金、应收账款和应付账款的年周转次数；

② 分项估算以上项目的资金占用额；

③ 代入公式 4.8，即可求出拟建项目所需流动资金总额。

（1）周转次数计算。周转次数是指流动资金的各项组成项目在一年内所完成的生产过程次数。

其计算公式为：

$$1\text{周转次数}=\frac{360}{\text{流动资金最低周转天数}}$$

存货、现金、应收账款和应付账款的最低周转天数，可参照类似企业的平均周转天数并结合项目特点确定，或按部门（行业）规定计算。又因为周转次数＝流动资金年周转额/流动资金全年平均占用额，所以各项流动资金年平均占用额＝流动资金年周转额/周转次数。

（2）存货的估算。存货是企业为销售或者生产耗用而储备的各种货物，主要有原材料、辅助材料、燃料、维修备件、低值易耗品、包装物、在产品、自制半成品和产成品等。为简化计算，仅考虑外购原材料、外购燃料、在产品和产成品，并分别进行计算。其计算公式为：

存货＝外购原材料＋外购燃料＋在产品＋产成品

外购原材料＝年外购原材料/按种类分项周转次数

$$\text{在产品}=\frac{\text{年外购原材料}+\text{年外购燃料}+\text{年工资及福利费}+\text{年维修费}+\text{年其他制造费}}{\text{在产品周转次数}}$$

外购燃料＝年外购燃料/按种类分项周转次数

产成品＝年经营成本/产成品周转次数

（3）应收账款估算。应收账款是指企业对外赊销商品、提供劳务等尚未收回的资金。应收账款的年周转额应为全年赊销收入净额，包括很多科目，在编制流动资金投资估算时，应收账款的周转额一般按达到建设项目设计生产能力的全年销售收入计算，其计算公式为：

应收账款＝年销售收入/应收账款周转次数

（4）现金需要量估算。项目流动资金中的现金是指货币资金，即企业生产运营活动中停留于货币形态的那部分资金，包括企业库存现金和银行存款。其计算公式为：

$$\text{现金需要量}=\frac{\text{年工资及福利费}+\text{年其他费用}}{\text{现金周转次数}}$$

年其他费用＝制造费用＋管理费用＋销售费用－（以上三项费用中所含的工资及福利费、折旧费、摊销费、修理费）

（5）流动负债估算。流动负债是指一年以内或超过一年的一个营业周期内，需要偿还的债务。在可行性研究中，流动负债的估算只考虑应付账款一项。其计算公式为：

$$\text{应付账款}=\frac{\text{年外购原材料}+\text{年外购燃料}}{\text{应付账款周转次数}}$$

根据流动资金各项估算的结果，编制流动资金估算表，如表 4.2 所示。

表 4.2　流动资金估算表

单位：万元

序号	项　目	最低周转天数	周转次数	投产期		达产期		
				3	4	5	6	—
1	流动资产							
1.1	应收账款							
1.2	存货							
1.2.1	原材料							
1.2.2	燃料							
1.2.3	在产品							

续表

序号	项目	最低周转天数	周转次数	投产期		达产期		
				3	4	5	6	—
1.2.4	产成品							
1.3	现金							
2	流动负债							
2.1	应付账款							
3	流动资金（1—2）							
4	流动资金本年增加额							

2. 扩大指标估算法

扩大指标估算法是一种简化的流动资金估算方法，是根据现有同类企业的实际资料，求得各种流动资金比率指标，也可依据行业或部门给定的参考值或经验比率，将各类流动资金比率乘以相对应的费用基数来估算流动资金。一般常用的基数有销售收入、经营成本、总成本费用和固定资产投资额等，究竟采用何种基数依行业习惯而定。扩大指标估算法简单易行，但准确度不高，一般适用于项目建议书阶段的流动资金估算或小型项目的流动资金估算，扩大指标估算法计算流动资金的计算公式为：

年流动资金额＝年费用基数×各类流动资金比率

例 4.5 某项目投产后的年产值为 2 亿元，其同类企业的百元产值流动资金占用额为 18 元，则该项目的流动资金估算额为多少？

解：该项目流动资金估算额为

年产值×产值资金率＝2×18%＝3800（万元）

3. 流动资金估算应注意的问题

（1）在采用分项详细估算法时，应根据项目实际情况分别确定现金、应收账款、存货和应付账款的最低周转天数，并考虑一定的保险系数。因为最低周转天数减少，将增加周转次数，从而减少流动资金需要量，因此必须切合实际地选用最低周转天数，以防安排的流动资金不能满足生产经营的需要，对于存货中的外购原材料和燃料，要分别按品种和来源，考虑运输方式和运输距离，以及占用流动资金的比重大小等因素来确定其最低周转天数。

（2）在不同生产负荷下的流动资金，应按不同生产负荷所需的各项费用金额，分别按照上述的计算公式进行估算，而不能直接按照 100%生产负荷来确定流动资金的需要量。

（3）流动资金属于长期性（永久性）流动资产，流动资金的筹措可以通过长期负债和资本金方式解决（一般要求占 30%），流动资金一般要求在投产前一年开始筹措，为简化计算，一般在投产第一年开始按预计的生产负荷安排流动资金需要量。

4.3 投资估算的编制实例

某地根据地方经济发展的需要，拟利用当地的资源新建一座年产 95 000 吨的造纸厂项目。该项目的土地由当地政府通过出让的方式提供，部分设备采用进口，项目建设期为 2 年，厂区外围配套设施由政府提供。项目建设主要房屋建筑如表 4.3 所示。该工程的投资估算结果如表 4.4 所示。

表 4.3　主要建筑工程一览表

序号	建筑（构）物名称	工程量/m^2	备　注
1	原料场	28 000	
2	备料车间	4600	
3	木片仓库	800	
4	APMP 车间	6100	
5	造纸车间	2500	
6	成品车间	4000	
7	污水处理场	4600	其中房屋建筑：1200 m^2
8	机修、电修及仪表间	2100	
9	空压站	500	
10	总降压站	2 300	
11	化学品仓库	850	
12	厂部办公用房	1 200	
13	厂区生活用房	1 500	
14	综合仓库	2 600	
15	给水及排水	400	
16	取水泵房	180	
17	车库（包括消防）、传达室	800	
合　计		63 030	

表 4.4　投资估算表　　单位：万元

序号	项目名称	建筑工程费	设备购置费	安装工程费	其他费用	总计
一、单项工程工程费用						
1	原料场及备料	610	1 413	208.5	21.6	2 253.1
2	APMP 车间	729	1 108	985	28.4	2 850.4
3	造纸车间	285	4 784	413	25.6	5 507.6
4	空压站	45	70	8.82	1.4	125.22
5	锅炉房	108	490	138		736
6	办公及生活用房	290	103	25.3		418.3
7	取水、给水及排水	310	192	356		858
8	污水处理场	586	1 240	132	16	1 974
9	总降压站	129	600	90	70	889

续表

序号	项目名称	建筑工程费	设备购置费	安装工程费	其他费用	总计
10	车间变电站		300	100		400
11	厂区线路			265	80	345
12	照明及防雷接地	170				170
13	各类库房	680	246	50		976
14	总图运输	120	32			152
15	厂区绿化				350	350
	小计	4 062	10 578	2771.62	593	18 004.62
二、设备购置费						
16	进口设备费		12 165.4			12 165.4
17	进口设备从属费		4882.8			4882.8
	其中：国外运输费		941.3			
	国外运输保险费		256.8			
	关税		1881.4			
	增值税		1459.8			
	外贸手续费		141.5			
	银行账务费		121.7			
	海关监管费		80.3			
18	国内安装费			1105.4		1105.4
19	国内运输费		714.3			714.3
	小　计		17 762.5	1105.4		18 867.9
三、工程建设其他费用						
	建设用地费				4450	4450
	建设单位管理费				420	420
	勘察设计费				630.5	630.5
	研究试验费				80	80
	临时设施费				121.3	121.3
	工程监理费				420	420
	工程保险费				190	190
	引进技术和进口设备其他费用				1150	1150
	联合试运转费				162.4	162.4
	生产准备及开办费				150	150
	小　计				7 774.2	7 774.2
四、预备费					2210	2210
五、建设期利息					2105	2105
六、流动资金					1546.5	1546.5
合　计		4062	28 340.5	3877.02	14 228.7	50 508.22

本章小结

投资估算是在项目投资决策过程中，依据现有的资料和特定的方法，对建设项目投资额进行的估计。它是项目建设前期编制项目建议书和可行性研究报告的重要组成部分，是项目决策的重要依据之一。建设项目投资估算包括固定资产投资估算和流动资金估算两部分。固定资产投资估算主要包括静态投资部分的估算和动态投资部分的估算。静态部分投资估算的方法主要有生产能力指数法、指标估算法、比例法、系数估算法等；动态投资部分的估算主要包括涨价预备费和建设期贷款利息。流动资金的估算方法一般可采用分项详细估算法和扩大指标法两种方法进行估算。分项详细估算法是按照流动资金的组成分项进行估算，其估算精度较高；扩大指标估算法是一种简化的流动资金估算法。投资估算的准确与否不仅影响到可行性研究工作的质量和经济评价结果，而且也直接关系到下一阶段的工作质量。因此全面准确地估算建设项目的工程造价，是可行性研究乃至整个决策阶段工程造价管理的重要任务。

思考与练习

1．什么是投资估算？投资估算的内容和作用是什么？

2．我国投资估算的阶段划分是什么？

3．如何编制建设项目的投资估算？

4．固定资产静态部分的投资如何进行估算？分别适用于什么条件？

5．固定资产动态部分的投资如何进行估算？

6．已知建设年产 30 万吨的某化工原料装置的投资额为 60 000 万元，现有一年产 70 万吨该化工原料的装置，工程条件与上述装置类似，试估算该装置的投资额（生产能力指数 $n=0.6$、$f=1.2$）。

7．某企业拟新建一项目，建设期为 3 年，贷款总额为 8 269.74 万元。在建设期第一年贷款额为 2 480.92 万元、第二年为 4 134.87 万元、第三年为 1 653.95 万元。预计建设期 3 年的贷款年利率分别为 5%、6%、6.5%，各年贷款均在年内均匀发放，试估算建设期利息。

第5章 设计概算

【能力点描述】

通过本章的学习，学生应了解设计概算的概念、作用；了解设计概算的编制依据，编制内容、方法和步骤，能够运用设计概算的基本知识编制设计概算。

5.1 概述

5.1.1 设计概算的概念

设计概算是设计文件的重要组成部分，是在投资估算的控制下、在初步设计或扩大初步设计阶段，由设计单位根据设计图纸及说明书、概算定额（或概算指标）、各项费用定额（或取费标准）、设备及材料预算价格等资料或参照类似工程竣工决算文件编制的从建设项目筹建至竣工验收交付使用所需全部费用的文件。

5.1.2 设计概算的作用

设计概算的作用主要有以下几点。

（1）设计概算是国家确定和控制建设项目总投资的依据。对于按照规定报批的设计概算及总概算，一经批准，总造价就是最高限额，不得随意突破。

（2）设计概算是编制工程建设计划的依据。建设项目年度计划的安排、其投资需要量的确定、建设物资供应计划和建筑安装施工计划等，都是以主管部门批准的设计概算为依据的。

（3）设计概算是进行贷款的依据。银行根据批准的设计概算和年度投资计划进行贷款，并严格实行监督控制。

（4）设计概算是签订总承包合同的依据。

（5）设计概算是考核设计方案的经济合理性和控制施工图预算的依据。

（6）设计概算是考核和评价工程建设项目和投资效果的依据。

5.2 设计概算的编制依据

设计概算的编制依据主要由以下几项。

（1）批准的建设项目可行性研究报告。

（2）初步或扩大初步设计文件，包括设计图纸及说明书、设备表、材料表等相关资料。

（3）建设地区的自然条件和技术经济条件资料，主要包括工程地质勘测资料，施工现场的水、电供应情况，原材料供应情况，交通运输情况等。

（4）建设地区的工资标准、材料预算价格和设备预算价格资料。

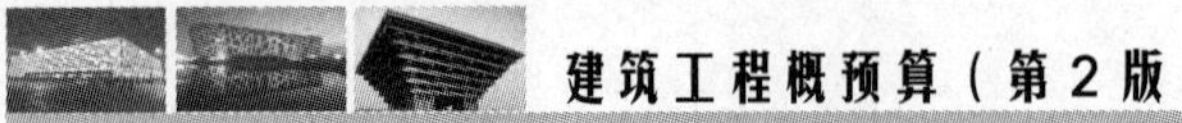

（5）国家、省、市、自治区颁发的现行建筑安装工程费用定额。

（6）国家、省、市、自治区颁发的现行建筑安装工程概算定额或概算指标。

（7）类似工程的概算、预算和技术经济指标等。

（8）施工组织设计文件。

5.3 设计概算编制的内容

设计概算可分为三级概算，即单位工程概算、单项工程综合概算和建设项目总概算，如图 5.1、图 5.2 和图 5.3 所示。

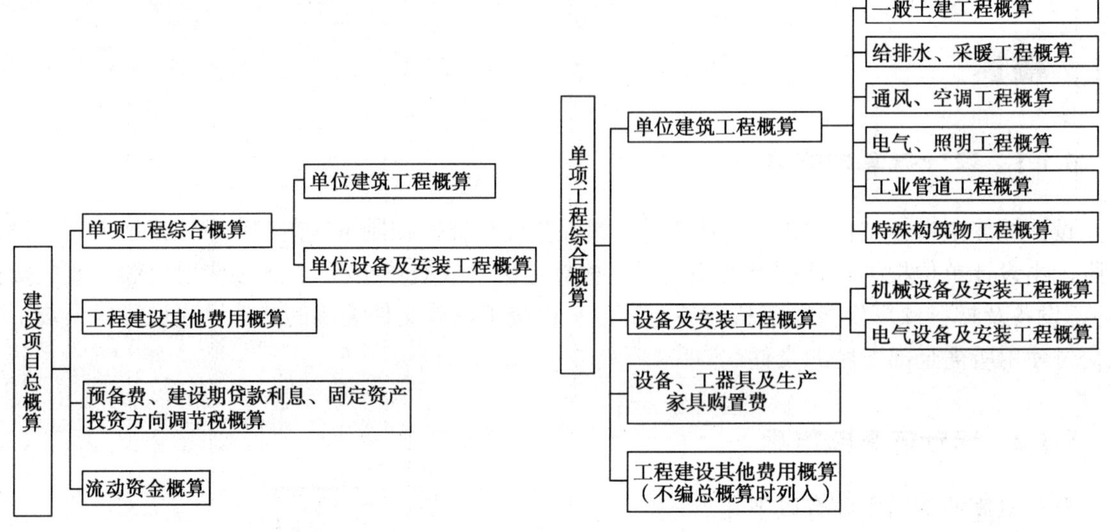

图 5.1　设计概算关系图　　　　图 5.2　单项工程综合概算的组成内容

建设项目总概算
第一部分:工程费用
主要生产工程项目单项工程综合概算
辅助生产工程项目单项工程综合概算
公共设施工程项目单项工程综合概算
服务性工程项目单项工程综合概算
生活福利工程项目单项工程综合概算
第二部分:工程建设其他费用
土地使用费
勘察设计费
建设单位管理费
供电贴费
……
第三部分:预备费、固定资产投资方向调节税、建设期贷款利息等

图 5.3　建设项目总概算的组成内容

5.4　单位工程设计概算的编制方法

5.4.1　建筑工程概算的编制

1. 编制方法

建筑工程概算的编制方法包括：

（1）根据概算定额编制概算；

（2）根据概算指标编制概算；

（3）根据类似工程预算编制概算。

2. 根据概算定额编制概算

（1）采用概算定额编制概算的条件。工程项目的初步设计或扩大初步设计具有相当深度，建筑、结构类型要求比较明确，基本上能够按照初步设计的平、立、剖面图纸计算分部工程或扩大结构构件等项目的工程量时，可以采用概算定额编制概算。

（2）编制方法与步骤。

① 收集基础资料。采用概算定额编制概算，最基本的资料是前面所提的编制依据，除此之外还应获得建筑工程中各分部工程施工方法的有关资料。对于改建或扩建的建筑工程，还需要收集原有建筑工程的状况图，拆除及修缮工程概算定额、费用定额及旧料残值回收计算方法等资料。

② 熟悉设计文件，了解施工现场情况。在编制概算前，必须熟悉图纸，掌握工程结构形式的特点，以及各种构件的规格和数量等，并充分了解设计意图，掌握工程全貌，以便更好地计算概算工程量，提高概算的编制速度和质量。另外，必须深入施工现场，调查、分析和核实地形、地貌、作业环境等原始资料，从而保证概算内容能更好地反映客观实际，为提高设计质量提供可靠的原始依据。

③ 计算工程量。编制概算时，应按概算定额手册所列项目分列工程项目，并按其所规定的工程量计算规则进行工程量计算，以便正确地选套定额，提高概算造价的准确性。

④ 选套概算定额。当分列的工程项目及相应汇总的工程量经复核无误后，即可选套概算定额，确定定额单价。通常选套概算定额的方法有以下几种。

a．把定额编号、工程项目及相应的定额计算单位、工程量，按定额的顺序填列于建筑工程概算表 5.1 中。

b．根据定额编号，查阅各工程项目的单位概算基价，填列于概算表格的相应栏内。

另外，在选套概算定额时，必须按各分部工程说明中的有关规定进行，避免错选或重套定额项目，以保证概算的准确性。

表 5.1　建筑工程概算表

序号	编制依据	项目名称	工程量		价值/元	
			单位	数量	单价	合价

⑤ 计取各项费用，确定工程概算造价。当工程概算直接费确定后，就可按费用计算程序进行各项费用的计算，可按下式计算概算造价的单方造价。

$$\text{土建工程概算造价}=\text{直接费}+\text{间接费}+\text{利润}+\text{税金}$$

$$\text{单方造价}=\frac{\text{土建工程概算造价}}{\text{建筑面积}}$$

⑥ 编制工程概算书。按表5.2的内容填写概算书封面；按表5.3的内容计算各项费用；按表5.1的内容编制建筑工程概算表，并根据相应工程情况，如工程概况、概算编制依据和方法等，编制概算说明书；最后将概算书封面、各项工程费用计算、工程概算表等按顺序装订成册，即构成建筑工程概算书。

表5.2　工程概算书封面

工程概算书	
	工程编号________
建设单位______________	
工程名称______________	编制单位________________
建筑面积______________	编　　制________________
概算价值______________	审　　核________________
单方造价______________	
	年　　月　　日

表5.3　工程费用计算

序号	项目名称	单位	计算式	合价	说明
一	直接费				
1	直接工程费				
2	措施费				
二	间接费				
1	规费				
2	企业管理费				
三	利润				
四	税金				
五	概算造价				
六	单方造价				

工程概算的编制说明应包括以下内容：

a．工程概况，包括工程名称、建造地点、工程性质、建筑面积、概算造价和单方造价等。

b．编制依据，包括初步设计图纸，依据的概算定额、费用定额等。

c．编制方法，主要说明具体采用概算定额，还是概算指标或类似工程预（决）算编制的。

d．其他有关问题的说明，如材料差价的调整方法。

3. 采用概算指标编制概算

（1）采用概算指标编制概算的条件。对于一般民用工程和中小型通用厂房工程，在初步设计

文件尚不完备、处于方案阶段，无法计算工程量时，可采用概算指标编制概算。概算指标是一种以建筑面积或体积为单位，以整个建筑物为依据编制的定额。采用概算指标编制概算比采用概算定额编制概算更加简化。它是一种既准确又省时的方法。

（2）编制方法和步骤。

① 收集编制概算的原始资料，并根据设计图纸计算建筑面积。

② 根据拟建工程项目的性质、规模、结构内容及层数等基本条件，选用相应的概算指标。

③ 计算工程直接费。通常可按下列公式进行计算：

$$\text{工程直接费}=\frac{\text{每百平方米造价指标}}{100}\times\text{建筑面积}$$

④ 调整工程直接费。通常按下列公式进行调整：

$$\text{调整后工程直接费}=\text{工程直接费}\times\text{调整费率}$$

⑤ 计算间接费及其他各项费用

（3）概算指标调整方法。采用概算指标编制概算时，因为设计内容常常不完全符合概算指标规定的结构特征，所以就不能简单机械地按类似的或最接近的概算指标套用计算，而必须根据差别的具体情况，按下列公式分别进行换算。

$$\text{单位面积造价调整指标}=\text{原指标单价}-\text{换出结构构件单价}+\text{换入结构构件单价}$$

式中，换出（入）结构构件单价可按下列公式进行计算：

$$\text{换出（入）结构构件单价}=\text{换出（入）结构构件工程量}\times\text{相应概算定额单价}$$

工程概算直接费可按下列公式进行计算：

$$\text{工程概算直接费}=\text{建筑面积}\times\text{单位面积造价调整指标}$$

4. 采用类似工程预（决）算编制概算

（1）采用类似工程预（决）算编制概算的条件。当拟建工程缺少完整的初步设计方案，而又急需上报设计概算，申请列入年度基本建设计划时，通常采用类似工程预（决）算编制设计概算的方法，快速编制概算。类似工程预（决）算是指与拟建工程在结构特征上相近的，已建成工程的预（决）算或在建工程的预算采用类似工程预（决）算编制概算，不受不同单位和地区的限制，只要拟建工程项目在建筑面积、体积、结构特征和经济性方面完全或基本类似，已（在）建工程的相关数额即可采用。

（2）编制步骤和方法。

① 收集有关类似工程设计资料和预（决）算文件等原始资料。

② 了解和掌握拟建工程初步设计方案。

③ 计算建筑面积。

④ 选定与拟建工程相类似的已（在）建工程预（决）算。

⑤ 根据类似工程预（决）算资料和拟建工程的建筑面积，计算工程概算造价和主要材料消耗量。

⑥ 调整拟建工程与类似工程预（决）算资料的差异部分，使其成为符合拟建工程要求的概算造价。

5.4.2 设备及安装工程概算的编制

设备及安装工程分为机械设备及安装工程和电气设备及安装工程两部分。设备及安装工程的概算造价由设备购置费和安装工程费两部分组成。

1. 设备购置概算

设备购置概算是确定购置设备所需的原价和运杂费而编制的文件。

设备分为标准设备和非标准设备。标准设备的原价按各省、市、自治区规定的现行产品出厂价格计算；非标准设备是指制造厂过去没有生产过或不经常生产，而必须由选用单位先行设计委托承制的设备，其原价由设计机构依据设计图纸按设备类型、材质、重量、加工精度、复杂程度等进行估价，逐项计算，主要由加工费、材料费、设计费组成。

其编制概算的方法与步骤如下：

（1）收集并熟悉有关设备清单、工艺流程、设备价格及运费标准等基础。

（2）确定设备原价。设备原价通常按下列规定确定：

① 国产标准设备，按国家各部委或各省、直辖市、自治区规定的现行统配价格或工厂自行制定的现行产品出厂价格计算。

② 国产非标准设备，按主管部门批准的制造厂报价或参考有关类似资料进行估算。

③ 引进设备，以引进设备货价（FOB）、国际运费、运输保险费、外贸手续费、银行财务费、关税和增值税之和为设备原价。

（3）计算设备运杂费。设备运杂费是指设备自出厂地点运至施工现场仓库或堆放地点止所发生的包装费、运输费、供销部门手续费等全部费用。通常可按占设备原价的百分比计算，计算公式为：

设备运杂费＝设备原价×运杂费率

（4）计算设备购置概算价值。设备购置概算价值可按下列公式计算：

设备购置概算价值＝设备原价＋设备运杂费＝设备原价×（1＋运杂费率）

2. 设备安装工程概算

根据初步设计的深度和要求明确程度，通常设备安装工程概算的编制方法有预算单价法、扩大单价法和概算指标法三种。

（1）预算单价法。当初步设计或扩大初步设计文件具有一定深度，要求比较明确，有详细的设备清单，基本上能计算工程量时，可根据各类安装工程预算定额编制设备安装工程概算。

（2）扩大单价法。当初步设计的设备清单不完备，或有成套设备的数（质）量时，要采用主体设备、成套设备或工艺线的综合扩大安装单价编制概算。

（3）概算指标法。当初步或扩大初步设计程度较浅，尚无完备的清单时，设备安装工程概算可按设备安装费的概算指标进行编制。

① 按占设备原价的百分比计算。

设备安装工程费＝设备原价×设备安装费率

② 按设备安装概算定额计算。

③ 按每吨设备安装费的概算指标计算。

设备安装工程费＝设备总吨数×每吨设备安装费

④ 按每套、每座、每组设备等计量单位规定的概算指标计算。

设备安装工程费＝设备座（台、套、组）数×每座（台、套、组）设备安装费

5.5 工程建设项目总概算的编制方法

5.5.1 总概算书的组成

总概算书一般由编制说明和总概算表及所属的综合概算表、工程建设其他费用概算表组成。

1. 编制说明

（1）工程概况：主要说明建设项目的建设规模、范围、建设地点、建设条件、建设期限、产量、生产品种、公用设施及厂外工程情况等。

（2）编制依据：主要说明设计文件依据、定额或指标依据、价格依据、费用标准依据等。

（3）编制方法：主要说明建设项目中主要专业的编制方法是采用概算定额还是概算指标编制的。

（4）投资分析：主要说明总概算价值的组成及单位投资、与类似工程的分析比较、各项投资比例分析和说明该设计的经济合理性等。

（5）主要材料和设备数量：说明建筑安装工程的主要材料，如钢材、木材、水泥等的数量；主要机械设备及电气设备的数量。

（6）其他有关问题：主要说明编制概算文件过程中存在的其他有关问题等。

2. 总概算表

总概算表的项目可按工程性质和费用构成划分为工程费用、其他费用和预备费用三项。总概算价值按其投资构成，可分为以下几部分费用。

（1）建筑工程费用，包括各种厂房、库房、住宅、宿舍等建筑物和矿井、铁路、公路、码头等构筑物的建筑工程，特殊工程的设备基础，各种工业炉砌筑，金属结构工程，水利工程，场地平整、厂区整理、厂区绿化等费用。

（2）安装工程费用，包括各种安装工程费用。

（3）设备购置费，包括一切需要安装和不需要安装的设备购置费。

（4）工器具及生产家具购置费。

（5）其他费用。

总概算表的表达式如表5.4（表中“○”代表填入的具体数字）所示。

表5.4 总概算表

建设单位：

概算书编号	工程和费用项目名称	概算价值/万元						技术经济指标			占投资额（%）	备注
		建筑工程	安装工程	设备购置	工器具和生产家具购置	工程建设其他费用	合计	单位	数量	指标		
	第一部分工程费用											
	一、主要生产项目											
××	×××厂房	○	○	○	○		○	○	○	○	○	
	……											
	第一部分合计	○	○	○	○		○					

续表

概算书编号	工程和费用项目名称	概算价值/万元						技术经济指标			占投资额（%）	备注
		建筑工程	安装工程	设备购置	工器具和生产家具购置	工程建设其他费用	合计	单位	数量	指标		
	第二部分工程建设其他费用											
	土地征用费					○	○					
	……											
	第二部分合计					○	○					
	第一、二部分工程费用总计	○	○	○	○	○	○					
	预备费						○					
	固定资产投资方向调节费						○					
	建设期投资贷款利息						○					
	总概算价值	○	○	○	○	○	○					
	其中：回收金额											
	投资比例（%）	○	○	○	○	○						

审核：　　　　　　　　　　编制：　　　　　　　　　　年　月　日

5.5.2 总概算书的编制方法与步骤

（1）收集编制总概算的基础资料。

（2）根据初步设计说明、建筑总平面图、全部工程项目一览表等资料，对各工程项目内容、性质、建设单位的要求，进行概括性了解。

（3）根据初步设计文件、单位工程概算书、定额和费用文件等资料，审核各单项工程综合概算书及其他工程与费用概算书。

（4）编制总概算表，填写方法与综合概算类似。

（5）编制总概算说明，并将总概算封面、总概算说明、总概算表等按顺序汇编成册，构成建设工程总概算书。

5.5.3 回收金额和预备费

回收金额是指在施工过程中或施工完毕所获得的各种收入。如：拆除房屋、构筑物、金属结构、设备、临时供水管路等的清算作价，施工过程中所获得的副产品（矿产品、砂、石等）。回收金额根据地方或主管部门规定的计算方法和费用指标计算。

预备费可以称为不可预见工程和费用。初步设计概算通常以概算编制时的价格进行编制，并按照有关规定合理地预测概算编制至竣工期的价格、利率、汇率等因素的变化，打足建设费用，并严格控制在可行性研究报告和投资估算范围内。

本章小结

本章主要介绍了设计概算的概念、作用、编制依据、编制方法、编制步骤以及设计概算的内容。

思考与练习

1．什么是设计概算？它有什么作用？

2．设计概算分为哪三级概算？各级概算的组成是怎样的？

3．单位建筑工程概算的编制方法有哪几种？

4．某地区拟建一栋框架结构的综合楼，建筑面积共 5000m^2，采用钢筋混凝土带形基础，其造价为 58 元/m^2。已知该地区普通框架结构的综合楼，建筑面积 3800m^2，建筑工程直接费为 380 元/m^2，其中毛石基础的造价为 40 元/m^2，其他结构相同。求拟建综合楼建筑工程直接费造价。

第 6 章　施工图预算的编制

【能力点描述】

通过本章的学习，学生应掌握定额计价和清单计价两种方式下，施工图预算编制的依据、步骤和方法。

6.1　定额计价方式

6.1.1　概述

在第 1 章中，讲述了我国现行计价的方式，其中，采用定额计价方式编制施工图预算有两种方法：单价法和实物法。下面分别介绍采用定额计价方式编制施工图预算的依据、方法和步骤。

1. 采用定额计价方式编制施工图预算的依据

（1）施工图纸、标准图集以及相关手册。

（2）招标文件、施工合同。

（3）施工现场情况、施工组织设计或施工方案。

（4）现行建筑安装工程预算定额（或消耗量定额）、费用定额等。

（5）建设行政主管部门发布的人工、材料、机械及设备的价格信息或承发包双方结合市场情况确认的工人、材料、机械台班单价。

（6）建设行政主管部门规定的计价程序和统一格式。

（7）建设行政主管部门发布的有关造价方面的文件。

2. 单价法编制施工图预算的步骤

采用单价法编制施工图预算的步骤如图 6.1 所示。

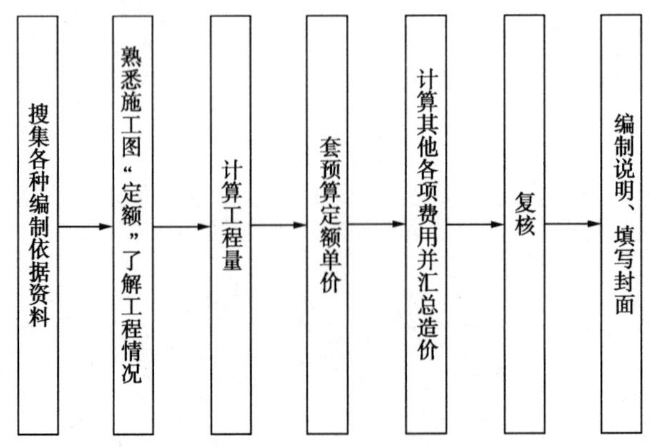

图 6.1　单价法编制施工图预算的步骤

3. 实物法编制施工图预算的步骤

实物法是首先计算出分项工程量，然后套用预算定额中相应人工、材料、机械台班用量，经汇总，再分别乘以工程所在地当时人工、材料、机械台班的实际单价，得到直接工程费，并按规定计取其他各项费用，最后汇总就可得出单位工程价格。

实物法编制单位工程施工图预算，直接工程费的计算公式为：

单位工程直接工程费＝Σ（分项工程量×定额人工用量×当时当地人工工资单价）
＋Σ（分项工程量×定额材料用量×当时当地材料预算价格）
＋Σ（分项工程量×定额机械台班用量×当时当地机械台班价格）

采用实物法编制施工图预算与单价法基本相同，其与单价法的主要区别是实物法通过套用定额消耗量、采用当时当地的各类人工、材料和机械台班的实际单价来确定直接工程费。

4. 工程量及工程量的计算方法

工程量是以自然计量单位或物理计量单位所表示的各分项工程或结构构件的数量，如 $10m^3$ 砖基础、$5m^3$C20 砼柱等。

工程量的计算方法通常有以下几种：

（1）按施工顺序计算工程量。

（2）按定额编排顺序计算工程量。

（3）按统筹法计算工程量。

（4）将上述三种方法综合运算来计算工程量。

在具体计算工程量时可采用以下的一些顺序来计算工程量：

（1）按顺时针方向计算工程量，即从图纸的左上角开始，从左至右逐项进行，环绕一周后又回到原开始点为止。

（2）按先横后竖、先上后下、先左后右的顺序计算工程量。

（3）按轴线编号顺序计算工程量。

（4）按结构构件编号计算工程量。

5. 工程量计算的一般原则

（1）计算口径要一致，避免重复列项。

（2）工程量计算规则要一致，避免错算。

（3）计算尺寸的取定要准确。

（4）计算单位要一致。

（5）要遵循一定的顺序进行计算。

（6）工程量计算精度要统一。

6.1.2 直接费的计算

下面按单价法介绍直接费的计算。

直接费＝直接工程费＋措施费

1. 直接工程费的计算

分部分项工程量乘以单价后的合计为直接工程费，直接工程费以人工、材料、机械的消耗量

及其相应价格确定。即

分部分项直接工程费＝分部分项工程工程量×相应的单价（或基价）

分部分项工程工程量根据《全国统一建筑工程预算计算规则（土建工程）》GJDGz—101—95计算，相应的单价（或基价）可查当地的单位估价表，或者根据当地的预算定额结合当地现行的人工工日单价，材料预算价格，机械台班单价得到。

2. 措施费的计算

措施费按规定的标准计算。其计算方法由各地区或国务院有关主管部门的工程造价管理机构自行制定。如，湖北省以直接工程费为计费基础的措施费的计算方法为:

措施费＝施工技术措施费＋施工组织措施费

施工技术措施费＝Σ（定额基价×施工技术措施项目工程量）

施工组织措施费＝Σ［(直接工程费＋施工技术措施费）×费率］

其中,“定额基价”可查《湖北省建筑工程消耗量定额及统一基价表》得到;“工程量”可根据《全国统一建筑工程预算计算规则（土建工程）》GJDGz—101—95 计算;“费率”可查《湖北建筑安装工程费用定额》（鄂建［2008］216 号文颁发）得到。

6.1.3 间接费的计算

间接费的计算方法按取费基数的不同分为以下三种。

（1）以直接费为计算基础。

间接费＝直接费合计×间接费费率

（2）以人工费和机械费合计为计算基础。

间接费＝人工费和机械费合计×间接费费率

间接费费率＝规费费率＋企业管理费费率

（3）以人工费为计算基础。

间接费＝人工费合计×间接费费率

间接费费率各省、市都有具体规定。

6.1.4 利润的计算

利润的计算公式为:

利润＝计算基数×相应的利润率

利润率各地区有具体的规定，如《湖北省建筑安装工程费用定额》（鄂建［2008］216 号文颁发）规定如表 6.1 所示。

表 6.1 湖北省利润率表

纳税人地区	纳税人所在地区在市区	纳税人所在地区在县城、镇	纳税人所在地区不在市区、县城或镇
计税基数	不含税工程造价		
综合税率%	3.41	3.35	3.22

6.1.5　税金的计算

税金的计算公式如下：

$$税金=（税前造价+利润）\times 税率$$

6.1.6　计算案例

表 6.2　本教材案例定额计价程序表

序　号	费用名称	取费基数	费　率	费用金额
1	建筑工程	建筑工程		574 473.81
一	直接工程费	人工费+材料费+未计价材料费+机械使用费+构件增值税		400 603.66
1	人工费	人工费		79 132.7
2	材料费	材料费		294 866.36
3	机械使用费	机械费		26 604.6
4	构件增值税	构件增值税	7.05	
二	措施项目费	技术措施费+组织措施费		69 666.99
2.1	技术措施费	人工费+材料费+机械费		48 342.07
2.11	人工费	技术措施项目人工费		18 812.58
2.12	材料费	技术措施项目材料费		24 084.86
2.13	机械费	技术措施项目机械费		5444.63
2.2	组织措施费	安全文明施工费+其他组织措施费		21 324.92
2.21	安全文明施工费	直接工程费+技术措施费	4.15	18 631.25
2.22	其他组织措施费	直接工程费+技术措施费	0.6	2693.67
三	总包服务费	总承包管理和协调+总承包管理、协调和配合服务+招标人自行供应材料		
3.1	总承包管理和协调			
3.2	总承包管理、协调和配合服务			
3.3	招标人自行供应材料			
四	价差	人工价差+材料价差+机械价差		189.28
4.1	人工价差	人工价差		
4.2	材料价差	材料价差		189.28
4.3	机械价差	机械价差		
五	施工管理费	直接工程费+措施项目费	5.45	25 629.75
六	利润	直接工程费+措施项目费+价差	5.15	24 228.69
七	规费	直接工程费+措施项目费+总包服务费+价差+施工管理费+利润	6.35	33 040.22
八	安全技术服务费	直接工程费+措施项目费+总包服务费+价差+施工管理费+利润+规费	0.12	664.03
九	不含税工程造价	直接工程费+措施项目费+总包服务费+价差+施工管理费+利润+规费+安全技术服务费		554 022.62
十	税前包干项目	税前包干价		

续表

序　号	费用名称	取费基数	费　率	费用金额
十一	税金	不含税工程造价+税前包干价	3.6914	20 451.19
十二	税后包干项目	税后包干价		
十三	含税工程造价	不含税工程造价+税金+税前包干项目+税后包干项目		574 473.81
2	工程造价	专业造价总合计		574 473.81

6.2 清单计价方式

6.2.1 概述

1. 采用清单计价方式编制施工图预算的依据

（1）招标文件及工程量清单。

（2）设计施工图纸、标准图集及《建筑五金手册》。

（3）施工现场实际情况、施工组织设计或施工方案。

（4）国家标准《建设工程工程量清单计价规范》（GB 50500—2008）。

（5）《企业定额》或建设行政主管部门发布的《消耗量定额》。

（6）建设行政主管部门发布的《措施费计价办法》、《建设工程造价计价规则》等。

（7）建设行政主管部门发布的人工、材料、机械及设备的价格信息，或者承发包双方依据市场情况确认的人工、材料、机械及设备的价格信息，或者承发包双方依据市场情况确认人工、材料、机械单价。

（8）建设行政主管部门规定的计价程序和统一格式。

（9）建设行政主管部门发布的有关造价方面的文件。

2. 编制的程序及步骤

（1）熟悉施工图纸及相关资料，了解现场情况。这是正确编制工程量清单及清单报价的前提。熟悉施工图纸，以及图纸答疑、地质勘探报告，便于编制分部分项工程项目名称，到工程建设地点了解现场实际情况便于编制施工措施项目名称。

（2）编制工程量清单。工程量清单包括总说明、分部分项工程量清单、措施项目清单、其他项目清单四部分。工程量清单是由招标人或其委托人，根据招标文件、施工图纸、计价规范，以及现场实际情况，经过精心计算编制而成的，是工程计价的基础。

（3）组合综合单价（简称组价）。组合综合单价是标底编制人（指招标人或其委托人）或标价编制人（指投标人）根据招标文件、工程量清单、施工图纸及图纸答疑、消耗量定额（或企业定额）、计价规范、施工组织设计或施工方案、工料机市场价格、费用标准等资料，计算组合的分项工程单价。

综合单价的内容包括人工费、材料费、机械费、管理费、利润五部分，并应考虑风险因素。

（4）计算分部分项工程费。在组合综合单价完成之后，根据工程量清单及综合单价，按单位工程计算分部分项工程费用。

分部分项工程费＝Σ（工程量×综合单价）

（5）计算措施项目费。措施项目包括通用项目、建筑工程措施项目、装饰装修工程措施项目、安装工程措施项目和市政工程措施项目，措施项目综合单价的构成与分部分项工程单价构成类似。

（6）计算其他项目费。其他项目费由暂列金额、暂估价、计日工和总承包服务费等内容组成，根据工程量清单列出的内容计算。

（7）计算单位工程费。前面各项内容计算完成之后，将整个单位工程费包括的内容汇总起来，形成整个单位工程费。在汇总单位工程费前，要计算各种规费及单位工程的税金。

单位工程造价＝分部分项工程费＋措施项目费＋其他项目费＋规费＋税金

（8）计算单项工程费。在各单位工程费计算完成之后，将属同一单项工程的各单位工程费汇总，形成单项工程的总费用。

单项工程报价＝Σ单位工程造价

（9）计算工程项目总价。各单项工程费计算完成之后，将各单项工程费汇总，形成整个建设项目的总价。

建设项目总报价＝Σ单项工程报价

3. 计价文件的组成

《建设工程工程量清单计价规范》（GB50500—2008）规定工程量清单计价表格格式应由下列内容组成。

（1）投标总价封面（见表 6.3）；

（2）总说明（见表 6.4）；

（3）单项投标报价汇总表（见表 6.5）；

（4）单位工程投标报价汇总表（见表 6.6）；

（5）分部分项工程量清单计价表（见表 6.7）；

（6）分部分项工程量清单综合单价分析表（见表 6.8）；

（7）措施项目清单与计价表（一）（见表 6.9）；

表 6.3　封面

投标总价

招　　标　　人：____________________

工　程　名　称：____________________

投标总价（小写）：____________________

　　　　（大写）：____________________

投　　标　　人：____________________

（单位盖章）

法 定 代 表 人

或 其 授 权 人：____________________

（签字或盖章）

编　　制　　人：____________________

（造价人员签字盖专用章）

编 制 时 间：____________

表 6.4 总 说 明

工程名称： 第 页、共 页

表 6.5 单项投标报价汇总表

工程名称： 第 页、共 页

序号	单位工程名称	金额（元）	其中		
			暂估价（元）	安全文明施工费（元）	规费（元）
	合 计				

表 6.6 单位工程投标报价汇总表

工程名称: 标段: 第 页、共 页

序号	汇总内容	金 额（元）	其中：暂估价（元）
1	分项工程		
1.1			
1.2			
1.3			
2	措施项目		
2.1	安全文明施工费		

续表

序号	汇总内容	金　额（元）	其中：暂估价（元）
3	其他项目费		
3.1	暂列金额		
3.2	专业工程暂估价		
3.3	计日工		
3.4	总承包服务费		
4	规费		
5	税金		
投标价合计=1+2+3+4+5			

表 6.7　分部分项工程量清单计价表

工程名称:　　　　　　　　标段　　　　　　　　　　　　　　　　第　页、共　页

序号	项目编码	项目名称	项目特征描述	计量单位	工程数量	金　额（元）		
						综合单价	合 价	其中：暂估价
本页小计								
合计								

表 6.8　分部分项工程量清单综合单价分析表

工程名称:　　　　　　　　标段:　　　　　　　　　　　　　　　第　页、共　页

清单综合单价组成明细											
定额编号	定额名称	定额单位	数量	单价				合价			
				人工费	材料费	机械费	管理费和利润	人工费	材料费	机械费	管理费和利润
人工单价		小计									
元/工日		未计价材料费									
清单项目综合单价											
材料费明细	主要材料名称、规格、型号					单位	数量	单价（元）	合价（元）	暂估单价（元）	暂估合价（元）
	其他材料费							—		—	
	材料费小计							—		—	

表6.9　措施项目清单与计价表（一）

工程名称:　　　　　　　　标段:　　　　　　　　　　　　　　　　　　　　　　　　第　页、共　页

序号	项 目 名 称	计算基础	费 率（%）	金额（元）
1	安全文明施工费			
2	夜间施工费			
3	二次搬运费			
4	冬雨季施工			
5	大型机械设备 进出场及安拆费			
6	施工排水			
7	施工降水			
8	地上、地下设施、建筑物的 临时保护设施			
9	已完工程及设备保护			
10	各专业工程的措施项目			
11				
12				
合计				

（8）措施项目清单与计价表（二）（见表6.10）;

（9）其他项目清单与计价汇总表（见表6.11）;

（10）规范、税金项目清单与计价表（见表6.12）;

（11）主要材料价格表（见表6.13）;

（12）工程款支付申请（核准）表（见表6.14）。

表6.10　措施项目清单与计价表（二）

工程名称:　　　　　　　　标段:　　　　　　　　　　　　　　　　　　　　　　　　第　页、共　页

序号	项目编码	项目名称	项目特征描述	计量单位	工程数量	金　额（元）	
						综合单价	合 价
·							
本页小计							
合计							

表6.11　其他项目清单与计价汇总表

工程名称:　　　　　　　　标段:　　　　　　　　　　　　　　　　　　　　　　　　第　页、共　页

序号	项目名称	计量单位	数量	暂定金额（元）
1	暂列金额			
2	暂估价			
2.1	材料暂估价			

续表

序号	项目名称	计量单位	数量	暂定金额（元）
2.2	专业工程暂估价			
3	计日工			
4	总承包服务费			
5				
合计				

表 6.12　规范、税金项目清单与计价表

工程名称：　　　　　　　　标段：　　　　　　　　　　　　　　　　　　第　页、共　页

序号	项目名称	计算基础	费率（%）	金额（元）
1	■ ■			
1.1	■ ■ ■ ■ ■			
1.2	■ ■ ■ ■ ■			
（1）	养老保险费			
（2）	失业保险费			
（3）	医疗保险费			
1.3	■ ■ ■ ■ ■			
1.4	■ ■ ■ ■ ■ ■ ■ ■ ■ ■			
1.5	■ ■ ■ ■ ■ ■ ■			
2	■ ■	分部分项工程费+措施项目费+其他项目费+规费		
合计				

表 6.13　主要材料价格表

工程名称：　　　　　　　　标段：　　　　　　　　　　　　　　　第　页、共　页

序号	材料编码	材料名称	规格、型号等特殊要求	单位	单价（元）

表6.14　工程款支付申请（核准）表

工程名称:　　　　　　　　标段:　　　　　　　　　　　　　　　　　　　　　　第　页、共　页

致：＿＿＿＿＿＿＿＿＿＿＿＿＿＿＿＿＿＿＿＿＿＿＿＿＿＿（发包人全称）

我方于＿＿＿＿＿至＿＿＿＿期间已完成了＿＿＿＿＿工作，根据施工合同的约定，现 申请支付本期的工程价款为（大写）＿＿＿＿＿元，（小写）＿＿＿＿＿元，请予核准。

序　号	名　称	金额（元）	备注
1	累计已完成的工程价款		
2	累计已实际支付的工程价款		
3	本周期已完成的工程价款		
4	本周期完成的计日工金额		
5	本周期应增加和扣减的变更金额		
6	本周期应增加和扣减的索赔金额		
7	本周期应抵扣的预付款		
8	本周期应扣减的质保金		
9	本周期应增加或扣减的其他金额		
10	本周期实际应支付的工程价款		

承包人（章）

承包人代表＿＿＿＿＿

日　　期＿＿＿＿＿

复核意见：

□与实际施工情况不相符，修改意见见附件。

□与实际施工情况相符，具体金额由造价工程师复核。

监理工程师＿＿＿＿＿

日　　期＿＿＿＿＿

复核意见：

你方提出的支付申请经复核，本周期已完成工程价款为（大写）＿＿＿＿元，（小写）＿＿＿＿元，本期间应支付金额为（大写）＿＿＿＿元，（小写）＿＿＿＿＿元。

造价工程师＿＿＿＿＿

日　　期＿＿＿＿＿

审核意见：

□不同意。

□同意，支付时间为本表签发后的 15 天内。

发包人（章）

发包人代表＿＿＿＿＿

日　　期＿＿＿＿＿

6.2.2　分部分项工程费的计算

分部分项工程费的计算公式为：

分部分项工程费＝Σ（分部分项工程量×分部分项工程量清单的综合单价）

（1）分部分项工程量（指清单工程量）是根据《建设工程工程量清单计价规范》要求计算的。

（2）分部分项工程量清单综合单价是指完成工程量清单中一个规定计量单位分部分项工程所需的人工费、材料费、机械使用费、管理费、利润，并考虑风险因素的总和。

$$综合单价=\frac{完成该分部分项工程的全部费用}{清单工程量}$$

① 人工费、材料费、机械费的计算。此类费用按消耗量定额规定计算。

② 管理费的计算。管理费的计算公式如下：

$$管理费=计算基础\times管理费费率$$

计算基础和管理费费率各省、市都有具体的规定。如《湖北省建筑安装工程费用定额（鄂建[2008]216 号文颁发）》中规定：计算基础有直接工程费和人工费；费率的确定可参考表 6.15、6.16、6.17 和 6.18。

表 6.15 建筑工程企业管理费

以直接费（直接工程费）为计费基数的工程 单位：%

专业	建筑工程	
计费基数	①工程量清单计价：人工费+材料费+机械费 ②定额计价：直接工程费+措施项目直接工程费	
计价方法	①	②
费率	4.95	5.45

表 6.16 安装工程企业管理费

以人工费与机械费之和为计费基数的工程 单位：%

专业	安装工程	
计费基数	人工费+机械费	
计价方法	①工程量清单计价	②定额计价
费率	20.00	

表 6.17 炉窑砌筑及工程 单位：%

专业	炉窑砌筑工程	
计费基数	①工程量清单计价：人工费+材料费+机械费 ②定额计价：直接工程费+措施项目直接工程费	
计价方法	①	②
费率	4.25	4.65

表 6.18 装饰装修工程 单位：%

专业	装饰装修工程	
计费基数	人工费+机械费	
计价方法	①工程量清单计价	②定额计价
费率	15.00	

（3）利润的计算。综合单价中利润的计算方法为：

$$利润=计算基础\times利润率$$

《湖北省建筑安装工程费用定额（鄂建[2008]216 号文颁发）》中对利润的规定如表 6.19 所示。

表 6.19　利润

单位：%

工程分类	以直接费（直接工程费）为计费基数的工程		以人工费与机械费之和为计费基数的工程	
计费基数	①：直接工程费 ②：直接费+价差		人工费+机械费	
计价方法	工程量清单计价	定额计价	工程量清单计价	定额计价
费率	5.35	5.15	18.00	18.00

6.2.3　措施项目费的计算

措施项目费由“通用项目措施费”和“专业项目措施费”组成。措施费应按照施工方案或施工组织设计，参照有关规定以“项”为单位进行综合计价。措施费可按“套定额、计算系数、计算公式”三种方式来计算。具体计算各省、市均有具体规定，如《湖北省建筑安装工程费用定额（鄂建[2008]216号文颁发）》中的规定如表6.20所示。

表 6.20　施工组织措施项目费计算程序表

序号	费用项目	计算方法	
		以直接工程费为计费基础的工程	以人工费为计费基础的工程
1	分部分项工程量清单计价合计	Σ（综合单价×清单工程量）	Σ（综合单价×清单工程量）
2	其中：人工费	—	Σ（人工单价×工日耗用量）
3	施工技术措施项目清单计价合计	Σ施工技术措施项目费	Σ施工技术措施项目费
4	其中：人工费	—	Σ（人工单价×工日耗用量）
5	施工组织措施项目直接工程费	—	（2+4）×费率
6	其中：人工费		5×人工系数
7	施工管理费	—	6×费率
8	利润	—	6×费率/（1+3）×费率
9	施工组织措施项目费	（1+3）×费率	5+7+8

6.2.4　规费计算

规费的计算公式为：

规费＝计算基础×费率

如《湖北省建筑安装工程费用定额（鄂建[2008]216号文颁发）》中对规费的规定如表6.21所示。

表 6.21　规　　费

工程分类	以直接费（直接工程费）为计费基数的工程		以人工费与机械费之和为计费基数的工程	
计费基数	①：分部分项工程费+技术措施项目费 ②：直接工程费+技术措施直接工程费		人工费+机械费	
计价方法	工程量清单计价	定额计价	工程量清单计价	定额计价
费　　率	6.35		17.80	
工程排污费	0.35		1.15	
社会保障金	4.70		13.10	

续表

工程分类		以直接费（直接工程费）为计费基数的工程	以人工费与机械费之和为计费基数的工程
其中	养老保险金	3.00	8.55
	失业保险金	0.30	0.85
	医疗保险金	0.95	2.50
	工伤保险金	0.30	0.80
	生育保险金	0.15	0.40
住房公积金		1.25	3.35
危险作业意外伤害保险		0.05	0.20

6.2.5　税金计算

税金的计算公式如下：

$$税金=不含税工程造价\times税率$$

营业税、城市建设维护税、教育费附加及综合税率如表 6.22 所示。

表 6.22　营业税、城市建设维护税、教育费附加和综合税率

纳税人地区	纳税人所在地在市区	纳税人所在地在县城、镇	纳税人所在地不在市区、县城或镇
计税基数	不含税工程造价		
综合税率	3.41	3.35	3.22

6.2.6　计算案例

本教材案例，清单计价程序表如表 6.23 所示。

表 6.23　清单计价程序表

序号	费用名称	取费基数	费率（%）	费用金额
1	建筑工程	建筑工程		574 473.81
一	直接工程费	人工费+材料费+未计价材料费+机械使用费+构件增值税		400 603.66
1	人工费	人工费		79 132.7
2	材料费	材料费		294 866.36
3	未计价材料费	主材费		
4	机械使用费	机械费		26 604.6
5	构件增值税	构件增值税	7.05	
二	措施项目费	技术措施费+组织措施费		69 666.99
2.1	技术措施费	人工费+材料费+机械费		48 342.07
2.11	人工费	技术措施项目人工费		18 812.58
2.12	材料费	技术措施项目材料费		24 084.86
2.13	机械费	技术措施项目机械费		5444.63
2.2	组织措施费	安全文明施工费+其他组织措施费		21 324.92
2.21	安全文明施工费	直接工程费+技术措施费	4.15	18 631.25
2.22	其他组织措施费	直接工程费+技术措施费	0.6	2693.67

续表

序号	费用名称	取费基数	费率（%）	费用金额
三	总包服务费	总承包管理和协调+总承包管理、协调和配合服务+招标人自行供应材料		
3.1	总承包管理和协调			
3.2	总承包管理、协调和配合服务			
3.3	招标人自行供应材料			
四	价差	人工价差+材料价差+机械价差		189.28
4.1	人工价差	人工价差		
4.2	材料价差	材料价差		189.28
4.3	机械价差	机械价差		
五	施工管理费	直接工程费+措施项目费	5.45	25 629.75
六	利润	直接工程费+措施项目费+价差	5.15	24 228.69
七	规费	直接工程费+措施项目费+总包服务费+价差+施工管理费+利润	6.35	33 040.22
八	安全技术服务费	直接工程费+措施项目费+总包服务费+价差+施工管理费+利润+规费	0.12	664.03
九	不含税工程造价	直接工程费+措施项目费+总包服务费+价差+施工管理费+利润+规费+安全技术服务费		554 022.62
十	税前包干项目	税前包干价		
十一	税金	不含税工程造价+税前包干价	3.6914	20 451.19
十二	税后包干项目	税后包干价		
十三	含税工程造价	不含税工程造价+税金+税前包干项目+税后包干项目		574 473.81
2	工程造价	专业造价总合计		574 473.81

本章小结

本章介绍了施工图预算编制的依据、方法、步骤，并结合案例进行了具体介绍。

思考与练习

1．采用定额计价方式编制施工图预算的依据和步骤有哪些？

2．采用工程量清单计价方式编制施工图预算的依据和步骤有哪些？

第 2 篇

实　　务

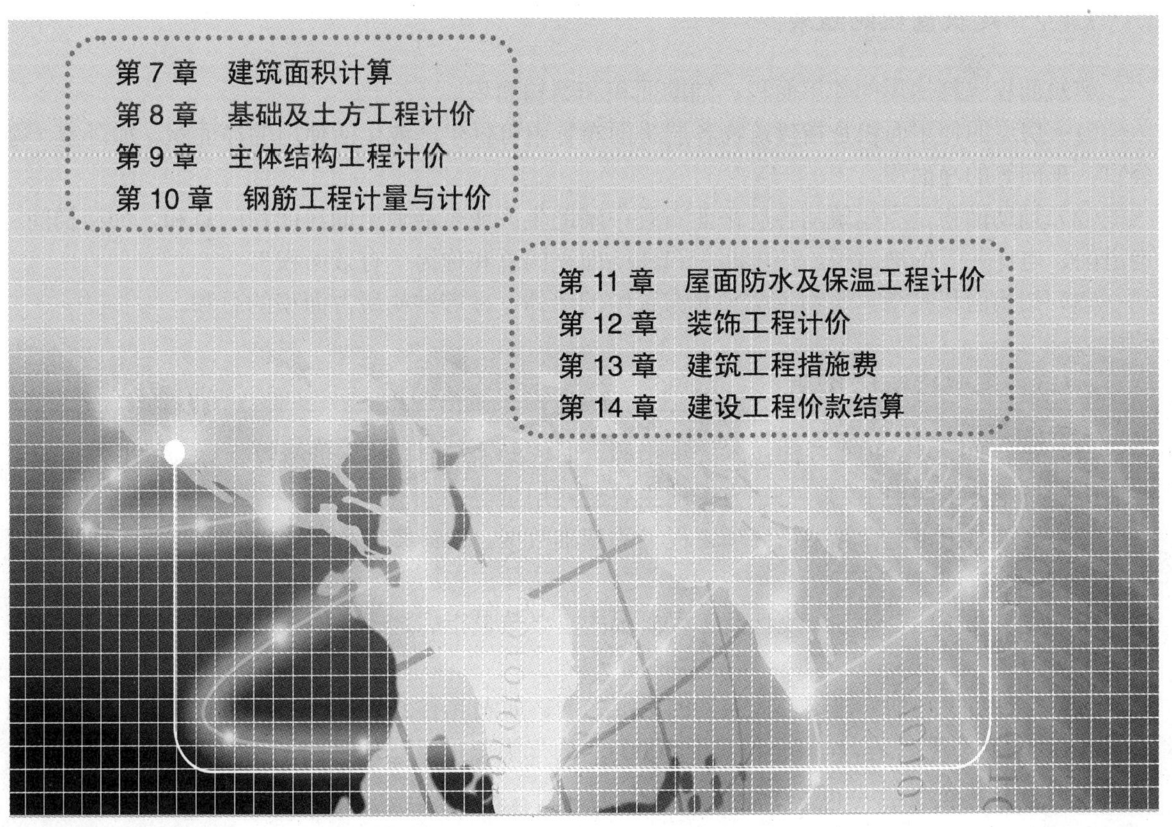
第 7 章　建筑面积计算
第 8 章　基础及土方工程计价
第 9 章　主体结构工程计价
第 10 章　钢筋工程计量与计价
第 11 章　屋面防水及保温工程计价
第 12 章　装饰工程计价
第 13 章　建筑工程措施费
第 14 章　建设工程价款结算

第 7 章　建筑面积计算

【能力点描述】

通过本章的学习，学生应了解建筑面积的概念、组成和作用；掌握建筑面积的计算方法，能正确运用建筑面积的计算方法计算建筑面积。

全国统一的建筑面积计算规则，自 1995 年以来一直是执行国家标准《全国统一建筑工程预算计算规则（土建工程）》GJDGZ—101—95 中的规定，自 2005 年 7 月 1 日起，应以国家标准《建筑工程建筑面积计算规范》GB/T50353—2005 为准。

7.1　相关说明

7.1.1　建筑面积的概念

建筑面积是指房屋建筑中各层外围结构水平投影面积的总和。

7.1.2　建筑面积的组成

建筑面积包括房屋的使用面积、辅助面积和结构面积。

（1）房屋的使用面积是指建筑物各层平面布置中可供生产或生活使用的净面积，如卧室、办公室、车间等的净面积。

（2）辅助面积是指建筑物各层平面布置中辅助生产或生活使用的净面积的总和，如楼梯间、走道间、电梯井等的净面积。使用面积和辅助面积的总和称为“有效面积”。

（3）结构面积是指建筑物各层平面布置中的墙体、柱等结构所占面积的总和。

7.1.3　建筑面积的作用

（1）建筑面积是一项重要的技术经济指标。如依据建筑面积确定的概算指标、每平方米的工程造价、每平方米的用工量、每平方米的主要材料用量等。

（2）建筑面积也是计算某些分项工程量的基础数据。如计算室内回填土、楼地面工程等工程量的基础。

（3）建筑面积还是计划、统计及工程概况的主要数量指标之一。如计划面积、竣工面积、在建面积等指标。

（4）建筑面积是划分建筑工程类别的标准之一。如湖北省公共建筑划分标准规定：建筑面积大于 9000 m^2 为一类工程，建筑面积大于 5000 m^2 为二类工程，建筑面积大于 2500 m^2 为三类工程，建筑面积小于或等于 2500 m^2 为四类工程。

此外，确定拟建项目的规模、反映国家的建设速度、人民生活条件的改善、评价投资效益、设计方案的经济性和合理性、对单项工程进行技术经济分析等都关系到建筑面积。

7.2 建筑面积的计算

根据国家标准《建筑工程建筑面积计算规范》（GB/T50353—2005），对建筑面积计算做如下简要介绍。

7.2.1 总则

（1）为规范工业与民用建筑工程的面积计算，统一计算方法，特制定本规范。

（2）本规范适用于新建、扩建、改建的工业与民用建筑工程的面积计算。

（3）建筑面积计算应遵循科学、合理的原则。

（4）建筑面积计算除应遵循本规范，尚应符合国家现行的有关标准规范中的规定。

7.2.2 术语

（1）层高（story height）：上下两层楼面或楼面与地面之间的垂直距离。

（2）自然层（floor）：按楼板、地板结构分层的楼层。

（3）架空层（empty space）：建筑物深基础或坡地建筑吊脚架空部位不回填土石方形成的建筑空间。

（4）走廊（corridor gallery）：建筑物的水平交通空间。

（5）挑廊（overhanging corridor）：挑出建筑物外墙的水平交通空间。

（6）檐廊（eaves gallery）：设置在建筑物底层出檐下的水平交通空间。

（7）回廊（cloister）：在建筑物门厅、大厅内设置在二层或二层以上的回形走廊。

（8）门斗（foyer）：在建筑物出入口设置的起分隔、挡风、御寒作用的建筑过渡空间。

（9）建筑物通道（passage）：为道路穿过建筑物而设置的建筑空间。

（10）架空走廊（bridge way）：建筑物与建筑物之间，在二层或二层以上专门为水平交通设置的走廊。

（11）勒脚（plinth）：建筑物的外墙与室外地面或散水接触部位墙体的加厚部分。

（12）围护结构（envelop enclosure）：围合建筑空间四周的墙体、门、窗等。

（13）围护性幕墙（enclosing curtain wall）：直接作为外墙起围护作用的幕墙。

（14）装饰性幕墙（decorative faced curtain wall）：设置在建筑物墙体外起装饰作用的幕墙。

（15）落地橱窗（french window）：突出外墙面根基落地的橱窗。

（16）阳台（balcony）：供使用者进行活动和晾晒衣物的建筑空间。

（17）眺望间（view room）：设置在建筑物顶层或挑出房间的供人们远眺或观察周围情况的建筑空间。

（18）雨篷（canopy）：设置在建筑物进出口上部的遮雨、遮阳篷。

（19）地下室（basement）：房间地平面低于室外地平面的高度超过该房间净高的 1/2 者为地下室。

（20）半地下室（semi basement）：房间地平面低于室外地平面的高度超过该房间净高的1/3，且不超过1/2者为半地下室。

（21）变形缝（deformation joint）：伸缩缝（温度缝）、沉降缝和抗震缝的总称。

（22）永久性顶盖（permanent cap）：经规划批准设计的永久使用的顶盖。

（23）飘窗（bay window）：为房间采光和美化造型而设置的突出外墙的窗。

（24）骑楼（overhang）：楼层部分跨在人行道上的临街楼房。

（25）过街楼（arcade）：有道路穿过建筑空间的楼房。

7.2.3 计算建筑面积的规定

（1）单层建筑物的建筑面积，应按其外墙勒脚以上结构外围水平面积计算，并应符合下列规定：

① 单层建筑物高度在2.20m及以上者应计算全面积；高度不足2.20m者应计算1/2面积。

② 利用坡屋顶内空间时，净高超过2.10m的部位应计算全面积；净高在1.20m～2.10m之间的部位应计算1/2面积；净高不足1.20m的部位不应计算面积。

例7.1 已知某单层房屋平面和剖面图（见图7.1），计算该房屋的建筑面积。

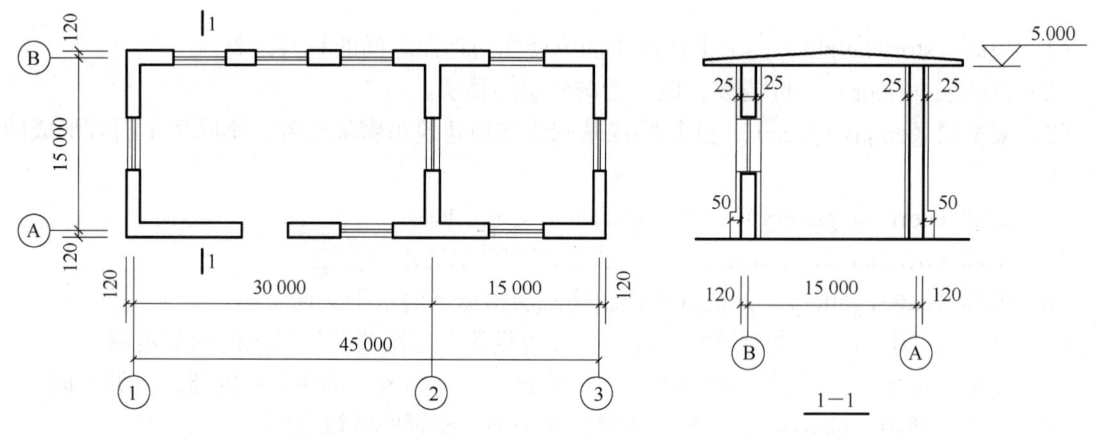

图7.1 单层房屋平面和剖面示意图

解：建筑面积 $S=(45+0.24)\times(15+0.24)=689.46\text{m}^2$

（2）单层建筑物内设有局部楼层者，局部楼层的二层及以上楼层，有围护结构的应按其围护结构外围水平面积计算，无围护结构的应按其结构底板水平面积计算。层高在2.20m及以上者应计算全面积；层高不足2.20m者应计算1/2面积。

例7.2 已知某单层房屋平面和剖面图（见图7.2），计算该房屋建筑面积。

解：建筑面积 $S=(27+0.2)\times(15+0.24)+(12+0.24)\times(15+0.24)\times3/2=694.33\ \text{m}^2$

（3）多层建筑物首层应按其外墙勒脚以上结构外围水平面积计算；二层及以上楼层应按其外墙结构外围水平面积计算。层高在2.20m及以上者应计算全面积；层高不足1.20m时不应计算面积。

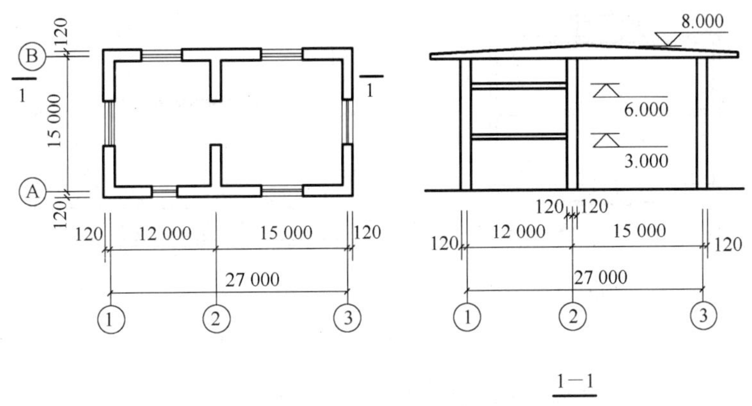

图 7.2　单层房屋平面和剖面示意图

例 7.3　如图 7.3 所示，计算多层建筑物的建筑面积。

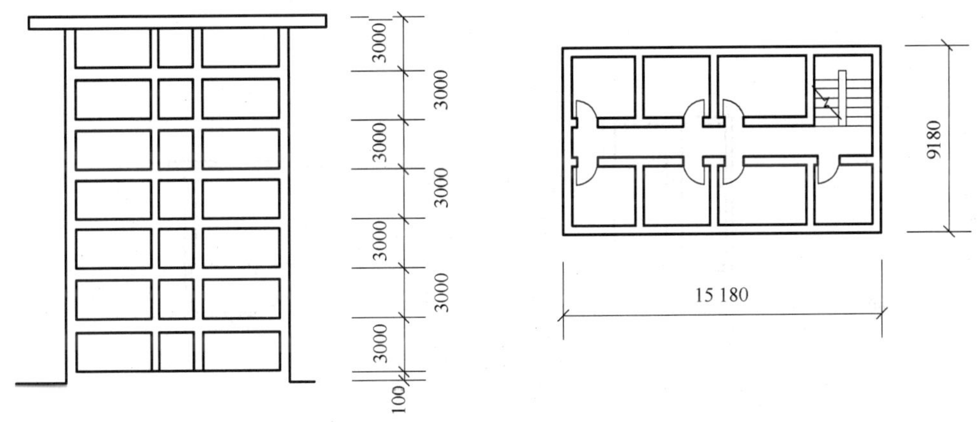

图 7.3　多层建筑物立面和平面示意图

解：建筑面积 $S=15.18\times9.18\times7=975.47\ \text{m}^2$

（4）多层建筑坡屋顶内和场馆看台下，当设计加以利用时净高超过 2.10m 的部位应计算全面积；净高在 1.20m～2.10m 之间的部位应计算 1/2 面积；当设计不利用或室内净高不足 1.20m 时不应计算面积。

（5）地下室、半地下室（车间、商店、车站、车库、仓库等），包括相应的永久性顶盖的出入口，应按其外墙上口（不包括采光井、外墙防潮层及其保护墙）外边线所围水平面积计算。层高在 2.20m 及以上者应计算全面积；层高不足 2.20m 者应计算中心 1/2 面积。

例 7.4　已知某地下室平面和剖面图如图 7.4 所示，计算该地下室的建筑面积。

解：$S_{地下室}=（12.3+0.24）\times（10+0.24）=128.41\ \text{m}^2$

$S_{出入口}=2.1\times0.8+6\times2=13.68\ \text{m}^2$

$S=S_{地下室}+S_{出入口}=128.41+13.68=142.09\ \text{m}^2$

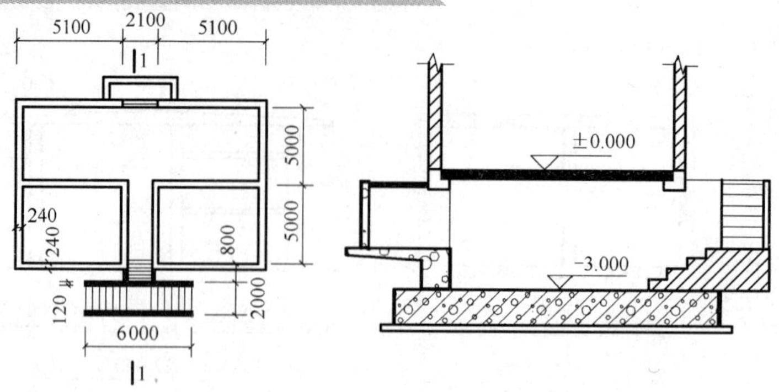

图 7.4　地下室平面和剖面示意图

（6）坡地的建筑物吊脚架空层、深基础架空层，设计加以利用并有围防结构的，层高在 2.20m 及以上的部位应计算全面积，层高不足 2.20m 的部位应计算 1/2 面积。设计加以利用、无围护结构的建筑吊脚架空层，应按其利用部位水平面积的 1/2 计算；设计不利用的深基础空层、坡地吊脚架空层、多层建筑坡屋顶内、场馆看台下的空间不应计算面积。

例 7.5　已知坡地建筑物架空层示意图如图 7.5 所示，计算该坡地建筑架空层及二层建筑物的建筑面积。

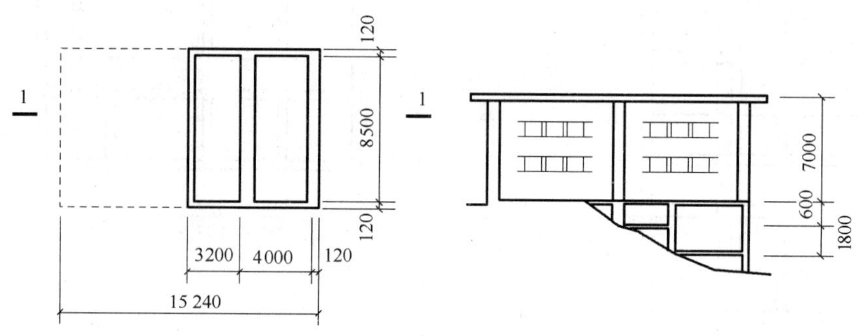

图 7.5　坡地建筑物架空层示意图

解：$S=8.74\times4.12+15.24\times8.74\times2=302.40\ m^2$

例 7.6　已知深基础地下架空层示意图如图 7.6 所示，计算利用深基础地下架空层的建筑面积。

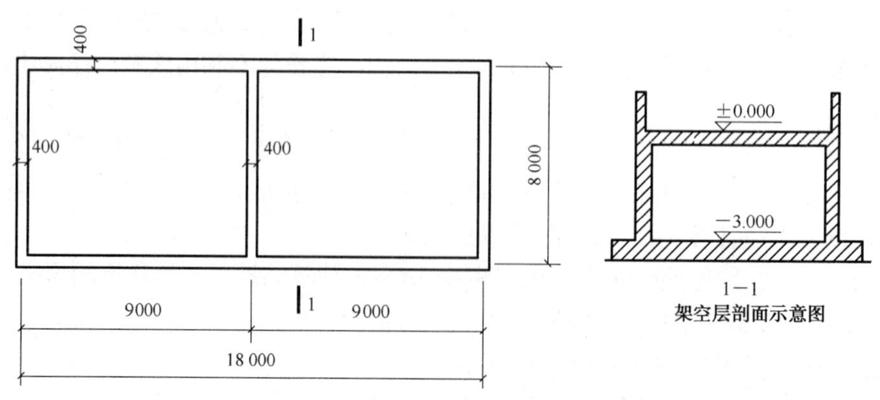

图 7.6　深基础地下架空层示意图

解：$S=(18+0.4)\times(8+0.4)=154.56\text{m}^2$

（7）建筑物的门厅、大厅按一层计算建筑面积。门厅、大厅内设有回廊时，应按其结构底板水平面积计算。层高在 2.20m 及以上者应计算全面积；层高不足 2.20m 者应计算 1/2 面积。

例 7.7 如图 7.7 所示，计算该建筑物的建筑面积。

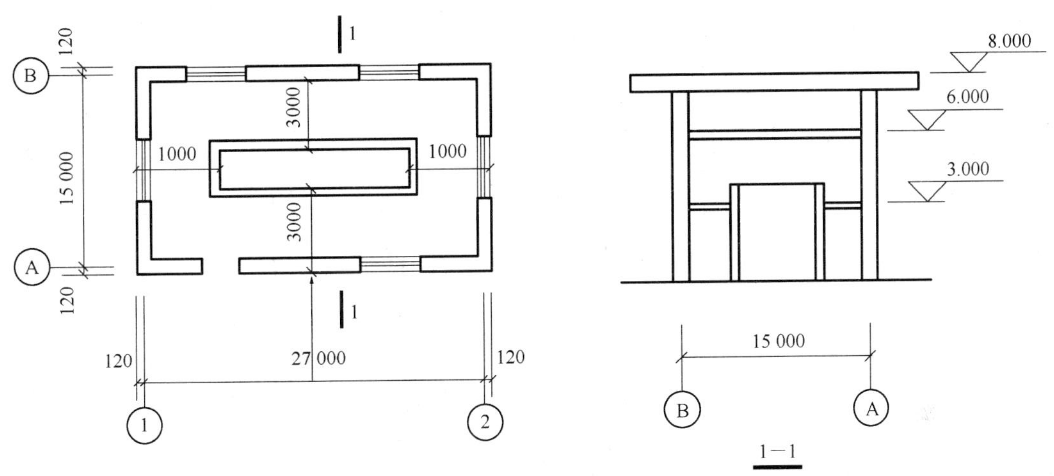

图 7.7 某建筑物示意图

解：$S_{楼层}=(27+0.24)\times(15+0.24)\times3/2=622.71\ \text{m}^2$

$S_{回廊}=27.24\times15.24-(27.24-1.0\times2)\times(15.24-3.0\times2-0.24)=187.98\text{m}^2$

$S=S_{楼层}+S_{回廊}=622.71+187.98=810.69\ \text{m}^2$

（8）建筑物间有围护结构的架空走廊，应按其围护结构外围水平面积计算。层高在 2.20m 及以上者应计算全面积；层高不足 2.20m 者应计算 1/2 面积。有永久性顶盖无围护结构的应按其结构底板水平面积的 1/2 计算。

例 7.8 如图 7.8 所示，计算有顶盖架空通廊的建筑面积。

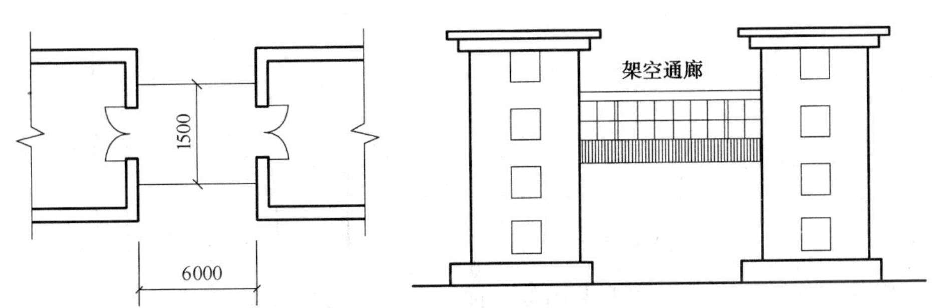

图 7.8 架空通廊建筑面积示意图

解：$S=6\times1.5=9\ \text{m}^2$

（9）立体书库、立体仓库、立体车库，无结构层的应按一层计算，有结构层的应按其结构层面积分别计算。层高在 2.20m 及以上者应计算全面积；层高不足 2.20m 者应计算 1/2 面积。

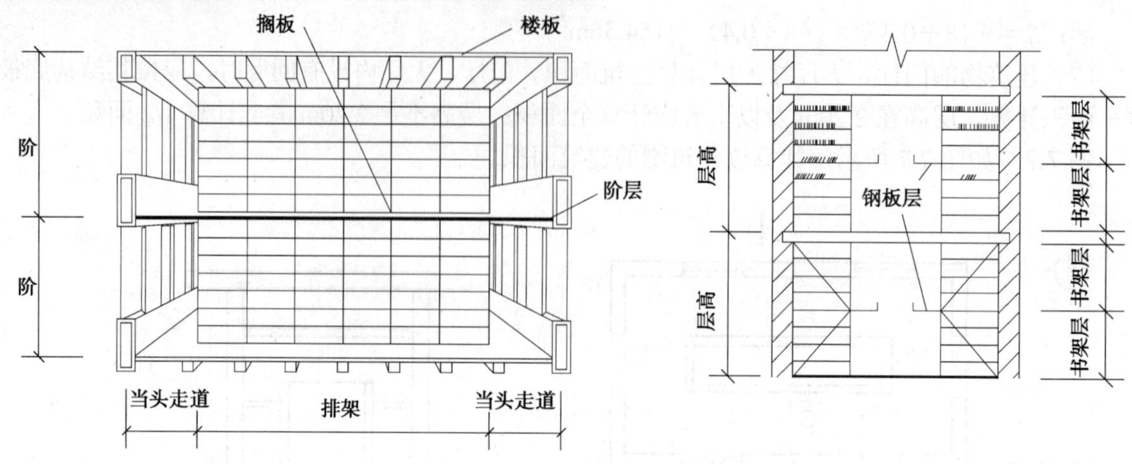

图 7.9　书库书架层示意图

（10）有围护结构的舞台灯光控制室，应按其围护结构外围水平面积计算。层高在 2.20m 及以上者应计算全面积；层高不足 2.20m 者应计算 1/2 面积。

（11）建筑物外有围护结构的落地橱窗、门斗、挑廊、走廊、檐廊，应按其围护结构外围水平面积计算。层高在 2.20m 及以上者应计算全面积；层高不足 2.20m 者应计算 1/2 面积。有永久性顶盖无围护结构的应按其结构底板水平面积的 1/2 计算。

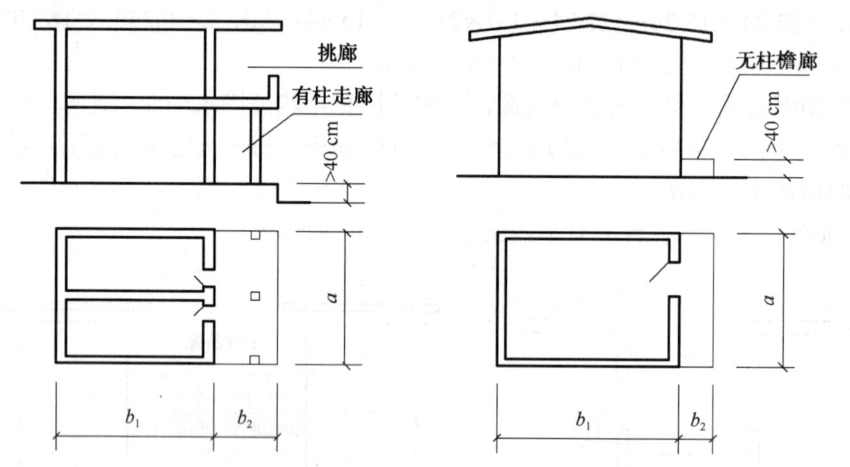

图 7.10　有柱走廊、挑廊及无柱檐廊立面和平面示意图

（12）有永久性顶盖无围护结构的场馆看台应按其顶盖水平投影面积的 1/2 计算。

（13）建筑物顶部有围护结构的楼梯间、水箱间、电梯机房等，层高在 2.20m 及以上者应计算全面积，层高不足 2.20m 者应计算 1/2 面积。

例 7.9　如图 7.11 所示，计算突出屋面有围护结构的电梯间、楼梯间（层高在 2.2m 及以上）的建筑面积。

解：$S=4.44\times3.84\times2=34.1\ \text{m}^2$

（14）设有围护结构不垂直于水平面而超过底板外沿的建筑物，应按其底板面的外围水平面积计算。层高在 2.20m 及以上者应计算全面积；层高不足 2.20m 者应计算 1/2 面积。

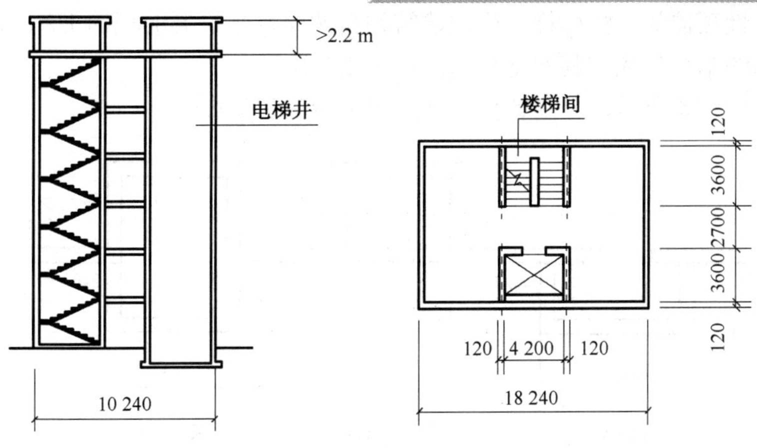

图 7.11　突出屋面有围护结构的楼梯间和电梯机房立面和平面示意图

（15）建筑物内的室内楼梯间、电梯井、观光电梯井、提物井、管道井、通风排气竖井、垃圾道、附墙烟囱应按建筑物的自然层计算。

例 7.10　如图 7.12 所示，计算室内电梯井、垃圾道的建筑面积。

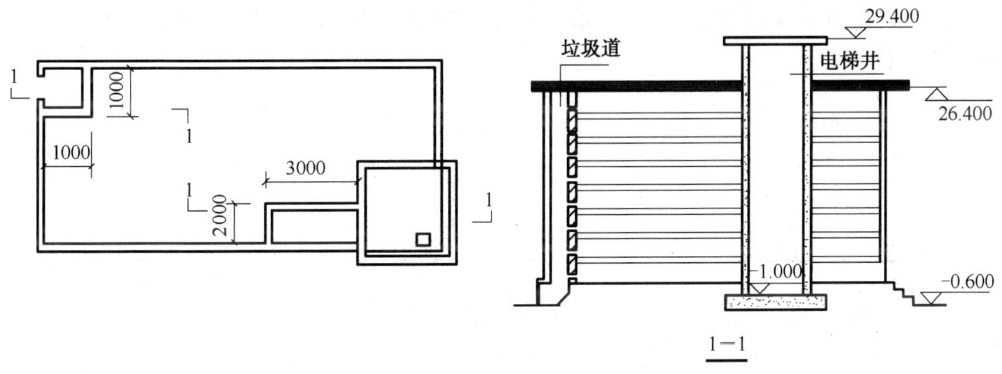

图 7.12　带有垃圾道和电梯井的某建筑物的平面和立面示意图

解：$S_{电梯井}=3\times2\times9=54\ m^2$

$S_{垃圾道}=1\times1\times8=8\ m^2$

（16）雨篷结构的外边线至外墙结构外边线的宽度超过 2.10m 者，应按雨篷结构板的水平投影面积的 1/2 计算。

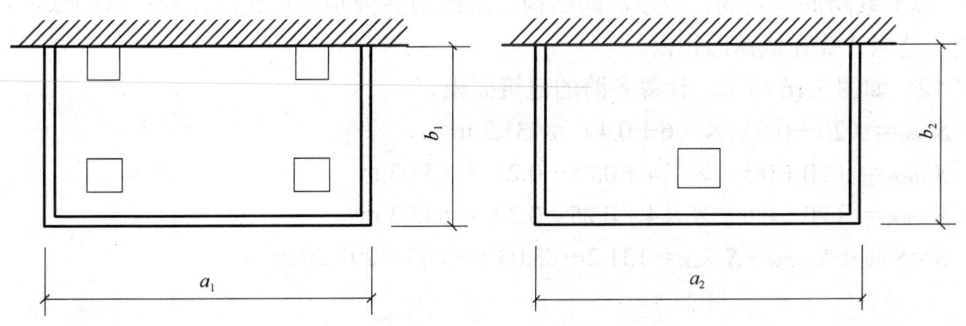

图 7.13　雨篷示意图

（17）有永久性顶盖的室外楼梯，应按建筑物自然层水平投影面积的1/2计算。

（18）建筑物的阳台均应按其水平投影面积的1/2计算。

例7.11 如图7.14所示，分别计算三种封闭阳台的建筑面积。

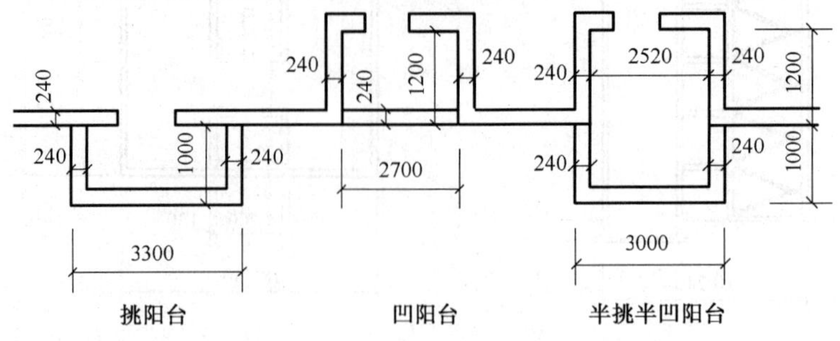

图7.14 挑阳台、凹阳台、半挑半凹阳台示意图

解：$S_{挑阳台}=3.3\times1\times1/2=1.65\ m^2$

$S_{凹阳台}=2.7\times1.2\times1/2=1.62\ m^2$

$S_{半挑半凹阳台}=(3\times1+2.52\times1.2)\times1/2=3.01\ m^2$

（19）有永久性顶盖无围护结构的车棚、货棚、站台、加油站、收费站等，应按其顶盖水平投影面积的1/2计算。

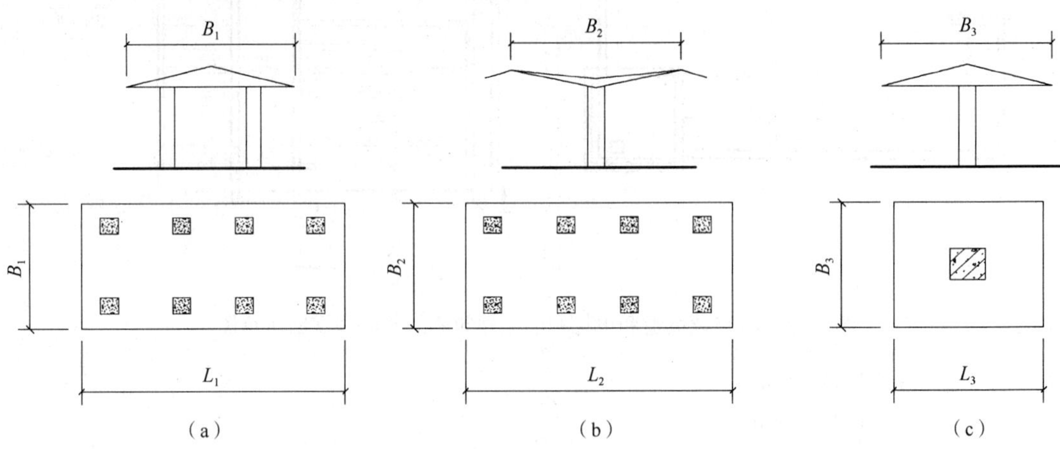

图7.15 车棚示意图

（20）高低联跨的建筑物，应以高跨结构外边线为界分别计算建筑面积；其高低跨内部连通时，其变形缝应计算在低跨面积内。

例7.12 如图7.16所示，计算各跨的建筑面积。

解：$S_{高跨}=(20+0.5)\times(6+0.4)=131.2\ m^2$

$S_{右低跨}=(20+0.5)\times(4+0.25-0.2)=83.03\ m^2$

$S_{左低跨}=(20+0.5)\times(4+0.25-0.2)=83.03\ m^2$

$S=S_{高跨}+S_{右低跨}+S_{左低跨}=131.2+83.03+83.03=297.26\ m^2$

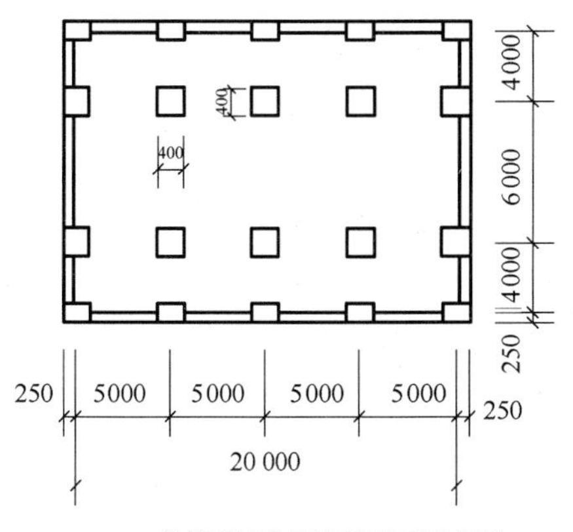

（a）高低联跨单层建筑平面示意图

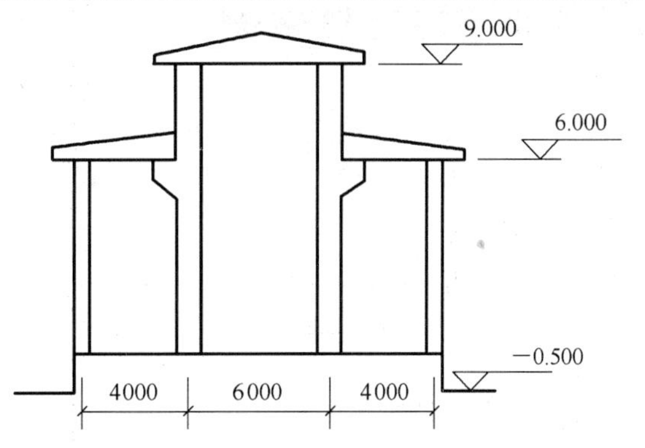

（b）高低联跨单层建筑剖面示意图

图 7.16　高低联跨单层建筑物平面和立面示意图

（21）以幕墙作为围护结构的建筑物，应按幕墙外边线计算建筑面积。

（22）建筑物外墙外侧有保温隔热层的，应按保温隔热层外边线计算建筑面积。

（23）建筑物内的变形缝，应按其自然层合并在建筑物面积内计算。

（24）下列项目不应计算面积（如图 7.17 所示）：

① 建筑物通道（骑楼、过街楼的底层）。

② 建筑物内的设备管道夹层。

③ 建筑物内分隔的单层房间，舞台及后台悬挂幕布、布景的天桥、挑台等。

④ 屋顶水箱、花架、凉棚、露台、露天游泳池。

⑤ 建筑物内的操作平台、上料平台、安装箱和罐体的平台。

⑥ 勒脚、附墙柱、垛、台阶、墙面抹灰、装饰面、镶贴块料面层、装饰性幕墙、空调室外机搁板（箱）、飘窗、构件、配件、宽度在 2.10m 及以内的雨篷以及与建筑物内不相连通的装饰性阳台、挑廊。

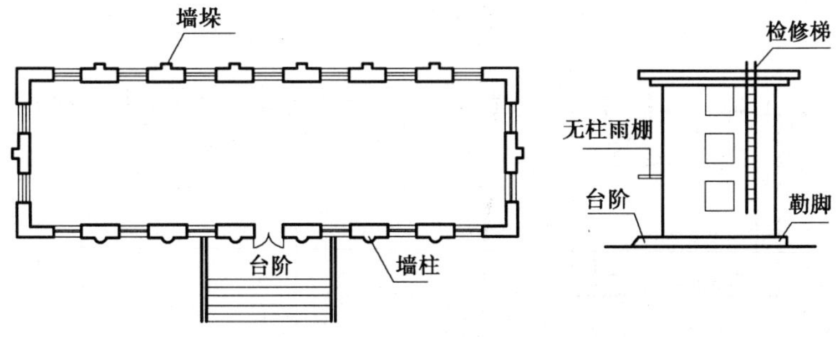

图 7.17　不计算建筑面积构件图

⑦ 无永久性顶盖的架空走廊、室外楼梯和用于检修、消防等的室外钢楼梯、爬梯。

⑧ 自动扶梯、自动人行道。

⑨ 独立烟囱、烟道、地沟、油（水）罐、气柜、水塔、储油（水）池、储仓、栈桥、地下人防通道、地铁通道。

7.3 建筑面积计算案例

计算本教材附录案例中的建筑面积：

一层：（11.70＋0.24）×（12.30＋0.24）＝149.73 m^2

二层：同一层　149.73 m^2

三层：同一层　149.73 m^2

小计：　149.73×3＝449.19 m^2

本章小结

本章介绍了建筑面积的概念、组成和作用；结合示例介绍了建筑面积的计算规范以及结合本教材的案例介绍了建筑面积的计算。

思考与练习

1．建筑面积的含义是什么？举例说明建筑面积的应用。

2．试说明哪些部分应计算 1/2 建筑面积，怎样计算?

3．已知某建筑物的一层平面如图 7.18 所示，计算其建筑面积。

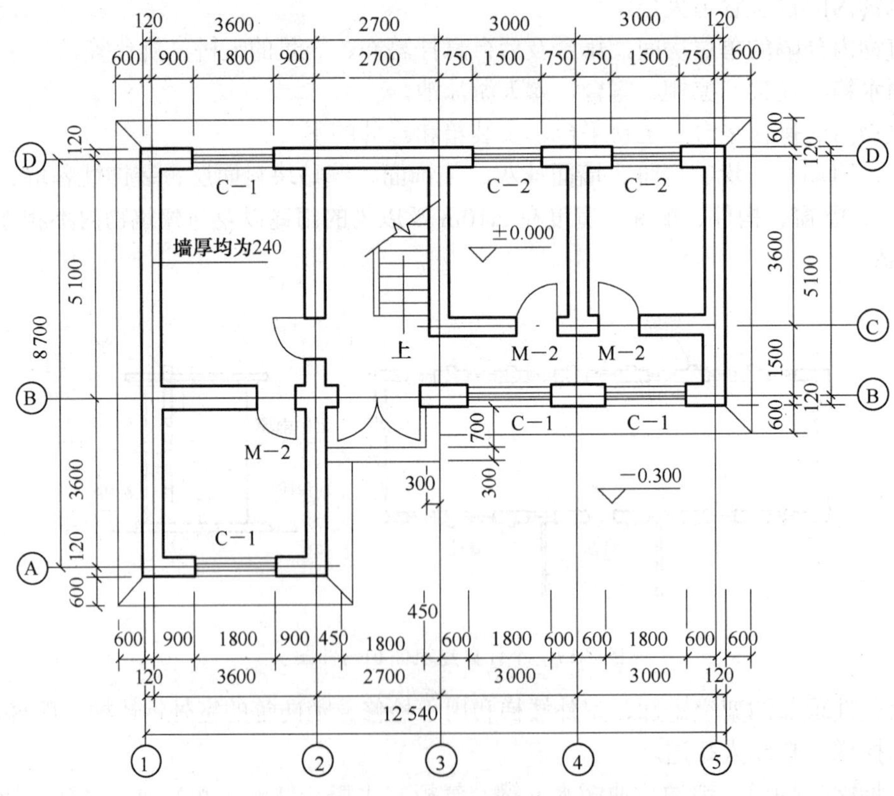

图 7.18　某建筑物一层平面图

4．已知某建筑物的一层平面如图 7.19 所示，计算其建筑面积。

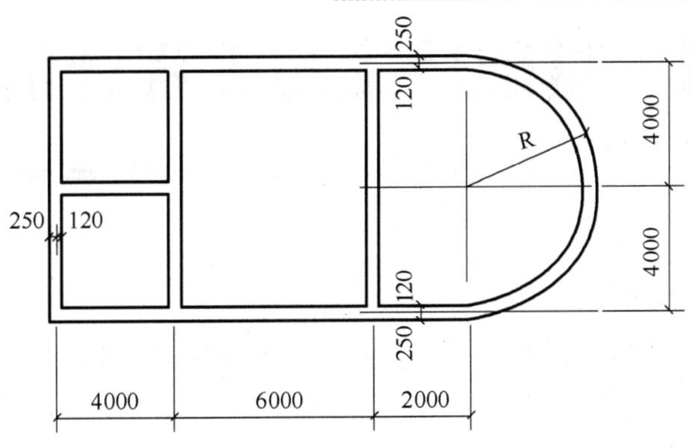

图 7.19　某建筑物一层平面图

5．已知某二层框架住宅楼土建工程预算总造价为 276 071.81 元，建筑面积为 263 m^2，求其单方造价（即每平方米造价）。

第8章 基础及土方工程计价

【能力点描述】

通过本章的学习，学生应掌握基础及土方工程计量与计价的方法；能正确运用所学理论知识进行基础及土方工程计量与计价。

8.1 桩基础工程计价

8.1.1 相关说明

1. 桩基础主要由桩身和桩承台构成

桩基础按所使用的材料有钢筋混凝土桩、钢管桩、钢板桩和木桩等。本章主要介绍混凝土桩的计价方法。

2. 相关概念

（1）接桩。一般钢筋混凝土预制桩长都不超过30m，若过长对桩的起吊和运输等都将带来很多不便，所以如果打入桩很长时，一般都是分段预制。打桩时先把第一段打至地面，再采取某种技术措施，把第二段与第一段连接牢固后，继续向下打入土中。这种连接的过程叫接桩。其连接方式一般有焊接法和黏接法。

（2）送桩。打桩中要求将桩顶面打到低于桩架操作平台时，或者设计要求将桩顶面打入自然地面以下时，打桩机的桩锤就不可能直接触击到桩头，必须借助工具桩接到桩顶上以传递桩锤的力量，将桩打到规定的位置，这个借助工具桩完成打桩的过程称为送桩。

（3）复打桩（扩大灌注桩）。复打桩是为了增加灌注单桩的承载能力，采用扩大灌注单桩截面的方法，即在第一次灌注桩的混凝土灌筑到桩顶设计标高，拔出桩管后，清除外壁上的污泥和桩孔周围地面上的浮土，立即在原桩位再埋设桩尖或合好桩管活页尖，作第二次沉管，使未凝固的混凝土向四周挤压扩大桩径，然后二次灌注混凝土，二次灌注混凝土的桩称为复打桩。

3. 预制钢筋混凝土桩定额工程量的计算

在计算预制钢筋混凝土桩的定额工程量时，应在图示工程量的基础上考虑构件制作废品率、构件运输及安装的损耗率（见表8.1）。

表8.1 预制钢筋混凝土桩的损耗率表

构 件 名 称	制作废品率（%）	运输损耗率（%）	安装（打桩）损耗率（%）	总计（%）
预制钢筋混凝土桩	0.10	0.40	1.50	2.00

即：

预制桩的制作工程量＝A×（1＋总损耗率）

$=A\times(1+0.10\%+0.40\%+1.50\%)$

$=A\times1.02$

预制桩的运输工程量 $=A\times$（1+运输损耗率+打桩损耗率）

$=A\times(1+0.40\%+1.50\%)$

$=A\times1.019$

预制桩的打桩工程量 $=A\times$（1+打桩损耗率）

$=A\times(1+1.50\%)$

$=A\times1.015$

式中，A 为预制桩按设计图示尺寸计算出的图示工程量。

A = 设计桩长×桩截面面积×桩的根数

8.1.2　桩基础工程清单量计算方法

《建设工程工程量清单计价规范》将常用的混凝土桩基础项目划分为预制钢筋混凝土桩、接桩、混凝土灌注桩等 3 个子目，如表 8.2 所示。

表 8.2　混凝土桩清单项目及计算规则

项目编码	项目名称	项目特征	计量单位	工程量计算规则	工程内容
010201001	预制钢筋混凝土桩	1.土壤级别 2.单桩长度、根数 3.桩截面 4.板桩面积 5.管桩填充材料种类 6.桩倾斜度 7.混凝土强度等级 8.防护材料种类	m/根	按设计图示尺寸以桩长（包括桩尖）或根数计算	1.桩制作、运输 2.打桩、试验桩、斜桩 3.送桩 4.管桩填充材料、刷防护材料 5.清理、运输
010201002	接桩	1.桩截面 2.接头长度 3.接桩材料	个/m	按设计图示规定以接头数量（板桩按接头长度）计算	1.桩制作、运输 2.接桩、材料运输
010201003	混凝土灌注桩	1.土壤级别 2.单桩长度、根数 3.桩截面 4.成孔方法 5.混凝土强度等级	m/根	按设计图示尺寸以桩长（包括桩尖）或根数计算	1. 成孔、固壁 2.混凝土制作、运输、灌注、振捣、养护 3.泥浆池及沟槽砌筑、拆除 4.泥浆制作、运输 5.清理、运输

例 8.1　某工程采用钢筋混凝土桩基础如图 8.1 所示，二级土质，用柴油打桩机打预制 C35 混凝土方桩 280 根。试编制该分部分项工程量清单。

解：（1）根据《建设工程工程量清单计价规范》知，清单项目编码为 010201001001，本例按桩长计算清单工程量。

清单工程量 $=(15+0.8)\times280=4424$m

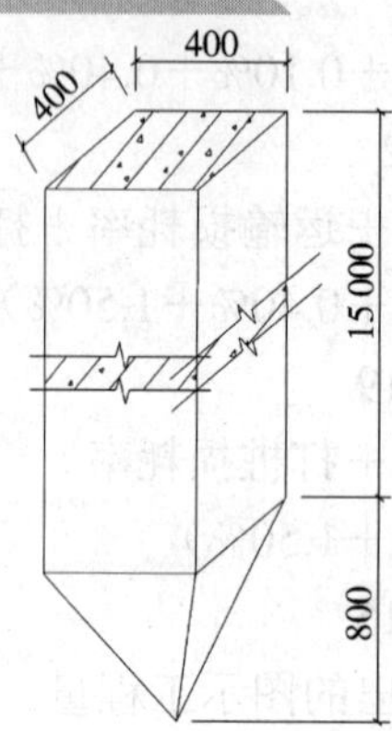

图 8.1　预制混凝土方桩示意图

（2）编制工程量清单。根据表 8.2 中项目特征描述及工作内容的要求，结合设计要求并考虑施工的做法，列出工程量清单如表 8.3 所示。

表 8.3　分部分项工程量清单

序号	项目编码	项目名称	计量单位	工程数量
1	010201001001	C20 钢筋混凝土预制方桩 项目特征： 1. 土壤级别：二级土 2.单桩长度：15.8m；根数：280 根 3.桩截面：400mm×400mm 4.混凝土强度等级：C35 5.柴油打桩机打桩 6.运桩距离：5km 工作内容： 1.桩制作、运输 2.打桩	m	4424

例 8.2　某工程采用如图 8.2 所示钢筋混凝土桩基础，一级土质，用轨道式柴油打桩机打桩，桩场外运输距离按 5km 考虑。请编制 C35 预制钢筋混凝土桩（现浇承台 38 个）的分部分项工程量清单。

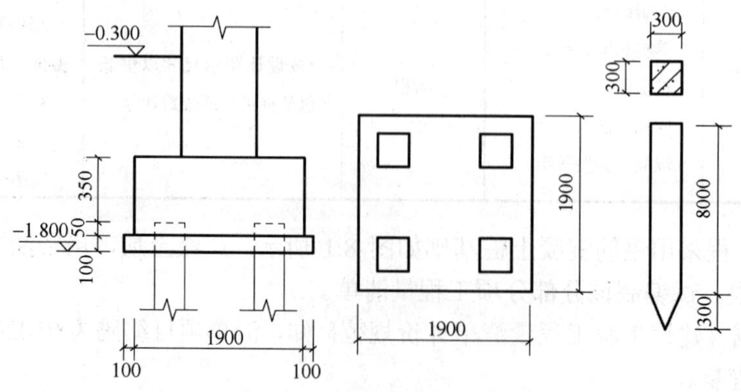

图 8.2　钢筋混凝土桩基础示意图

解：(1) 根据《建设工程工程量清单计价规范》知，清单项目编码为 010201001001，本例按桩根数计算清单工程量。

清单工程量＝ 4×38＝152 根

(2) 编制工程量清单。根据表 8.2 中项目特征描述及工作内容的要求，结合设计要求并考虑施工的做法，列出工程量清单如表 8.4 所示。

表 8.4　分部分项工程量清单

序号	项目编码	项目名称	计量单位	工程数量
1	010201001001	钢筋混凝土预制方桩 项目特征： 1.土壤级别：一级土 2.单桩长度：8.3m；根数：152 根 3.桩截面：300mm×300mm 4.混凝土强度等级：C35 5.轨道式柴油打桩机打桩 6.场外运输距离：5km 工作内容： 1.桩制作、运输 2.打桩 3.送桩	根	152

8.1.3　桩基础工程计价工程量计算方法

1. 打预制钢筋混凝土桩体积的计算

打预制钢筋混凝土桩的体积，按设计桩长（不扣除桩尖虚体积）乘以桩截面积计算，管桩的空心体积应扣除。当管桩的空心部分按设计要求灌注混凝土或其他填充材料时，应另行计算。

例 8.3　按照《湖北省建筑工程消耗量定额及统一基价表》(鄂建文[2008]214 号）计算例 8.2 中预制混凝土桩“制作、运输、打桩”的直接工程费。

解：(1) 根据打预制钢筋混凝土桩的定额工程量计算规则计算计价工程量如下：

预制钢筋混凝土桩图示工程量＝0.3×0.3×（8＋0.3）×152＝0.09×8.3×152＝113.54m^3

A3-312 预制钢筋混凝土桩场外运输工程量＝113.54×1.019＝115.70m^3

A1-91 预制钢筋混凝土桩场内运输工程量＝113.54×1.015＝115.24m^3

A1-1 预制钢筋混凝土桩打桩工程量＝113.54×1.015＝115.24m^3

(2) 预制混凝土桩“制作、运输、打桩”的直接工程费如表 8.5 所示。

表 8.5　预制混凝土桩“制作、运输、打桩”的直接工程费计算表

序号	编号	定额名称	单位	工程量	单价（元）	其中（元）			合价（元）	其中（元）		
						人工费单价	材料费单价	机械费单价		人工费合价	材料费合价	机械费合价
1	A1-1 换	轨道式柴油打桩机打预制方桩，桩长 12m 以内，一级土	10m^3	11.524	10619.94	565.5	8581.64	1472.8	122384.19	6516.82	98894.82	16972.55

续表

序号	编号	定额名称	单位	工程量	单价（元）	其中（元）			合价（元）	其中（元）		
						人工费单价	材料费单价	机械费单价		人工费合价	材料费合价	机械费合价
2	A3-312	预制混凝土桩，运距 5km 以内	$10m^3$	11.57	1351.56	141.24	35.57	1174.75	15637.55	1634.15	411.54	13591.86
3	A1-91	预制混凝土桩，场内运距 400mm 以内	$10m^3$	11.57	1347.14	554.4		792.74	15586.41	6414.41		9172
		总计							153608.15	14565.38	99306.36	39736.41

例 8.4 如图 8.3 所示，预制钢筋混凝土管桩桩全长 12.50m，外径为 30cm，其截面如图所示，求单桩的体积。

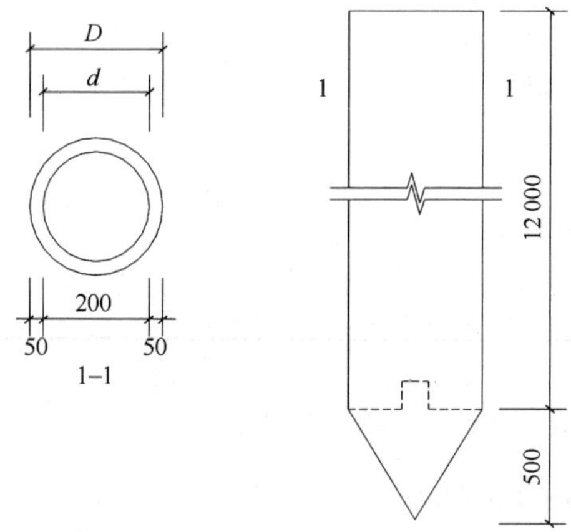

图 8.3 钢筋混凝土预制管桩示意图

解：根据打预应力钢筋混凝土管桩的定额工程量计算规则计算如下：

管桩 $V_1=\dfrac{0.3^2-0.2^2}{4}\times3.14\times12.5=0.491m^3$

预制桩尖 $V_2=\dfrac{0.3^2}{4}\times3.14\times0.5=0.09\times3.14\times\dfrac{0.5}{4}=0.035m^3$

总体积 $V_2=V_1+V_2=0.491+0.035=0.526m^3$

2. 预制钢筋混凝土桩送桩工程量的计算

送桩，按桩截面面积乘以送桩长度（即自设计桩顶面至设计室外地坪面另加 0.5m）计算。

例 8.5 计算图 8.2 中钢筋混凝土桩清单项应包括定额列出的送桩的直接工程费（采用《湖北省建筑工程消耗量定额及统一基价表》（鄂建文[2008]214 号））。

解：（1）根据预制钢筋混凝土桩送桩的定额工程量计算规则计算如下：

预制钢筋混凝土桩送桩工程量$=0.3\times0.3\times（1.8-0.3-0.15+0.5）\times152\times1.015$

$=0.09\times1.85\times152\times1.015=25.69m^3$

（2）套定额计算送桩相应费用如表 8.6 所示。

表 8.6　预制钢筋混凝土桩送桩定额费用计算表

序号	定额编号	项目名称	计量单位	工程量	定额单价（元）	合价（元）
1	A1-38	柴油打桩机送预制方桩，桩长在 12m 以内，送桩深度（一级土）2m 以内	$10m^3$	2.569	2601.38	6882.95

3. 接桩

电焊接桩按设计接头以个计算；硫磺胶泥接桩按桩断面乘以接头个数以平方米计算。

例 8.6　某工程采用的预制钢筋混凝土桩长 12（6+6）m，共 150 根，桩的截面尺寸为 400mm×400mm，试计算采用硫磺胶泥接桩的工程量。

解：（1）根据预制钢筋混凝土桩接桩的工程量计算规则计算如下：

接头数量　1×150＝150 个

硫磺胶泥接桩工程量　$0.4\times0.4\times150=24m^2$

（2）套定额计算接桩相应费用如表 8.7 所示。

表 8.7　预制钢筋混凝土桩接桩定额费用计算表

序号	定额编号	项目名称	计量单位	工程量	定额单价（元）	合价（元）
1	A1-94	硫磺胶泥，接桩，平方米	m^2	24	1473.87	35 372.88

4. 打孔灌注桩

（1）打孔前先埋入预制混凝土桩尖再灌注混凝土者，桩尖按混凝土及钢筋混凝土工程有关规定以立方米计算。灌注桩、现场振动沉管灌注桩按设计桩长（自桩尖顶面至桩设计顶面高度）增加 0.25m，乘以钢管管箍外径截面面积计算。灌注桩桩尖如图 8.4 所示。

（2）复打桩体积按灌注桩设计桩长增加空段长度（自设计室外地面至设计桩顶距离）乘以钢管管箍外径截面面积计算，套相应的复打定额子目。复打前的工程量按（1）款计算，套用打孔灌注桩相应子目。

（3）打孔灌注混凝土桩的钢筋笼按混凝土及钢筋混凝土工程有关规定，套相应的定额子目。

5. 钻孔灌注桩

（1）按设计桩长（包括桩尖，不扣除桩尖虚体积）增加 0.25m 乘以设计断面面积计算。

（2）泥浆池建造、拆除及泥浆运输工程量，均按钻孔体积以立方米计算。

（3）钢筋笼制作安装、接头按混凝土及钢筋混凝土工程有关规定，套相应的定额子目。

6. 人工挖孔桩（混凝土护壁）

人工挖孔桩如图 8.5 所示。按设计桩（桩芯加混凝土护壁）的横断面面积乘挖孔深度以立方米计算（设计桩为圆柱体或分段圆台体）。当设计混凝土强度等级及种类与定额所示不同时，可以换算。挖孔桩的桩身由圆柱体、圆台、球冠三部分组成。挖孔桩的预算工程量（含挖孔、混凝土护壁及混凝土桩芯）按实际体积分段计算较为合理，其公式为：

$$V_1=\pi r^2 h_1$$

$$V_2=\frac{1}{3}\pi h_2\left(r^2+Rr+R^2\right)$$

$$V_3=\pi h_3^2\left(R-\frac{1}{3}h_3\right)$$

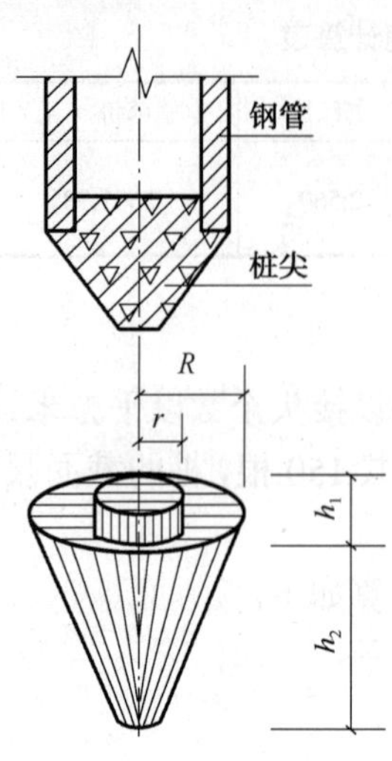

图 8.4 桩尖示意图

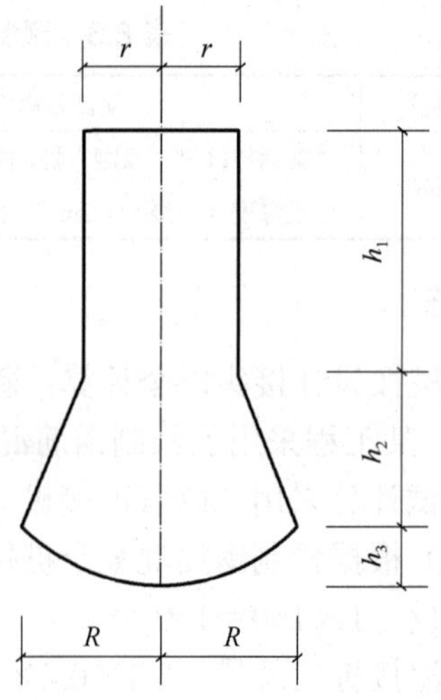

图 8.5 人工挖孔桩示意图

8.1.4 桩基础工程计价案例

（1）计算本教材案例中的桩基础工程清单量，如表 8.8 所示。

表 8.8 桩基础工程清单量计算表

A.2 桩与地基基础工程					
序号	项目编码	项目名称	工程量计算式	单位	数量
1	010201003001	打孔混凝土灌注桩	4.5×59＝265.5m	m	265.5
2	010201003002	打孔混凝土灌注桩	4.5×2＝9m	m	9

（2）计算本教材案例中的桩基础工程定额工程量，如表 8.9 所示。

表 8.9 桩基础工程定额工程量

A.2 桩与地基基础工程					
序号	项目编码	项目名称	工程量计算式	单位	数量
1	010201003001	打孔混凝土灌注桩	4.5×59＝265.5m	m	265.5
	A1-96 换	走管式柴油打桩机，打孔混凝土灌注桩，桩长在 10m 以内 二级土	$0.325^2\times\frac{3.14}{4}\times(4.5+0.25)\times59=23.24m^3$	m^3	23.24
	A3-310	二类预制混凝土构件 运距 1km 以内	$0.5\times59\times1.013=29.88m^3$	m^3	29.88
	A3-69	预制混凝土构件，桩尖，C30	$0.5\times59\times1.015=29.94m^3$	m^3	29.94
	补	预制桩尖安装	59	个	59
2	010201003002	打孔混凝土灌注桩	4.5×2＝9m	m	9
	A1-96 换	走管式柴油打桩机，打孔混凝土灌注桩，桩长在 10m 以内 二级土	$0.325^2\times\frac{3.14}{4}\times(4.5+0.25)\times2=0.79m^3$	m^3	0.79

续表

A.2 桩与地基基础工程					
序号	项目编码	项目名称	工程量计算式	单位	数量
	A3-310	二类预制混凝土构件 运距 1km 以内	0.5×2×1.013=1.013m^3	m^3	1.013
	A3-69	预制混凝土构件，桩尖，C30	0.5×2×1.015=1.015m^3	m^3	1.015
	补	预制桩尖安装	2	个	2
	补	试验桩	2	根	2

（3）本教材案例中桩基础工程分部分项工程量综合单价计算表，如表 8.10 所示。

表 8.10　桩基础工程分部分项工程量综合单价计算表

序号	项目编码	工程项目名称	单位	数量	综合单价（元）					
					人工费	材料费	机械使用费	管理费	利润	小计
1	010201003001	混凝土灌注桩	m	265.5	34.33	54.15	53.45	7.03	7.59	156.56
	A1-96	走管式柴油打桩机，打孔混凝土灌注桩， 桩长在 10m 以内 二级土	10m^3	2.324	2592.3	3509.77	2554.22	428.49	463.11	9547.89
	A3-310	二类预制混凝土构件 运距 1km 以内	10m^3	2.988	96.54	35.57	801.12	46.19	49.93	1029.35
	A3-69	预制混凝土构件制作 桩柱尖 C30	10m^3	2.994	640.08	2042.37	282.96	146.79	158.65	3270.85
	补	预制砼桩尖安装	个	59	15		85	4.95	5.35	110.3
2	010201003002	混凝土灌注桩	m	9	134.39	54.24	620.18	40.04	43.27	892.13
	A1-96	走管式柴油打桩机，打孔混凝土灌注桩， 桩长在 10m 以内 二级土	10m^3	0.079	2592.3	3509.77	2554.22	428.49	463.11	9547.89
	A3-310	二类预制混凝土构件，运距 1km 以内	10m^3	0.1013	96.54	35.57	801.12	46.19	49.93	1029.35
	A3-69	预制混凝土构件制作 桩柱尖 C30	10m^3	0.1015	640.08	2042.37	282.96	146.79	158.65	3270.85
	补	预制砼桩尖安装	个	2	15		85	4.95	5.35	110.3
	补	试验桩	根	2	450		2550	148.5	160.5	3309

（4）本教材案例中桩基础工程清单计价表如表 8.11 所示。

表 8.11　桩基础工程清单计价表

序号	项目编码	项目名称	项目特征	计量单位	工程数量	金额（元）	
						综合单价	合价
1	010201003001	混凝土灌注桩	1.混凝土强度等级：C20 2.混凝土拌和料要求：商品混凝土 3.预制桩尖：C30	m	265.5	156.56	41566.68
2	010201003002	混凝土灌注桩	1.混凝土强度等级：C20 2.混凝土拌和料要求：商品混凝土 3.预制桩尖：C30	m	9	892.13	8029.17

8.2 砌体基础计价

8.2.1 相关说明

1. 基础与墙（柱）身的划分

（1）基础与墙（柱）身使用同一种材料时，以设计室内地面为界（有地下室者，以地下室室内设计地面为界），以下为基础，以上为墙（柱）身，如图 8.6 所示。

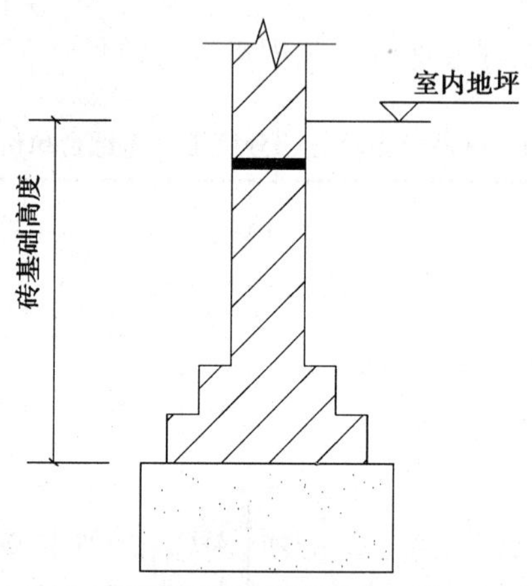

图 8.6 同种材料基础与墙身分界线示意图

（2）基础与墙身使用不同材料时，位于设计室内地面为±300mm 以内时，以不同材料为界线，如图 8.7（a）所示；超过±300mm 时，以设计室内地面为界线，如图 8.7（b）所示。

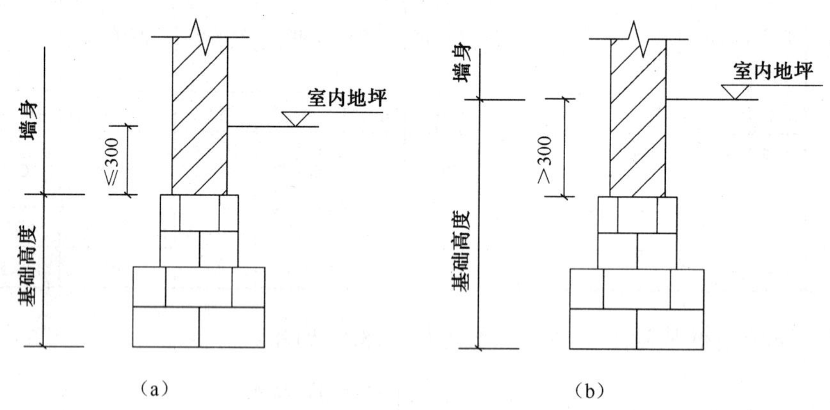

图 8.7 不同种材料基础与墙身分界线示意图

（3）砖、石围墙，以设计室外地坪为分界线，以下为基础，以上为墙身。

2. 砖基础大放脚形式

砖基础常采用大放脚形式，通常有等高式和不等高式两种。每步放脚宽度均为 62.5mm。等高放脚，每步高为两皮砖，每皮砖 63mm，共 126mm；不等高放脚，每相邻两步放脚高度不等，一步为一皮砖，高 63mm，另一步为两皮砖 126mm，两者间隔交替放脚。如图 8.8 所示。

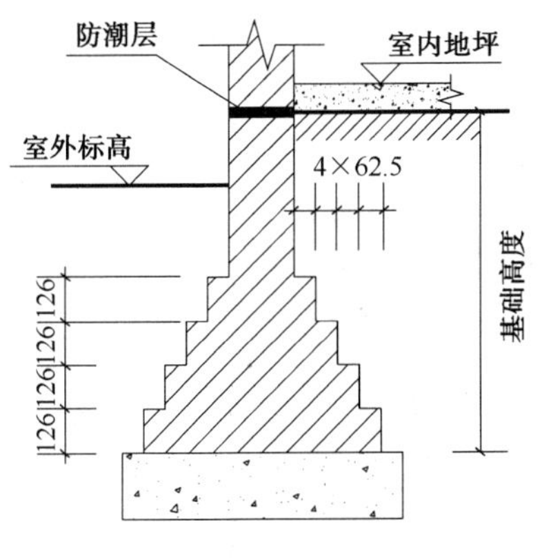

（a）等高大放脚砖基础

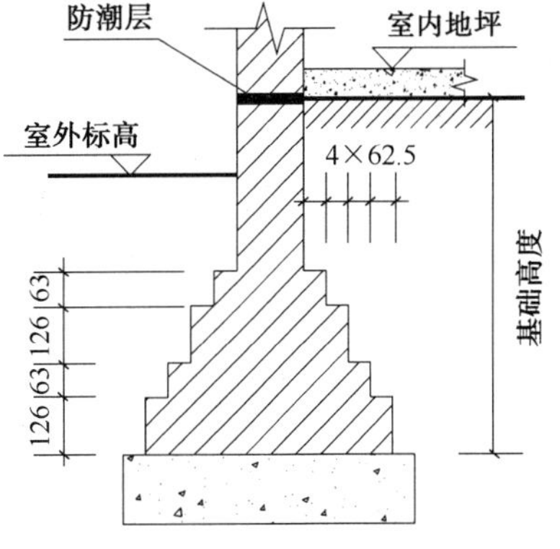

（b）不等高大放脚砖基础

图 8.8　砖基础大放脚示意图

8.2.2　砌体基础工程清单量计算方法

砌体基础工程量清单项目设置及工程量计算规则如表 8.12 所示。

表 8.12　砌体基础工程量清单项目设置及工程量计算规则

项目编码	项目名称	项目特征	计量单位	工程量计算规则	工程内容
010301001	砖基础	1.垫层材料种类、厚度 2.砖品种、规格、强度等级 3.基础类型 4.基础深度 5.砂浆强度等级	m^3	按设计图示尺寸以体积计算，包括附墙垛基础宽出部分体积，扣除地梁（圈梁）、构造柱所占体积，不扣除基础大放脚 T 形接头处的重叠部分及嵌入基础内的钢筋、铁件、管道、基础砂浆防潮层和单个面积 $0.3m^2$ 以内的孔洞所占体积，靠墙暖气沟的挑檐不增加 基础长度：外墙按中心线计算，内墙按净长线计算	1.砂浆制作、运输 2.铺设垫层 3.砌砖 4.防潮层铺设 5.材料运输
010305001	石基础	1.垫层材料种类、厚度 2.石料种类、规格 3.基础深度 4.基础类型 5.砂浆强度等级、配合比		按设计图示尺寸以体积计算，包括附墙垛基础宽出部分体积，不扣除基础砂浆防潮层和单个面积 $0.3m^2$ 以内的孔洞所占体积，靠墙暖气沟的挑檐不增加 基础长度：外墙按中心线计算，内墙按净长线计算	1.砂浆制作、运输 2.铺设垫层 3.砌石 4.防潮层铺设 5.材料运输

8.2.3　砌体基础工程定额工程量计算方法

（1）砌体基础的定额工程量为基础断面积乘以基础长度以体积计算，以立方米（m^3）为单位计量。基础大放脚 T 形接头处的重叠部分以及嵌入基础的钢筋、铁件、管道、基础防潮层及单个面积在 $0.3m^2$ 以内孔洞所占体积不予扣除，但靠墙暖气沟的挑砖亦不增加。附墙垛基础宽出部分体积应并入基础工程量内。

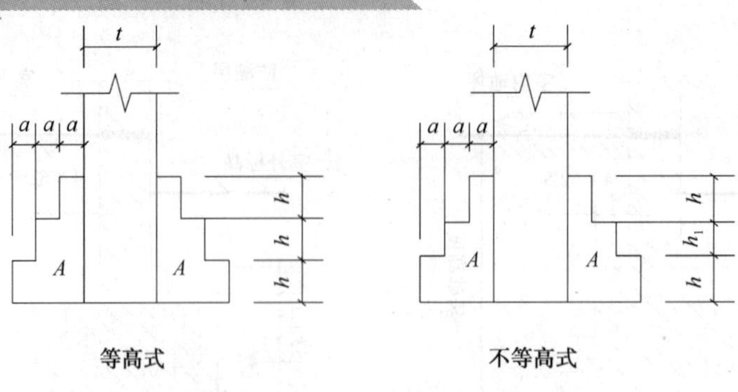

图 8.9　砖基础大放脚增加断面积示意图

基础断面积＝基础墙高×基础墙宽＋大放脚面积（见图 8.9）

或

基础断面积＝基础墙宽×（基础墙高＋大放脚折算高度）（见图 8.10）

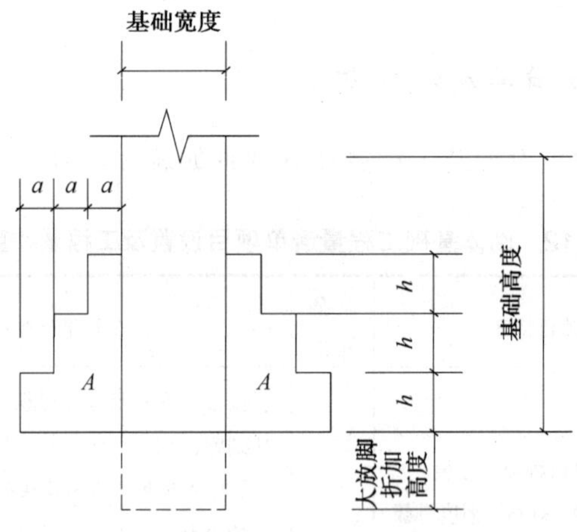

图 8.10　砖基础大放脚折加高度示意图

为计算简便，等高式、不等高式砖基础大放脚折加高度和增加断面面积也可查表 8.13 和表 8.14。

表 8.13　等高式砖基础大放脚折加高度及增加断面面积计算表

墙厚	大放脚层数						
	一	二	三	四	五	六	七
	折加高度（m）						
1/2 砖	0.137	0.411	0.822	1.369	2.054	2.876	3.835
1 砖	0.066	0.197	0.394	0.656	0.984	1.378	1.838
1 砖半	0.043	0.129	0.259	0.432	0.647	0.906	1.208
2 砖	0.032	0.096	0.193	0.321	0.482	0.675	0.900
2 砖半	0.026	0.077	0.154	0.256	0.384	0.538	0.717
3 砖	0.021	0.064	0.128	0.213	0.319	0.447	0.596
大放脚增加断面积（m^2）	0.015 75	0.047 25	0.094 5	0.157 5	0.236 3	0.330 8	0.441

注：本表是按双面放脚每层等高 126mm，砌出 62.5mm，灰缝 10mm 计算的。

表 8.14　不等高式砖基础大放脚折加高度及增加断面面积计算表

墙厚	大放脚错台层数								
	一	二	三	四	五	六	七	八	九
	折加高度（m）								
1/2 砖	0.137	0.342	0.685	1.096	1.643	2.260	3.013	3.835	4.794
1 砖	0.066	0.164	0.328	0.525	0.788	1.083	1.444	1.838	2.297
1 砖半	0.043	0.108	0.216	0.345	0.518	0.712	0.949	1.208	1.510
2 砖	0.032	0.080	0.161	0.257	0.386	0.530	0.707	0.900	1.125
2 砖半	0.026	0.064	0.128	0.205	0.307	0.419	0.563	0.717	0.896
3 砖	0.021	0. 053	0.106	0.170	0.255	0.351	0.468	0.596	0.745
大放脚增加断面积（m^2）	0.015 8	0.039 4	0.078 8	0.126 0	0.189 0	0.259 9	0.346 4	0.441 0	0.551 3

注：本表高的一层按 126mm，低的一层按 63mm，间隔砌出 62.5mm，而且以最下一层高度为 126mm 计算的。

（2）基础长度。外墙墙基按外墙中心线长度计算，内墙墙基按内墙基净长计算。

例 8.7　如图 8.11 所示，内外墙毛石基础、砖基础平面图和剖面图，毛石基础每级高度为 350mm，试计算基础定额工程量。

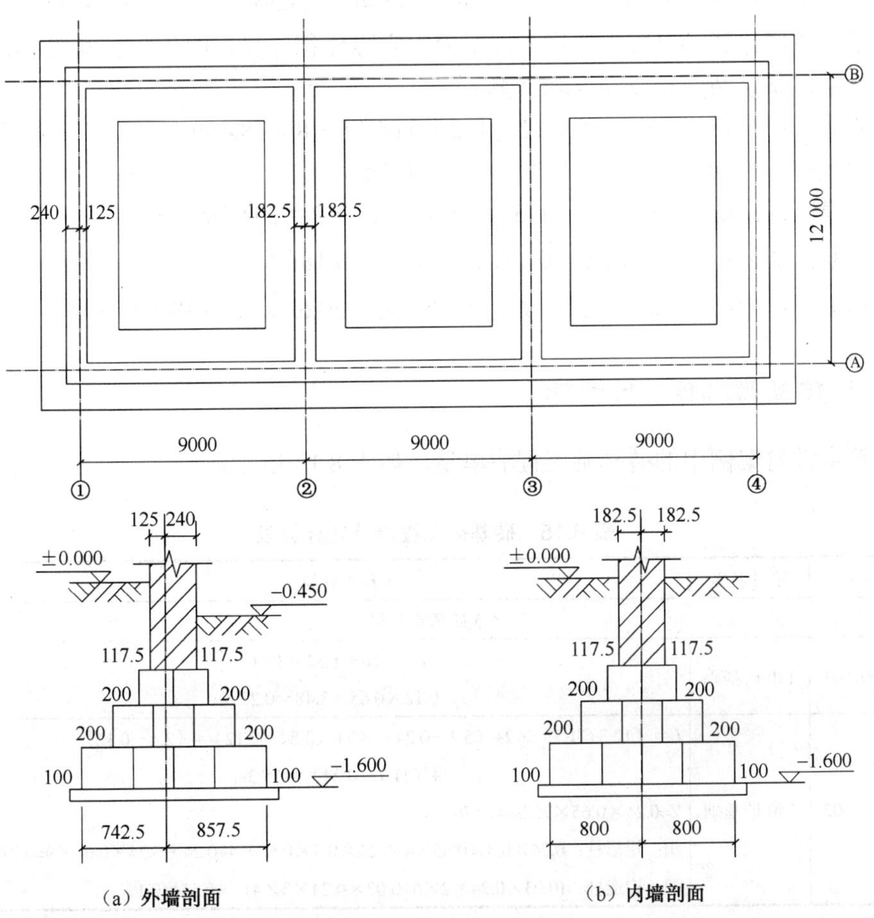

图 8.11　基础平面图和剖面图

解：根据砌体基础定额工程量计算规则计算基础工程量如下：

确定基础与墙身的分界线，因为不同种材料分界线距离室内地面的高度为 1.6－0.35×3＝0.55m＞0.3m，因此基础与墙身分界线为室内地面标高处，以上为墙身，以下为基础。

（1）毛石基础计算。

计算偏心距：δ＝365/2－125＝57.5mm

外墙中心线长：$L_中$＝（9＋9＋9＋12）×2＋0.057 5×8＝78.46m

内外墙毛石基础断面面积：$F_外$＝1.6×0.35×3－0.35×0.2×6＝1.4m^2

内墙基础净长线：$L_基$＝[12－（0.125＋0.117 5）×2]×2＝23.03m

内墙毛石基础断面面积：$F_内$＝$F_外$＝1.4m^2

毛石基础工程量：$V_石$＝$L_中$×$F_外$＋$L_基$×$F_内$＝（78.46＋23.03）×1.4＝142.09m^3

（2）砖基础计算。本例中砖基础在毛石基础上，其高度为 H＝1.6－0.35×3＝0.55m＞0.3m，应按砖基础计算。

外墙中心线长：$L_中$＝（9＋9＋9＋12）×2＋0.0575×8＝78.46m

外墙砖基础断面面积：$F_外$＝0.55×0.365＝0.20m^2

内墙基础顶面净长线：$L_内$＝（12－0.125×2）×2＝23.50m

内墙砖基础断面面积：$F_内$＝$F_外$＝0.20m^2

砖基础工程量：$V_砖$＝$L_中$×$F_外$＋$L_内$×$F_内$＝（78.46＋23.50）×0.20＝20.39m^3

（3）混凝土垫层计算。混凝土垫层工程量应按实际体积计算，即外墙长度按中心线，内墙长度按垫层净长乘以垫层断面积以立方米计算。

外墙中心线长：$L_中$＝（9＋9＋9＋12）×2＋0.057 5×8＝78.46m

外墙断面面积：$F_外$＝（1.6＋0.1×2）×0.1＝0.18m^2

内墙垫层净长线：$L_内$＝（12－0.7425×2－0.1×2）×2＝20.63m

内墙垫层断面面积：$F_内$＝（1.6＋0.1×2）×0.1＝0.18m^2

垫层工程量：$V_垫$＝$L_中$×$F_外$＋$L_内$×$F_内$＝（78.46＋20.63）×0.18＝17.84m^3

8.2.4 砌体基础工程计价案例

（1）计算本教材案例中的砖基础工程清单量，如表 8.15 所示。

表 8.15 砖基础工程清单量计算表

序号	项目编码	项目名称	工程量计算式	单位	数量
			A.3 砖基础工程		
1	010301001001	120 砖基础	L＝2.16＋1.32＝3.48 0.12×0.65×3.48＝0.27	m^3	0.27
2	010301001002	240 砖基础	L＝（12.3+11.7）×2+（5.2－0.24）×2+（3.84－0.12）+（2.4－0.12）+（11.7－0.24）＝75.38 V=0.24×0.65×75.38=11.76 扣：矩形柱：0.24×0.3×0.65×4+0.24×0.3×0.65×4+0.24×0.24×0.65×9=0.71 扣：构造柱：(0.03×0.24×2×5+0.03×0.24×3×4) ×0.65=0.1	m^3	10.95

（2）计算本教材案例中的砖基础工程定额工程量，如表 8.16 所示。

表 8.16　砖基础工程定额工程量

A.3 砖基础工程					
序号	项目编码	项目名称	工程量计算式	单位	数量
1	010301001001	120 砖基础		m^3	0.27
	A2-1 换	水泥砂浆砖基础，水泥砂浆，M5	同清单量	m^3	0.27
	A6-210	1∶2 防水砂浆，平面	0.27/0.65＝0.42m^2	m^2	0.42
2	010301001002	240 砖基础		m^3	10.95
	A2-1 换	水泥砂浆砖基础，水泥砂浆，M5	同清单量	m^3	10.95
	A6-210	1∶2 防水砂浆，平面	10.95/0.65=16.85m^2	m^2	16.85

（3）本教材案例中砖基础工程分部分项工程量综合单价计算表，如表 8.17 所示。

表 8.17　砖基础工程分部分项工程量综合单价计算表

序号	项目编码	工程项目名称	单位	数量	综合单价（元）					
					人工费	材料费	机械使用费	管理费	利润	小计
1	010301001001	120 砖基础	m^3	0.27	61.74	167.11	3.81	11.52	2.44	256.67
	A2-1	水泥砂浆砖基础 水泥砂浆 M5	10m^3	0.027	551.76	1578.94	33.76	107.14	115.8	2387.4
	A6-210	防水砂浆 平面	100m^2	0.0042	420.42	593.96	29.43	51.67	55.84	1151.32
2	010301001002	240 砖基础	m^3	10.95	61.65	167.03	3.83	11.51	12.44	256.46
	A2-1	水泥砂浆砖基础 水泥砂浆 M5	10m^3	1.095	551.76	1578.94	33.76	107.14	115.8	2387.4
	A6-210	防水砂浆 平面	100m^2	0.1685	420.42	593.96	29.43	51.67	55.84	1151.32

（4）本教材案例中砖基础工程清单计价表，如表 8.18 所示。

表 8.18　砖基础工程清单计价表

序号	项目编码	项目名称	项目特征	计量单位	工程数量	金额（元）	
						综合单价	合价
1	010301001001	砖基础 120	1.砖品种、规格、强度等级: MU10 标准砖 2.基础深度: 0.65m 3.砂浆强度等级: M10 水泥砂浆 4.防潮层: 20 厚 1:2 水泥砂浆加 5%防水剂	m^3	0.27	256.67	69.3
2	010301001002	砖基础 240	1.砖品种、规格、强度等级: MU10 标准砖 2.基础深度: 0.65m 3.砂浆强度等级: M10 水泥砂浆 4.防潮层: 20 厚 1:2 水泥砂浆加 5%防水剂	m^3	10.95	256.46	2808.24

8.3 混凝土基础工程计价

8.3.1 相关说明

（1）“带形基础”清单项目适用于各种带形基础、墙下的板式基础，包括浇筑在一字桩上面的带形基础。

（2）“独立基础”清单项目适用于块体柱基、杯基、柱下的板式基础、无筋倒圆台基础、壳体基础、电梯井基础等。

（3）箱式满堂基础的清单项目可按满堂基础、柱、梁、墙、板分别编码列项，也可利用《建设工程工程量清单计价规范》中的A.4.1的第五级编码分别列项。

（4）混凝土垫层可包括在基础项目内，也可单独编码列项。

8.3.2 混凝土基础工程清单量计算方法

《建设工程工程量清单计价规范》将混凝土基础项目划分为带形基础、独立基础、满堂基础、设备基础、桩承台基础等5个子项目，相应的清单项目设置及工程量计算规则如表8.19所示。

表8.19 混凝土基础工程量清单项目设置及工程量计算规则表

项目编码	项目名称	项目特征	计量单位	工程量计算规则	工程内容
010401001	带形基础	1.垫层材料种类、厚度 2.混凝土强度等级 3.混凝土拌和料要求 4.砂浆强度等级	m^3	按设计图示尺寸以体积计算，不扣除构件内钢筋、预埋铁件和伸入承台基础的桩头所占体积	1.铺设垫层 2.混凝土制作、运输、浇筑、振捣、养护 3.地脚螺栓二次灌浆
010401002	独立基础				
010401003	满堂基础				
010401004	设备基础				
010401005	桩承台基础				

8.3.3 混凝土基础工程定额工程量计算方法

1. 基础工程量计算规则

（1）混凝土基础与墙或柱的划分，均按基础扩大顶面为界。

（2）框架式设备基础应分别按基础、柱、梁、板相应定额计算；楼层上的设备基础按有梁板定额项目计算。

（3）设备基础定额中未包括地脚螺栓的价值。地脚螺栓一般应包括在成套设备价值内，如成套设备价值中未包括地脚螺栓的价值，地脚螺栓应按实际重量计算。

（4）同一横截面有一阶使用了模板的条形基础，均按带形基础相应定额项目执行；未使用模板而沿槽浇灌的带形基础按混凝土基础垫层相应项目执行；使用了模板的混凝土垫层按混凝土基础工程相应定额执行。

（5）杯形基础的颈高大于1.2m时（基础扩大顶面至杯口底面），按柱的相应定额执行，其杯口部分和基础合并按杯形基础计算。

（6）有肋式带形基础，肋高与肋宽之比在4∶1以内的按有肋式带形基础计算；肋高与肋宽之比超过4∶1的，其底板按板式带形基础计算，以上部分按墙计算，如图8.12所示。

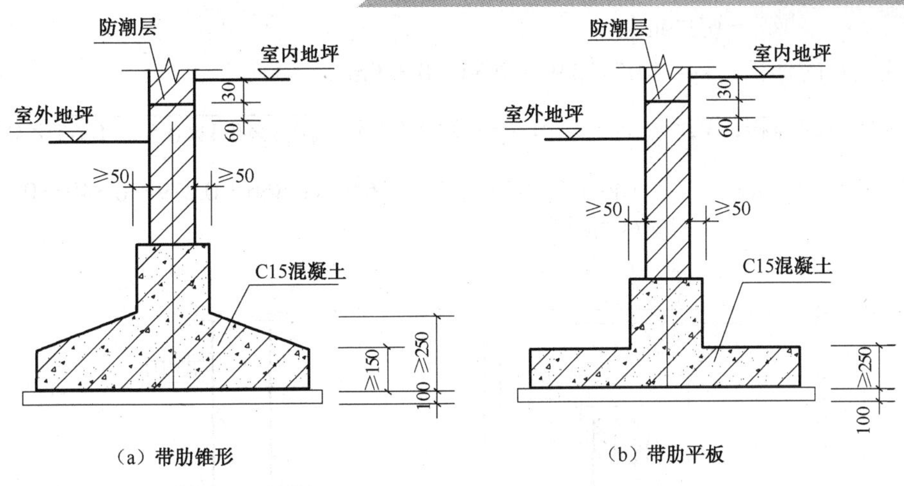

图 8.12　有肋式带形基础示意图

（7）箱式满堂基础（见图 8.13）应分别按满堂基础、柱、墙、梁、板的有关规定计算。

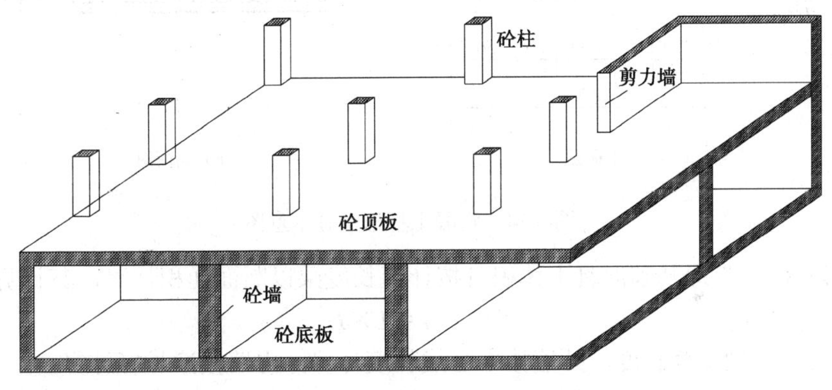

图 8.13　箱式满堂基础示意图

（8）设备基础除块体外，其他类型设备基础分别按基础、梁、柱、板、墙等有关规定计算。

2. 常用混凝土基础工程量计算方法

（1）独立杯形基础。杯形基础如图 8.14 所示，其形体可分解为一个四棱柱底座，中间加一个四棱台，四棱台上面加一个四棱柱上座，扣减一个倒四棱台杯口。其中，四棱台的体积计算公式为：

$$V=\frac{1}{3}\times(S_{上}+S_{下}+\sqrt{S_{上}S_{下}})\times h$$

式中　V——四棱台体积；

$S_{上}$——四棱台上表面积；

$S_{下}$——四棱台下表面积；

h——四棱台计算高度。

例 8.8　某柱下杯形基础 6 个，如图 8.14 所示，计算其混凝土工程量。

解：根据杯形基础的体积计算方法计算如下。

四棱柱底座的体积：$V_1=1.65\times1.75\times0.3=0.866\text{m}^3$

四棱台的体积：$V_2=\frac{1}{3}\times(1.65\times1.75+1.05\times0.95+\sqrt{1.65\times1.75\times1.05\times0.95})\times0.15$

$=0.279\text{m}^3$

四棱柱上座的体积：$V_3=1.05\times0.95\times0.35=0.349\text{m}^3$

四棱台杯口的体积：$V_4=\frac{1}{3}\times0.5\times0.4+0.55\times0.65+\sqrt{0.5\times0.4\times0.55\times0.65}\times0.6=0.165\text{m}^3$

6 个杯形基础的体积：$V=(V_1+V_2+V_3-V_4)\times6=(0.866+0.279+0.349-0.165)\times6$
$=7.97\text{m}^3$

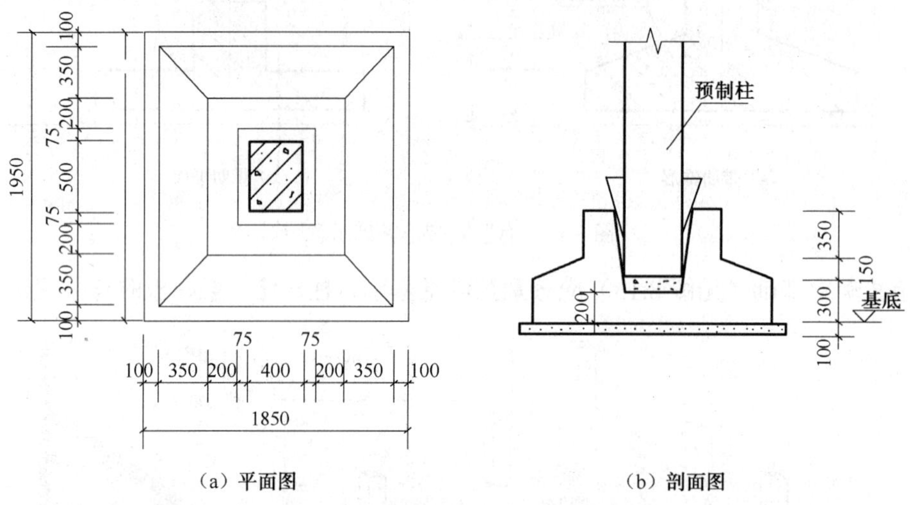

图 8.14　混凝土杯形基础示意图

（2）带形基础。带形基础混凝土体积可按计算长度乘以断面面积计算，其计算公式为：

$$V=L\times F$$

式中　L——带形基础计算长度，外墙按中心线长度计算，内墙按净长度计算；

F——带形基础断面面积，按图示尺寸计算。

对于梯形基础截面的 T 形接头（如图 8.15 所示）V_{tj} 的计算分为有梁式（全部图形的体积）和无梁式（只有图形中下部的体积）两种，其计算公式如下。

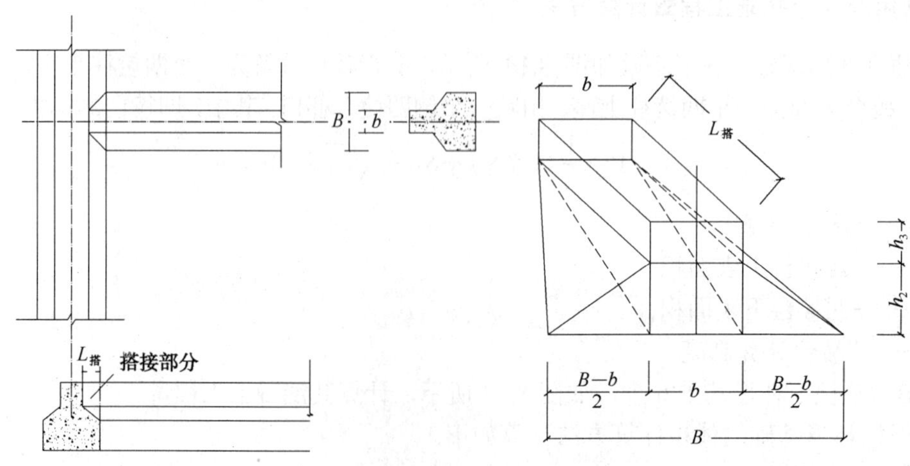

图 8.15　梯形截面带形基础搭接示意图

① 有梁式 V_{tj}。有梁式混凝土带形基础搭接的体积为图形上部（矩形）与下部（楔形）两部分体积之和，即

$$V_{tj}=V_1+V_2$$

其中：

$$V_1=L_{搭}\times b\times h_3$$

$$V_2=L_{搭}\times\left(b\frac{h_2}{2}+2\times\frac{B-b}{2}\times\frac{h_2}{2}\times\frac{1}{3}\right)$$

$$=L_{搭}\times h_2\times\frac{(2b+B)}{6}$$

$$V_{tj}=V_1+V_2=L_{搭}[b\times h_3+h_2\times\frac{(2b+B)}{6}]$$

例 8.9　计算如图 8.16 所示现浇 C20 钢筋混凝土带形基础的工程量。

解：（1）计算带形基础的计算长度。

外墙基础：$L_{w1}=（9.00+4.80）\times 2=27.6m$

内墙基础：$L_{n2}=4.80-1.00=3.8m$

$L=L_{w1}+L_{n2}=27.6+3.8=31.4m$

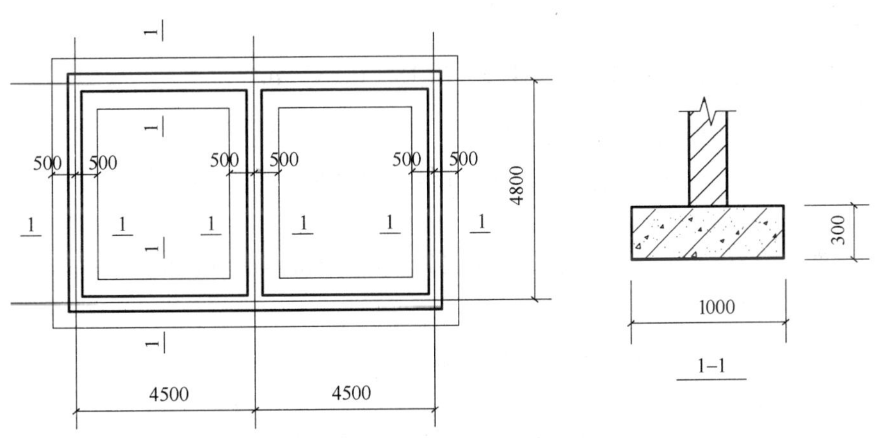

图 8.16　混凝土带形基础平面图与剖面图

（2）计算带形基础的断面积。

$$F=b\times h=1.00\times 0.30=0.30m^2$$

（3）计算带形基础的体积

$$V=L\times F=31.4\times 0.30=9.42m^3$$

例 8.10　有一建筑物，其基础采用 C25 钢筋混凝土，结构构造如图 8.17 所示，试计算钢筋混凝土带形基础的混凝土工程量（图中基础的轴心线均与中心线重合）。

解：（1）计算带形基础的计算长度。

外墙基础：$L_{w1}=（21.00+13.50）\times 2=69m$

内墙基础：$L_{n2}=（5.50-1.10-0.8）\times 12+（21.00-2.2）\times 2=43.20+37.6=80.8m$

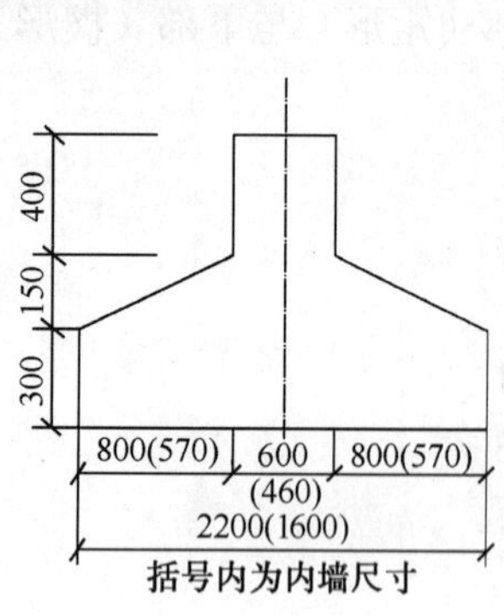

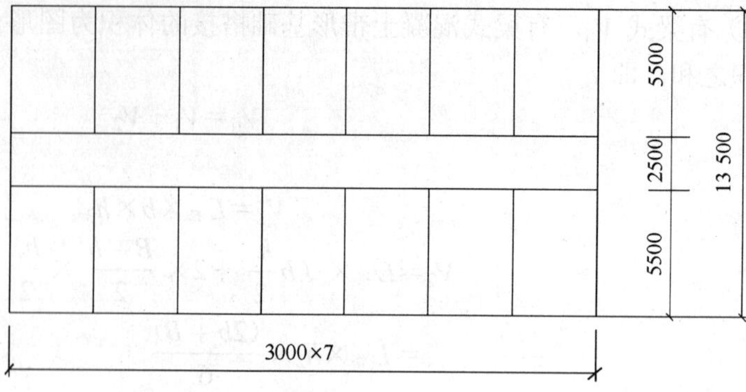

图 8.17　带形基础结构构造示意图

（2）计算带基的断面积。

外墙基础：$f_{11}=b_1\times h_1=2.20\times0.30=0.66\text{m}^2$

$$f_{12}=\frac{1}{2}\times(b_1+b_2)\times h_2=\frac{1}{2}\times(2.20+0.6)\times0.15=0.21\text{m}^2$$

$$f_{13}=b_2\times h_3=0.6\times0.4=0.24\text{m}^2$$

$$f_1=f_{11}+f_{12}+f_{13}=0.66+0.21+0.24=1.11\text{m}^2$$

内墙基础：$f_{21}=1.60\times0.3=0.48\text{m}^2$

$$f_{22}=\frac{1}{2}\times(1.60+0.46)\times0.15=0.154\,5\text{m}^2$$

$$f_{23}=0.46\times0.4=0.184\text{m}^2$$

$$f_2=f_{21}+f_{22}+f_{23}=0.48+0.154\,5+0.184=0.818\,5\text{m}^2$$

（3）T 形接头搭接体积 V_t 的计算。

V_{t1}（内墙与外墙搭接）共 16 个，根据图示已知：$B=1.60\text{m}$、$b=0.46\text{m}$、$L_{搭}=0.8\text{m}$、$h_2=0.15\text{m}$、$h_3=0.4\text{m}$。故有

$$V_{t1}=L_{搭}\times[b\times h_3+h_2\times(2b+B)\times\frac{1}{6}]$$

$$=0.8\times[0.46\times0.4+0.15\times(2\times0.46+1.6)\times\frac{1}{6}]$$

$$=0.8\times(0.184+0.063)=0.198\text{m}^2$$

V_{t2}（内墙与内墙搭接）共 12 个，根据图示已知：$L_{搭}=0.57\text{m}$，其他数据与 V_{t1} 相同。故有

$$V_{t2}=0.57\times(0.184+0.063)=0.141\text{m}^3$$

$$V_t=0.198\times16+0.141\times12=3.168+1.692=4.86\text{m}^3$$

（4）计算带基的体积。

① 外墙基的体积：$V_{W1}=L_{w1}\times f_{w1}=69\times1.11=76.59\text{m}^3$；

② 内墙基的体积：$V_{n2}=l_{n2}\times f_{n2}+V_t=80.8\times0.818\,5+V_t=66.13+4.86=70.99\text{m}^3$；

③ 该工程内外墙混凝土带形基础总体积：$V=V_{w1}+V_{n2}=76.59+70.99=147.58\text{m}^3$。

8.3.4　混凝土基础工程计价案例

（1）计算本教材案例中的混凝土基础工程清单量，如表 8.20 所示。

表 8.20　混凝土基础工程清单量计算表

序号	项目编码	项目名称	工程量计算式	单位	数量
A.4 混凝土基础工程					
1	010403001001	地梁 DL-1、DL-2	DL-1：$L=(3.84-0.3)+(5.2-0.25-0.3)\times2+(2.4-0.25)+(11.7-0.6-1.5\times2)=23.09$ $V=0.45\times0.5\times23.09=5.20m^3$ 扣除 4 轴 J-1 与 B 轴 DL-1 重合的部分体积： $0.45\times(\frac{1.50}{2}-0.25)\times[\frac{1.50}{2}-(3.90-3.30-0.25)]=0.09m^3$ DL-1 小计：$5.2-0.09=5.11m^3$ DL-2：$L=(11.7+12.3)\times2-1.5\times2-0.6\times4=42.6m$ DL-2 小计 $V=0.45\times0.6\times42.6=11.5m^3$ DL-1 与 DL-2 合计：5.11＋11.5＝16.61	m^3	16.61
2	010403001002	地梁 DL-3、DL-4	DL-3：$0.15\times0.25\times(1.5-0.3-0.15)=0.04$ DL-4：$0.15\times0.3\times(2.4-0.5)=0.09$ 小计：$0.13m^3$	m^3	0.13
3	010401005001	独立桩承台 J-1、J-2	J-1：$0.45\times1.5\times1.5\times4=4.05m^3$ J-2：$0.45\times1.5\times0.6\times4=1.62m^3$ 小计：$5.67m^3$	m^3	5.67
4	010401006001	桩基承台垫层 1.砼强度等级：C10 2.砼拌合料要求：商砼	$(1.7\times1.7+1.7\times0.8)\times0.1\times4=1.7$	m^3	1.7
5	010401006002	DL 垫层 1.砼强度等级：C10 2.砼拌合料要求：商砼	DL1：$0.7\times[(5.2-0.4-0.35)\times2+(3.84-0.4)+(2.4-0.35)+(11.7-0.8)]\times0.1-1.7\times0.7\times0.1\times2-0.5\times0.6\times0.1=1.5$ DL2：$0.8\times(12.3+11.7)\times2\times0.1-1.7\times0.8\times0.1\times2-0.8\times0.8\times0.1\times4=3.31$ DL3：$0.35\times0.05\times[(1.5-0.3-0.15)+(1.5-0.3-0.25)]=0.04$ DL4: $0.35\times(2.4-0.5)\times0.1=0.07$	m^3	4.92

（2）计算本教材案例中的混凝土基础工程定额工程量，如表 8.21 所示。

表 8.21　混凝土基础工程预算工程量

A.4 混凝土砖基础工程					
序号	项目编码	项目名称	工程量计算式	单位	数量
1	010403001001	地梁 DL-1、DL-2		m^3	16.61
	A3-219	现浇混凝土构件，商品混凝土，基础梁，C20	同清单量	m^3	16.61
2	010403001002	地梁 DL-3、DL-4		m^3	0.13
	A3-219	现浇混凝土构件，商品混凝土，基础梁 C20	同清单量	m^3	0.13

续表

A.4 混凝土砖基础工程					
序号	项目编码	项目名称	工程量计算式	单位	数量
3	010401005001	独立桩承台 J-1、J-2		m^3	5.67
	A3-204	现浇商品混凝土构件 桩承台 C20 独立	同清单量	m^3	5.67
4	010401006001	桩基承台垫层 1.砼强度等级：C10 2.砼拌合料要求：商砼	(1.7×1.7+1.7×0.8) ×0.1×4=1.7	m^3	1.7
	A3-205	现浇商品混凝土构件 基础垫层 C10	同清单量	m^3	1.7
5	010401006002	DL 垫层 1.砼强度等级：C10 2.砼拌合料要求：商砼	DL1: 0.7×[(5.2－0.4－0.35) ×2+(3.84－0.4)+(2.4－0.35)+(11.7－0.8)] ×0.1－1.7×0.7×0.1×2－0.5×0.6×0.1=1.5 DL2: 0.8×(12.3+11.7) ×2×0.1－1.7×0.8×0.1×2-0.8×0.8×0.1×4=3.31 DL3: 0.35×0.05×[(1.5－0.3－0.15)+(1.5－0.3－0.25)]=0.04 DL4: 0.35×(2.4-0.5) ×0.1=0.07	m^3	4.92
	A3-205	现浇商品混凝土构件 基础垫层 C10	同清单量	m^3	4.92

（3）本教材案例中混凝土基础工程分部分项工程量综合单价计算表，如表 8.22 所示。

表 8.22 混凝土基础工程分部分项工程量综合单价计算表

序号	项目编码	工程项目名称	单位	数量	综合单价（元）					
					人工费	材料费	机械使用费	管理费	利润	小计
1	010403001001	地梁 DL-1、DL-2 1.混凝土强度等级：C20 2.混凝土拌和料要求：商品混凝土	m^3	16.61	26.02	298.99	1.66	16.17	17.48	360.31
	A3-219	现浇混凝土构件，商品混凝土，基础梁，C20	$10m^3$	1.661	260.16	2989.92	16.56	161.7	174.77	3603.11
2	010403001002	地梁 DL-3、DL-4 1.混凝土强度等级：C20 2.混凝土拌和料要求：商品混凝土	m^3	0.13	26	299	1.69	16.15	17.46	360.31
	A3-219	现浇混凝土构件，商品混凝土，基础梁，C20	$10m^3$	0.013	260.16	2989.92	16.56	161.7	174.77	3603.11
3	010401005001	桩基承台 J-1、J-2	m^3	5.67	24.32	296.11	1.02	15.91	17.2	354.56
	A3-204	现浇商品混凝土构件，桩承台，C20，独立	$10m^3$	0.567	243.18	2961.11	10.2	159.12	171.98	3545.59
4	010401006001	桩基承台垫层	m^3	1.7	25.75	274.52	1.02	14.91	16.12	332.32
	A3-205	现浇商品混凝土构件，基础垫层，C10	$10m^3$	0.17	257.46	2745.22	10.2	149.14	161.19	3323.21
5	010401006002	混凝土 DL 垫层	m^3	4.92	25.75	274.52	1.02	14.91	16.12	332.32
	A3-205	现浇商品混凝土构件，基础垫层，C10	$10m^3$	0.492	257.46	2745.22	10.2	149.14	161.19	3323.21

（4）本教材案例中混凝土基础工程清单计价表，如表 8.23 所示。

表 8.23　混凝土基础工程清单计价表

序号	项目编码	项目名称	项目特征	计量单位	工程数量	金额（元）	
						综合单价	合价
1	010403001001	地梁 DL-1、DL-2	1.混凝土强度等级：C20 2.混凝土拌和料要求：商品混凝土	m^3	16.61	360.31	5984.75
2	010403001002	地梁 DL-3、DL-4	1.混凝土强度等级：C20 2.混凝土拌和料要求：商品混凝土	m^3	0.13	360.31	46.84
3	010401005001	桩基承台 J-1、J-2	1.混凝土强度等级：C20 2.混凝土拌和料要求：商品混凝土	m^3	5.67	354.56	2010.36
4	010401006001	桩基承台垫层	1.混凝土强度等级：C10 2.混凝土拌和料要求：商品混凝土	m^3	1.7	332.32	564.94
5	010401006002	混凝土 DL 垫层	1.混凝土强度等级：C10 2.混凝土拌和料要求：商品混凝土	m^3	4.92	332.32	1635.01

8.4　土方工程计价

8.4.1　相关说明

（1）土石方体积应按挖掘前的天然密实体积计算。如需按天然密实体积折算时，应按表 8.24 系数计算。

表 8.24　天然密实体积折算系数

天然密实体积	虚方体积	夯实后体积	松填体积
1.00	1.30	0.87	1.08
0.77	1.00	0.67	0.83
1.15	1.49	1.00	1.24
0.93	1.20	0.81	1.00

（2）挖土方平均厚度应按自然地面测量标高至设计地坪标高间的平均厚度确定。基础土方、石方开挖深度应按基础垫层底表面标高至交付施工场地标高确定，无交付施工场地标高时，应按自然地面标高确定。

（3）建筑物场地厚度在±30cm 以内的挖、填、运、找平，按平整场地列项。

（4）挖基础土方包括带形基础、独立基础、满堂基础（包括地下室基础）及设备基础、人工挖孔桩等的挖方。带形基础应按不同底宽和深度分别列项；独立基础和满堂基础应按不同底面积和深度分别列项。

8.4.2　土方工程清单量计算方法

土方工程清单项目设置及清单工程量的计算方法如表 8.25 所示。

表 8.25 土方工程清单项目及清单工程量计算

项目编码	项目名称	项目特征	计量单位	工程量计算规则	工程内容
010101001	平整场地	土壤类别	m^2	按设计图示尺寸以建筑物首层面积计算	1.土方挖填 2.场地找平 3.场地内运输
010101002	挖土方	1.土壤类别 2.挖土平均厚度 3.弃土运距	m^3	按设计图示尺寸以体积计算	1.排地表水 2.土方开挖 3.挡土板支拆 4.基底钎探 5.运输
010101003	挖基础土方	1.土壤类别 2.基础类型 3.底宽、底面积 4.挖土深度 5.弃土运距	m^3	按设计图示尺寸以基础垫层底面积乘挖土深度计算	1.排地表水 2.土方开挖 3.挡土板支拆 4.基底钎探 5.运输
010101004	冻土开挖	1.冻土厚度 2.弃土运距	m^3	按设计图示尺寸开挖面积乘厚度以体积计算	1.打眼、装药、爆破 2.开挖 3.清理 4.运输
010101005	挖淤泥、流砂	1.挖掘深度 2.弃淤泥、流砂距离	m^3	按设计图示位置、界限以体积计算	1.挖淤泥、流砂 2.弃淤泥、流砂
010101006	管沟土石方	1.土壤类别 2.岩石类别 3.挖沟平均深度 4.弃土石运距 5.回填要求	m	按设计图示以管道中心线长度计算	1.排地表水 2.土方开挖 3.挡土板支拆 4.运输 5.回填
010103001	土（石）方回填	1.土质要求 2.密实度要求 3.粒径要求 4.夯填（碾压） 5.松填 6.运输距离	m^3	按设计图示尺寸以体积计算 注：1.场地回填：回填面积乘平均回填厚度；2.室内回填：主墙间净面积乘回填厚度；3.基础回填：挖方体积减去设计室外地坪以下埋设的基础体积（包括基础垫层及其他构筑物）	1.挖土方 2.装卸、运输 3.回填 4.分层碾压、夯实

8.4.3 土方工程定额工程量计算方法

（1）土方体积均按挖掘前的天然密实体积为准计算。

（2）挖土一律以设计室外地坪标高为准计算。

（3）平整场地工程量按建筑物外墙外边线每边各加 2m，以平方米计算。

例 8.11 试计算例 8.7 中平整场地的定额工程量。

解：根据平整场地定额工程的计算规则：

$S_P=(a+4)(b+4)=(27.0+0.24\times2+4)(12.0+0.24\times2+4)=31.48\times16.48=518.79\text{m}^2$

（4）挖沟槽、基坑土方工程量按下列规定计算：

① 沟槽、基坑的划分。

a．凡图示沟槽底宽在 3m 以内，且沟槽长大于沟槽宽三倍以上的为沟槽。

b．凡图示基坑底面积在 20m^2 以内，且坑底的长与宽之比小于或等于 3 的为基坑。

c．凡图示沟槽底宽 3m 以外，坑底面积 20m^2 以外，平整场地挖土方厚度在 30cm 以外，均按挖土方计算。

② 计算挖沟槽、基坑土方工程量需放坡时，放坡系数按表 8.26 规定计算。

表 8.26　放坡系数表

土壤类另	放坡起点（m）	人工挖土	机械挖土	
			在坑内作业	在坑上作业
一、二类土	1.20	1∶0.50	1∶0.33	1∶0.75
三类土	1.50	1∶0.33	1∶0.25	1∶0.67
四类土	2.00	1∶0.25	1∶0.10	1∶0.33

③ 挖沟槽、基坑需支挡土板时，其宽度按图示沟槽、基坑底宽，每边各加 10cm。挡土板面积按槽、坑垂直支撑面积计算。双面支撑亦按单面垂直面积计算，套用双面支挡土板定额项目，不论连续或断续均执行本定额。凡放坡部分不得再计算挡土板，支挡土板后，不得再计算放坡。

④ 基础施工所需工作面按表 8.27 规定计算。

表 8.27　基础施工所需工作面宽度计算表

基础材料	每边各增加工作宽度（mm）
砖基础	200
浆砌毛石、条石基础	150
混凝土基础垫层支模板	300
混凝土基础支模板	300
基础垂直面做防水层	800（防水层面）

⑤ 挖沟槽长度。外墙按图示中心线长度计算；内墙按图示基础底面之间净长度计算。内外突出部分（垛、附墙烟囱等）体积并入沟槽土方程量内计算。中心线、净长线如图 8.18 所示。

⑥ 挖管道沟槽长度按图示中心线计算。工作面宽度设计有规定的，按设计规定尺寸计算；设计无规定的，按定额规定宽度计算。

⑦ 沟槽、基坑深度按图示槽、坑底面至设计室外地坪深度计算；管道地沟按图示沟底至设计室外地坪深度计算。

（5）回填土区分夯填、松填按图示回填体积并按以下规定，以立方米计算。

① 沟槽、基坑回填土体积以挖方体积减去设计室外地坪以下埋设砌筑物（包括基础垫层、基础等）体积计算。

② 管道沟槽回填以挖方体积减去管道所占体积计算。

③ 室内回填土按主墙间的面积乘以回填土厚度计算。

④ 余土或取土工程量按下式计算。

余土外运体积＝挖土总体积－回填土总体积（或按施工组织设计计算）

（6）基底钎探按图示基底面积以平方米计算。

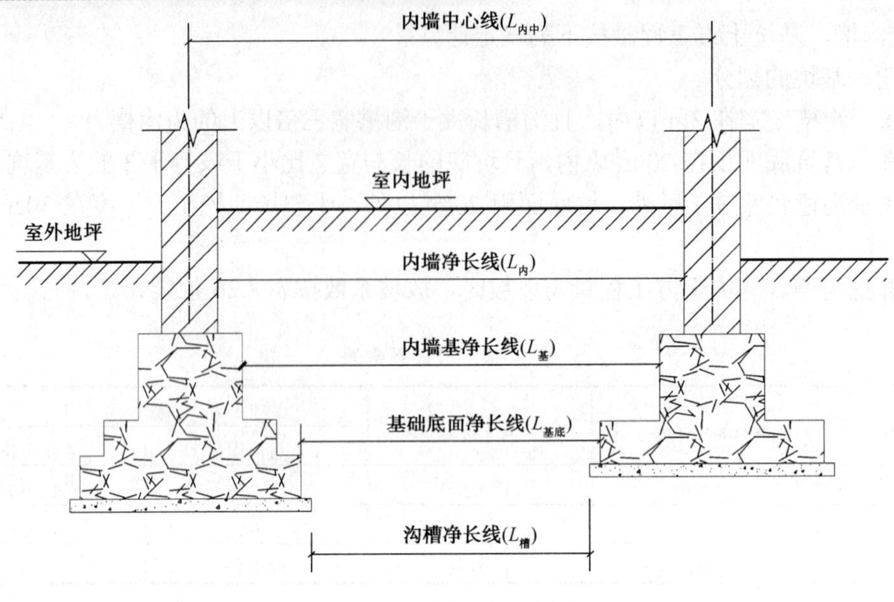

图 8.18　沟槽长度示意图

（7）以上计算方法用公式表示如下。

① 挖沟槽。

a．由垫层底面放坡（图 8.19）的计算公式如下：

$$V=L(a+2c+kH)H$$

式中　V——挖沟槽土方定额工程量（m^3）；

L——沟槽计算长度，外墙为中心线（$L_{中}$），内墙为沟槽净长（$L_{槽}$）；

a——基础或垫层底宽（m）；

c——工作面宽度，设计有规定时按设计规定计算，设计无规定时按定额规定计算；

H——挖土深度（m）；

k——放坡系数，见表 8.26。

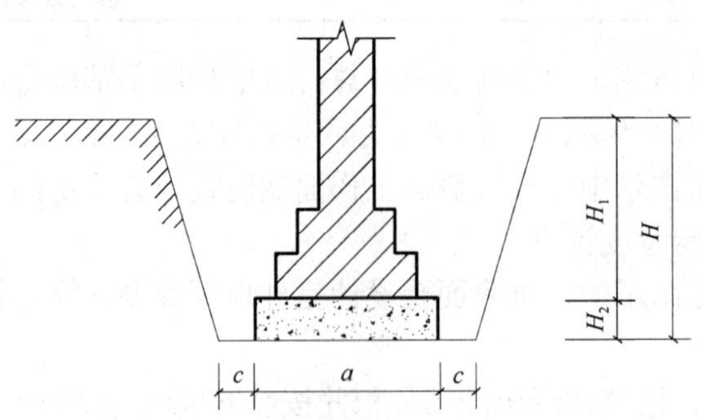

图 8.19　垫层底面放坡示意图

b．由垫层上表面放坡（图 8.20）的计算公式如下：

$$V=L[(a+2c+kH_1)H_1+aH_2]$$

式中　H_1——挖土起点至垫层上表面的深度（m）；

H_2——垫层厚度（m）。

其他符号的意义同前。

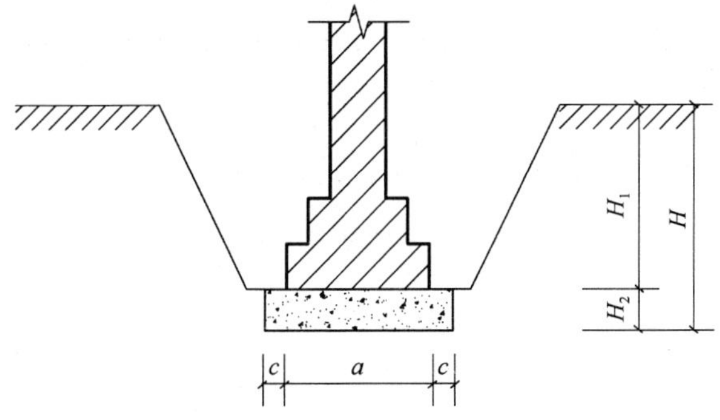

图 8.20　垫层上表面放坡示意图

c．支挡土板（图 8.21）的沟槽土方计算公式如下：

$$V=L(a+2c+2\times0.1)H$$

符号的意义同前。

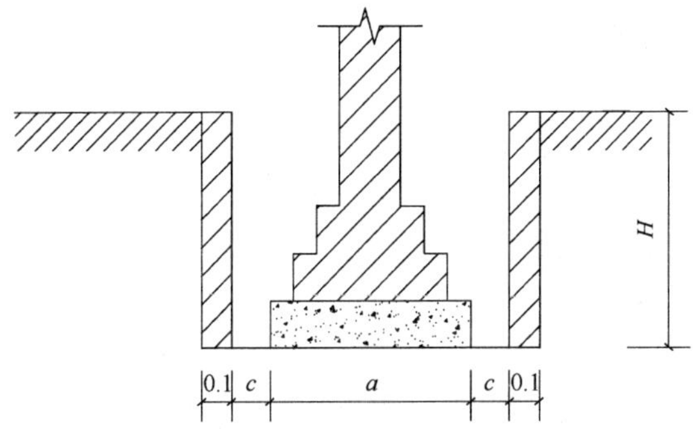

图 8.21　支挡土板基槽示意图

② 挖基坑工程量计算。

a．方形地坑放坡（图 8.22）工程量计算公式如下：

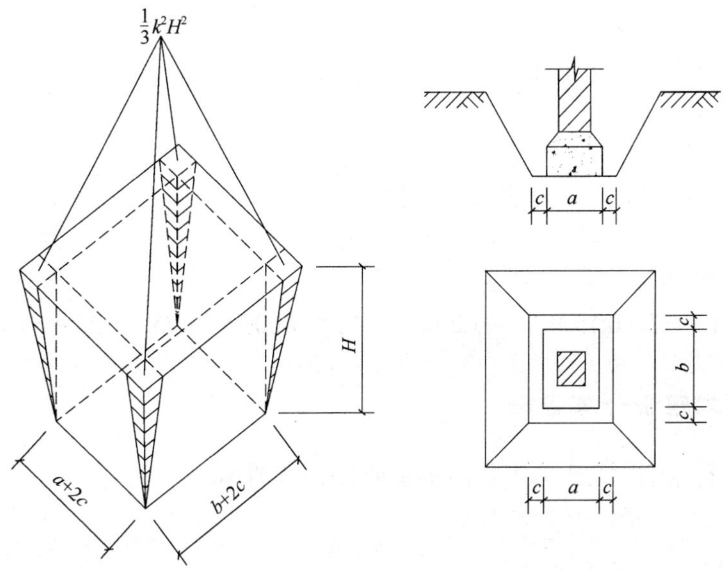

图 8.22　方形放坡示意图

$$V=(a+2c+kH)(b+2c+kH)H+\frac{1}{3}k^2H^3$$

符号意义同前。

b. 圆形地坑放坡（图8.23）工程量的计算公式如下：

$$V=\frac{1}{3}\pi H(R^2+r^2+Rr)$$

式中 r——下底半径（m）；

R——上口半径（m）。

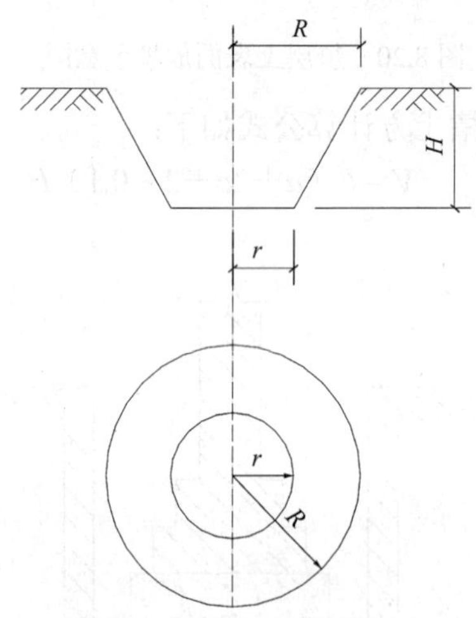

图8.23 圆形放坡示意图

例8.12 试计算例8.7中人工挖基础土方工程量（土壤类别为二类土）。

解：(1) 因为基础垫层底宽为1.8m<3.0m，且基础长度>3×1.8=5.4m，故该基础土方量应按基槽挖方量计算和列项。

(2) 因为基槽挖土深度为$H=1.6+0.1-0.45=1.25>1.20$m（二类土人工挖土方的放坡起点），故需放坡。根据表8.26和表8.27的规定，放坡系数$k=0.5$，工作面宽度$c=0.15$mm。

(3) 根据基槽土方量的计算规则计算土方量如下：

$V=L(a+2c+kH)H$

$L=L_{中}+L_{净}$

$L_{中}=78.46$（直接取自例8.7中的计算结果）

$L_{净}=[12-(0.7425+0.1)\times 2]\times 2=20.63$m

$L=L_{中}+L_{净}=78.46+20.63=99.09$m

$V=99.09\times(1.8+2\times 0.15+0.5\times 1.25)\times 1.25=99.09\times 2.725\times 1.25=337.53\text{m}^3$

8.4.4 土方工程量计算案例

(1) 计算本教材案例中的土方工程清单量如表8.28所示。

表 8.28　土方工程清单量计算表

序号	项目编码	项目名称	工程量计算式	单位	数量
A.1 土方工程					
1	010101001001	平整场地 1.土壤类别：三类土 2.土方运距：按投标单位施工组织设计自行确定	11.94×12.54＝149.7	m^2	149.7
2	010101003001	挖基坑土方 J-1 1.土壤类别：三类土 2.基础类别：桩基承台 3.垫层尺寸：1.7m×1.7m 4.挖土深度：0.75m 5.土方运距：按投标单位施工组织设计自行考虑 6.基地钎探符合施工质量验收要求 7.桩头处理符合施工质量验收要求	（1.5＋0.1×2）×（1.5＋0.1×2）×0.75×4＝8.67	m^3	8.67
3	010101003002	挖基坑土方 J-2 1.土壤类别：三类土 2.基础类别：桩基承台 3.垫层尺寸：1.7m×0.8m 4.挖土深度：0.75m 5.土方运距：按投标单位施工组织设计自行考虑 6.基地钎探符合施工质量验收要求 7.桩头处理符合施工质量验收要求	（1.5＋0.1×2）×（0.6＋0.1×2）×0.75×4＝4.08	m^3	4.08
4	010101003003	挖基槽土方 DL-1 1.土壤类别：三类土 2.基础类别：地梁 3.挖土深度：0.75m 4.土方运距：按投标单位施工组织设计自行考虑	（0.5＋0.1×2）×0.75×[(5.2－0.4－0.35)×2+(3.84－0.4)+(2.4－0.35)+(11.7－0.8)]－1.7×0.7×0.75×2－0.5×0.6×0.75＝11.27	m^3	11.27
5	010101003004	挖基槽土方 DL-2 1.土壤类别：三类土 2.基础类别：地梁 3.挖土深度：0.75m 4.土方运距：按投标单位施工组织设计自行考虑	(0.6＋0.1×2）×0.75×[（12.3+11.7）×2－0.8×4－1.7×2]＝24.84	m^3	24.84
6	010101003005	挖基槽土方 DL-3 1.土壤类别：三类土 2.基础类别：地梁 3.挖土深度：0.55m 4.土方运距：按投标单位施工组织设计自行考虑	(0.15＋0.1×2）×0.55×（1.5－0.4－0.25）＝0.16	m^3	0.16

续表

序号	项目编码	项目名称	工程量计算式	单位	数量
A.1 土方工程					
7	010101003006	挖基槽土方 DL-4 1.土壤类别：三类土 2.基础类别：地梁 3.挖土深度：0.6m 4.土方运距：按投标单位施工组织设计自行考虑	（0.15＋0.1×2）×0.60×（2.4－0.7）＝0.36	m^3	0.36
8	010103001001	土方回填（基础回填） 1.夯填 2.土方运距：按投标单位施工组织设计自行考虑	挖方量：8.67+4.08+11.27+24.84+0.16+0.36=49.38 扣：承台垫层：1.7 地梁垫层：4.91 承台：5.67 DL1、DL2：16.61 DL3、DL4：0.13 构造柱：0.71/0.65×0.2=0.22 砖基础：10.95/0.65×0.2=3.37 矩形柱：0.3×0.3×0.2×4+0.3×0.4×0.2×4=0.17 49.38－1.7－4.91－5.67－16.61－0.13－0.22－0.37－0.17=16.6	m^3	16.6
9	010103001002	土方回填（房心回填） 1.夯填 2.土方运距：按投标单位施工组织设计自行考虑	房心净面积取自房间表 展厅：78.62×(0.45－0.13)=25.16 办公室、接待室、走道：(15.18×2+2.69) ×(0.45－0.135)=10.41 有水房间：(4.8+2.57) ×(0.43－0.182)=1.83 楼梯间：12.2×(0.43－0.135)=3.6 小计：25.16+10.41+1.83+3.6=41.0	m^3	41.0

（2）计算本教材案例中的土方工程报价工程量如表8.29所示。

表8.29　土方工程报价工程量

A.1 土方工程					
序号	项目编码	项目名称	工程量计算式	单位	数量
1	010101001001	平整场地	11.94×12.54＝149.7	m^2	149.7
	G4-6	平整场地	（11.94＋4）×（12.54＋4）＝263.65	m^2	263.65
2	010101003001	挖基坑土方 J-1	（1.5＋0.1×2）×（1.5＋0.1×2）×0.75×4＝8.67	m^3	8.67
	G1-267	人工挖基坑三类土深度（2m以内）	（1.7＋0.3×2）×（1.7＋0.3×2）×0.75×4＝15.87	m^3	15.87
	G4-24	人工凿钢筋砼桩头	$0.325^2\times\frac{3.14}{4}\times0.2\times4\times4=0.27$	m^3	0.27
	G4-18	基底钎探	1.7×1.7×4＝11.56	m^2	11.56

续表

A.1 土方工程					
序号	项目编码	项目名称	工程量计算式	单位	数量
3	010101003002	挖基坑土方 J-2	（1.5+0.1×2）×（0.6+0.1×2）×0.75×4=4.08	m^3	4.08
	G1-267	人工挖基坑三类土深度（2m 以内）	（1.7+0.3×2）×（0.8+0.3×2）×0.75×4=9.66	m^3	9.66
	G4-24	人工凿钢筋砼桩头	$0.325^2\times\frac{3.14}{4}\times0.2\times2\times4=0.13$	m^3	0.13
	G4-18	基底钎探	1.7×0.8×4=5.44	m^2	5.44
4	010101003003	挖基槽土方 DL-1	（0.5+0.1×2）×0.75×[(5.2−0.4−0.35)×2+(3.84−0.4)+(2.4−0.35)+(11.7−0.8)]−1.7×0.7×0.75×2−0.5×0.6×0.75=11.27	m^3	11.27
	G1-252	人工挖沟槽三类土深度（2m 以内）	（0.5+0.1×2+0.3×2）×0.75×[(5.2−0.4−0.35)×2+(3.84−0.4)+(2.4−0.35)+(11.7−0.8)]−1.7×0.7×0.75×2−0.5×0.6×0.75=22.65	m^3	22.65
	G4-24	人工凿钢筋砼桩头	$0.325^2\times\frac{3.14}{4}\times0.2\times11=0.18$	m^3	0.18
	G4-18	基底钎探	11.27/0.75=15.03	m^2	15.03
5	010101003004	挖基槽土方 DL-2	（0.6+0.1×2）×0.75×[（12.3+11.7）×2−0.8×4−1.7×2]=24.84	m^3	24.84
	G1-252	人工挖沟槽三类土深度（2m 以内）	（0.6+0.1×2+0.3×2）×0.75×[（12.3+11.7）×2−0.8×4−1.7×2]=43.47	m^3	43.47
	G4-24	人工凿钢筋砼桩头	$0.325^2\times3.14/4\times0.2\times26=0.54$	m^3	0.43
	G4-18	基底钎探	0.8×[（12.3+11.7）×2−0.8×4−1.7×2]=33.12	m^2	33.12
6	010101003005	挖基槽土方 DL-3	（0.15+0.1×2）×0.55×（1.5−0.4−0.25）=0.16	m^3	0.16
	G1-252	人工挖沟槽三类土深度（2m 以内）	（0.15+0.1×2+0.3×2）×0.55×（1.5−0.4−0.25）=0.44	m^3	0.44
	G4-18	基底钎探	0.16/0.55=0.29	m^2	0.29
7	010101001006	挖基槽土方 DL-4	（0.15+0.1×2）×0.60×（2.4−0.7）=0.36	m^3	0.36
	G1-252	人工挖沟槽三类土深度（2m 以内）	（0.35+0.3×2）×0.60×（2.4−0.7）=0.97	m^3	0.97
	G4-18	基底钎探	（0.15+0.1×2）×（2.4−0.7）=0.6	m^2	0.6
8	010103001001	土方回填（基础回填）	16.6	m^3	16.6
	A1-39	回填土（基础回填）	挖方量：15.87+9.66+22.65+43.47+0.44+0.97=93.06 扣：承台垫层：1.7 地梁垫层：4.91 承台：5.67 DL1、DL2：16.61 DL3、DL4：0.13 构造柱：0.71/0.65×0.2=0.22 砖基础：10.95/0.65×0.2=3.37 矩形柱：0.3×0.3×0.2×4+0.3×0.4×0.2×4=0.17 93.06−1.7−4.91−5.67−16.61−0.13−0.22−0.37−0.17=63.28	m^3	63.28

续表

A.1 土方工程					
序号	项目编码	项目名称	工程量计算式	单位	数量
9	010103001002	土方回填（房心回填）	房心净面积取自房间表 展厅：78.62×(0.45−0.13)=25.16 办公室、接待室、走道：(15.18×2+2.69) ×(0.45－0.135)=10.41 有水房间：(4.8+2.57) ×(0.43－0.182)=1.83 楼梯间：12.2×(0.43－0.135)=3.6 小计：25.16+10.41+1.83+3.6=41.0	m^3	41.0
	G4-3	回填土（房心回填）	同清单量	m^3	41.0
	G3-44	自卸汽车运土方，自卸汽车（载重 4t 以内），运距 1km 以内	93.06-63.28-41.0=－11.22	m^3	11.22

（3）本教材案例中土方工程分部分项工程量综合单价计算表如表 8.30 所示。

表 8.30　土方工程分部分项工程量综合单价计算表

序号	项目编码	工程项目名称	单位	数量	综合单价（元）					
					人工费	材料费	机械使用费	管理费	利润	小计
1	010101001001	平整场地	m^2	149.7	2.33			0.12	0.12	2.57
	G4-6	填方，回填土、夯实及场地平整	$100m^2$	2.6365	132.3			6.55	7.08	145.93
2	010101003001	挖基坑土方 J-1	m^3	8.67	56.61		0.24	2.81	3.04	62.69
	G1-267	人工挖基坑土方，人工挖基坑三类土，深度 2m 以内	$100m^3$	0.1587	2657.76		12.84	132.19	142.88	2945.67
	G4-24	人工凿钢筋砼桩头	$10m^3$	0.027	1260			62.37	67.41	1389.78
	G4-18	填方，基底钎探	$100m^2$	0.1156	302.4			14.97	16.18	333.55
3	010101003002	挖基坑土方 J-2	m^3	4.08	70.97		0.3	3.53	3.81	78.62
	G1-267	人工挖基坑土方 人工挖基坑三类土 深度 2m 以内	$100m^3$	0.0966	2657.76		12.84	132.19	142.88	2945.67
	G4-24	人工凿钢筋砼桩头	$10m^3$	0.013	1260			62.37	67.41	1389.78
	G4-18	填方，基底钎探	$100m^2$	0.0544	302.4			14.97	16.18	333.55
4	010101003003	挖基槽土方 DL-1	m^3	11.27	51.4		0.09	2.55	2.75	56.79
	G1-252	人工挖沟槽土方，人工挖沟槽三类土，深度 2m 以内	$100m^3$	0.2265	2256.66		4.45	111.92	120.97	2494
	G4-24	人工凿钢筋砼桩头	$10m^3$	0.018	1260			62.37	67.41	1389.78
	G4-18	填方，基底钎探	$100m^2$	0.1503	302.4			14.97	16.18	333.55
5	010101003004	挖基槽土方 DL-2	m^3	24.84	45.7		0.08	2.27	2.45	50.5

续表

序号	项目编码	工程项目名称	单位	数量	综合单价（元）					
					人工费	材料费	机械使用费	管理费	利润	小计
	G1-252	人工挖沟槽土方，人工挖沟槽，三类土，深度 2m 以内	$100m^3$	0.4347	2256.66		4.45	111.92	120.97	2494
	G4-24	人工凿钢筋砼桩头	$10m^3$	0.043	1260			62.37	67.41	1389.78
	G4-18	填方，基底钎探	$100m^2$	0.3312	302.4			14.97	16.18	333.55
6	010101003005	挖基槽土方 DL-3	m^3	0.16	67.56		0.13	3.31	3.63	74.63
	G1-252	人工挖沟槽土方，人工挖沟槽三类土，深度 2m 以内	$100m^3$	0.0044	2256.66		4.45	111.92	120.97	2494
	G4-18	填方，基底钎探	$100m^2$	0.0029	302.4			14.97	16.18	333.55
7	010101003006	挖基槽土方 DL-4	m^3	0.36	65.83		0.11	3.28	3.53	72.75
	G1-252	人工挖沟槽土方，人工挖沟槽三类土，深度 2m 以内	$100m^3$	0.0097	2256.66		4.45	111.92	120.97	2494
	G4-18	填方，基底钎探	$100m^2$	0.006	302.4			14.97	16.18	333.55
8	010103001001	基础土方回填	m^3	16.6	5.8		1.97	0.38	0.42	8.58
	G4-3	填方，回填土、夯实及场地平整，填土夯实，槽、坑	$100m^3$	0.1662	579.6		197.11	38.45	41.55	856.71
9	010103001002	房心土方回填	m^3	41	5.8	0.01	4.08	0.49	0.53	10.9
	G4-3	填方，回填土、夯实及场地平整，填土夯实，槽、坑	$100m^3$	0.41	579.6		197.11	38.45	41.55	856.71
	G3-44	自卸汽车运土方，自卸汽车(载重 4t 以内)，运距 1km 以内	$1000m^3$	0.01122		25.44	7717.37	383.27	414.24	8540.32

（4）本教材案例中土方工程清单计价表如表 8.31 所示。

表 8.31　土方工程清单计价表

序号	项目编码	项目名称	项目特征	计量单位	工程数量	金额（元）	
						综合单价	合价
1	010101001001	平整场地	1.土壤类别：三类土 2.土方运距：按施工组织自行确定	m^2	149.7	2.57	384.73
2	010101003001	挖基坑土方 J-1	1.土壤类别：三类土 2.基础类别：桩基承台 3.垫层尺寸：1.7m×1.7m 4.挖土深度：0.75m 5.土方运距：按投标单位施工组织设计自行考虑 6.基地钎探符合施工质量验收要求 7.桩头处理符合施工质量验收要求	m^3	8.67	62.69	543.52

续表

序号	项目编码	项目名称	项目特征	计量单位	工程数量	金额（元）	
						综合单价	合价
3	010101003002	挖基坑土方 J-2	1.土壤类别：三类土 2.基础类别：桩基承台 3.垫层尺寸：1.7m×0.8m 4.挖土深度：0.75m 5.土方运距：按投标单位施工组织设计自行考虑 6.基地钎探符合施工质量验收要求 7.桩头处理符合施工质量验收要求	m^3	4.08	78.62	320.77
4	010101003003	挖基槽土方 DL-1	1.土壤类别：三类土 2.基础类别：地梁 3.挖土深度：0.75m 4.土方运距：按投标单位施工组织设计自行考虑	m^3	11.27	56.79	640.02
5	010101003004	挖基槽土方 DL-2	1.土壤类别：三类土 2.基础类别：地梁 3.挖土深度：0.75m 4.土方运距：按投标单位施工组织设计自行考虑	m^3	24.84	50.5	1254.42
6	010101003005	挖基槽土方 DL-3	1.土壤类别：三类土 2.基础类别：地梁 3.挖土深度：0.55m 4.土方运距：按投标单位施工组织设计自行考虑	m^3	0.16	74.63	11.94
7	010101003006	挖基槽土方 DL-4	1.土壤类别：三类土 2.基础类别：地梁 3.挖土深度：0.6m 4.土方运距：按投标单位施工组织设计自行考虑	m^3	0.36	72.75	26.19
8	010103001001	基础土方回填	1.夯填 2.土方运距：按投标单位施工组织设计自行考虑	m^3	16.6	8.58	142.43
9	010103001002	房心土方回填	1.夯填 2.土方运距：按投标单位施工组织设计自行考虑	m^3	41.0	10.9	446.9
本页小计							3181.59

本章小结

本章主要介绍了桩基础、砌体基础、混凝土基础、土方工程的计量与计价方法，并结合案例具体介绍其计量与计价过程。

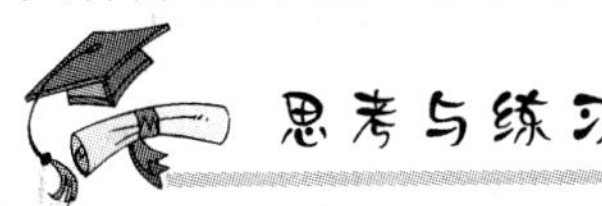

思考与练习

1．某单位工程基础如图 8.4 所示，设计为钢筋混凝土预制方桩，截面为 350mm×350 mm，每根桩长 18m（6+6+6），共 180 根。桩顶面标高−3.00m，设计室外地面标高−0.600，静力压桩机施工，硫磺胶泥接桩。试计算打桩、接桩及送桩工程量，并根据计价表计算清单综合单价（不考虑价差）。

2．某工程人工挖孔灌注混凝土桩如图 8.6 所示，各部分设计尺寸为：r=0.8m、R=1.2m、h_1=9.0m、h_2=3.0m、h_3=0.9m，共 30 根桩，C20 现浇混凝土灌注护壁与桩芯，试计算该分项工程的综合单价。

3．某建筑物基础平面布置图及剖面图如图 8.24 所示，试列出该基础工程量清单并计价。已知毛石基础为 MU7.5 水泥砂浆砌筑，砖基础为 MU10 标准粘土砖 M7.5 水泥砂浆砌筑。

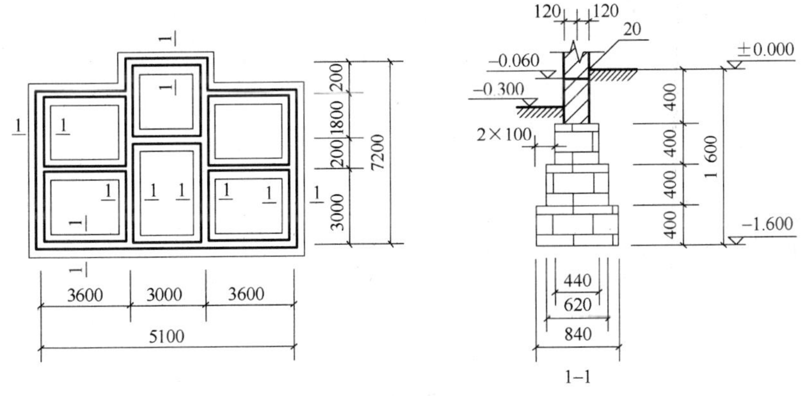

图 8.24　基础平面布置图及基础剖面图

4．试计算如图 8.25 所示钢筋混凝土离心管桩 45 根的体积。

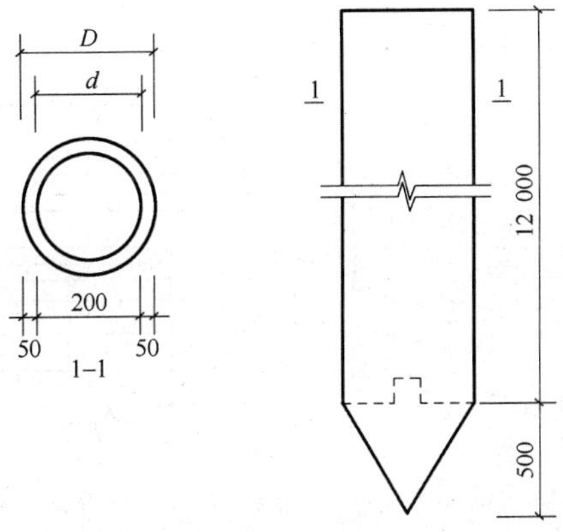

图 8.25　钢筋砼离心管桩示意

第9章 主体结构工程计价

【能力点描述】

通过本章的学习，学生应掌握主体结构工程计量和计价方法，能正确运用主体结构工程计量计价方法进行主体结构工程计量与计价。

9.1 墙砌体结构工程计价

9.1.1 相关说明

（1）实心墙：墙体满砌，如图9.1所示，它是建筑物最常见的墙体。

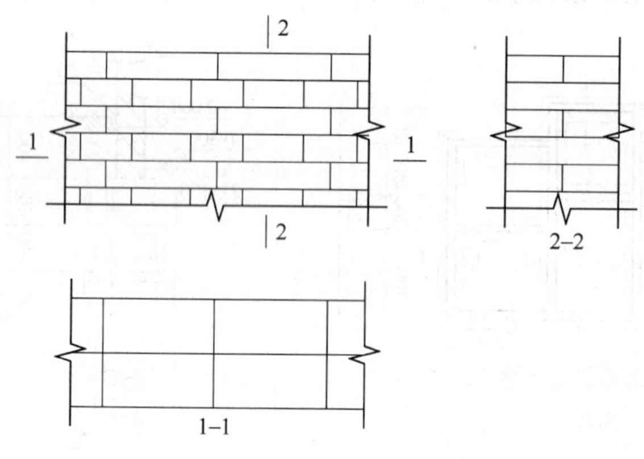

图9.1 实心墙示意图

（2）空斗墙：墙体外实内空，如图9.2所示，常用于隔墙。

（3）空花墙（花格墙）：墙面做成花格形状，如图9.3所示，俗称梅花墙，常用于围墙，公共厕所墙等。

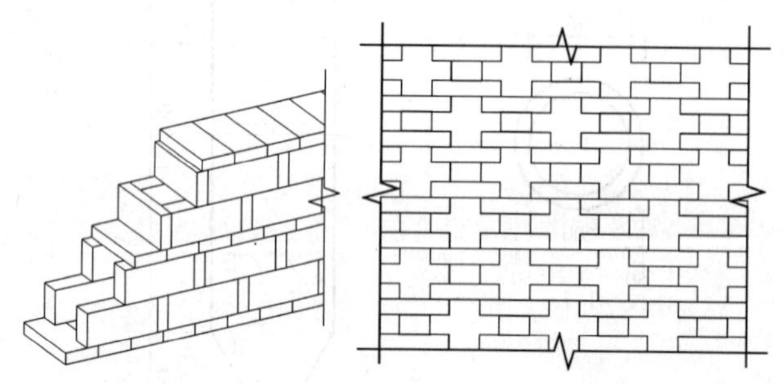

图9.2 空斗墙示意图

图9.3 空花墙示意图

（4）框架填充墙：在框架结构中，填充在框架间，作为结构围护体和分隔体的墙体。

（5）保护墙：为了保护其他结构层不受损失而砌筑的一层保护墙。例如，在地下室外壁为保护防水层所砌的保护墙。

（6）清水墙：指墙面只勾缝、不抹灰，按勾缝的方法又分为以下两种。

① 加浆勾缝墙：即将墙面的横、竖砖缝做成凹形，用砂浆将缝刮平，使其美观整齐。

② 原浆勾缝墙：即将墙面的横、竖砖缝用砌筑砂浆随墙体边砌筑，边刮平。

9.1.2 墙砌体工程清单量计算方法

（1）砖砌体工程量清单项目设置及清单工程量计算规则如表 9.1 所示。

表 9.1 砖砌体工程量清单项目

项目编码	项目名称	项目特征	计量单位	工程量计算规则	工程内容
010302001	实心砖墙	1.砖品种、规格、强度等级 2.墙体类型 3.墙体厚度 4.围墙高度 5.勾缝要求 6.砂浆强度等级、配合比	m^3	按设计图示尺寸以体积计算。扣除门窗洞口、过人洞、空圈、嵌入墙内的钢筋混凝土柱、梁、圈梁、挑梁 、过梁及凹进墙内的壁龛、管槽、暖气槽、消火栓箱所占体积，不扣除梁头、板头、檩头、垫木、木楞头、沿缘木、木砖、门窗走头、砖墙内加固钢筋、木筋、铁件、钢管及单个面积 0.3 m^2 以内的孔洞所占体积。凸出墙面的腰线、挑檐、压顶、窗台线、虎头砖、门窗套体积亦不增加。凸出墙面的砖垛并入墙体体积内计算。 1. 墙长度：外墙按中心线，内墙按净长计算； 2. 墙高度： （1）外墙：斜（坡）屋面无檐口天棚者算至屋面板底；有屋架且室内外均有天棚者算至屋架下弦，底另加 200mm；无天棚者算至屋架下弦底另加 300mm，出檐宽度超过 600mm 时按实砌高度计算；平屋面算至钢筋砼板底 （2）内墙：位于屋架下弦者，算至屋架下弦底；无屋架者算至天棚底另加 100mm；有钢筋砼楼板隔层者算至楼板顶；有框架梁时算至梁底 （3）女儿墙：从屋面板上表面算至女儿墙顶面（如有砼压顶时算至压顶下表面） （4）内、外山墙：按其平均高度计算 3.围墙：高度算至压顶上表面（如有砼压顶时算至压顶下表面），围墙柱并入围墙体积内	1.砂浆制作、运输 2.砌砖 3.勾缝 4.砖压顶砌筑 5.材料运输
010302002	空斗墙	1.砖品种、规格、强度等级 2.墙体类型 3.墙体厚度 4.勾缝要求 5.砂浆强度等级、配合比	m^3	按设计图示尺寸以空斗墙外形体积计算。墙角、内外墙交接处、门窗洞口立边、窗台砖、屋檐处的实砌部分体积并入空斗墙体积内	1.砂浆制作、运输 2.砌砖 3.装填充料 4.材料运输 5.勾缝

续表

项目编码	项目名称	项目特征	计量单位	工程量计算规则	工程内容
010302003	空花墙	1.砖品种、规格、强度等级 2.墙体类型 3.墙体厚度 4.勾缝要求 5.砂浆强度等级	m^3	按设计图示尺寸以空花部分外形体积计算，不扣除空洞部分体积	1.砂浆制作、运输 2.砌砖 3.装填充料 4.材料运输 5.勾缝
010302004	填充墙	1.砖品种、规格、强度等级 2.墙体厚度 3.填充材料种类 4.勾缝要求 5.砂浆强度等级	m^3	按设计图示尺寸以填充墙外形体积计算	1.砂浆制作、运输 2.砌砖 3.装填充料 4.材料运输 5.勾缝
010302005	实心砖柱	1.砖品种、规格、强度等级 2.柱类型 3.柱截面 4.柱高 5.勾缝要求 6.砂浆强度等级、配合比	m^3	按设计图示尺寸以体积计算，扣除混凝土及钢筋混凝土梁垫、梁头、板头所占体积	1.砂浆制作、运输 2.砌砖 3.材料运输 4.勾缝
010302006	零星砌砖	1.零星砌砖名称、部位 2.勾缝要求 3.砂浆强度等级、配合比	m^3（m^2）、个		

（2）砌块砌体工程量清单项目设置及清单工程量计算规则如表9.2所示。

表 9.2　砌块砌体

项目编码	项目名称	项目特征	计量单位	工程量计算规则	工程内容
010304001	空心砖墙、砌块墙	1.墙体类型 2.墙体厚度 3.空心砖、砌块品种、规格、强度等级 4.勾缝要求 5.砂浆强度等级、配合比	m^3	按设计图示尺寸以体积计算。扣除门窗洞口、过人洞、空圈、嵌入墙内的钢筋混凝土柱、梁、圈梁、挑梁、过梁及凹进墙内的壁龛、管槽、暖气槽、消火栓箱所占体积。不扣除梁头、板头、檩头、垫木、木楞头、沿缘木、木砖、门窗走头、砖墙内加固钢筋、木筋、铁件、钢管及单个面积 $0.3m^2$ 以内的孔洞所占体积。凸出墙面的腰线、挑檐、压顶、窗台线、虎头砖、门窗套的体积不增加。凸出墙面的砖垛并入墙体体积内 1.墙长度：外墙按中心线，内墙按净长计算 2.墙高度 （1）外墙：斜（坡）屋面无檐口天棚者算至屋面板底；有屋架且室内外均有天棚者算至屋架下弦底另加 200mm；无天棚者算至屋架下弦底另加 300mm；出檐宽度超过 600mm 时按实砌高度计算；平屋面算至钢筋砼板底 （2）内墙：位于屋架下弦者，算至屋架下弦底；无屋架者算至天棚底另加 100mm；有钢筋砼楼板隔层者算至楼板顶；有框架梁时算至梁底 （3）女儿墙：从屋面板上表面算至女儿墙顶面（如有砼压顶时算至压顶下表面） （4）内、外山墙：按其平均高度计算 3.围墙：高度算至压顶上表面（如有砼压顶时算至压顶下表面），围墙柱并入围墙体积内	1.砂浆制作、运输 2.砌砖、砌块 3.材料运输 4.勾缝
010304002	空心砖柱、砌块柱	1.柱高度 2.柱截面 3.空心砖、砌块品种、规格、强度等级 4.勾缝要求 5.砂浆强度等级、配合比	m^3	按设计图示尺寸以体积计算，扣除混凝土及钢筋混凝土梁垫、梁头、板头所占体积	1.砂浆制作、运输 2.砌砖、砌块 3.勾缝 4.材料运输

（3）砖散水、地坪、地沟工程量清单项目设置及清单工程量计算规则如表 9.3 所示。

表 9.3　砖散水、地坪、地沟

项目编码	项目名称	项目特征	计量单位	工程量计算规则	工程内容
010306001	砖散水、地坪	1.垫层材料种类、厚度 2.散水、地坪厚度 3.面层种类、厚度 4.砂浆强度等级、配合比	m^2	按设计图示尺寸以面积计算	1.地基找平、夯实 2.铺设垫层 3.砌砖散水、地坪 4.抹砂浆面层

续表

项目编码	项目名称	项目特征	计量单位	工程量计算规则	工程内容
010306002	砖地沟、明沟	1.沟截面尺寸 2.垫层材料种类、厚度 3.混凝土强度等级 4.砂浆强度等级、配合比	m	按设计图示以中心线长度计算	1.挖运土石 2.铺设垫层 3.底板混凝土制作、运输、浇筑、振捣、养护 4.砌砖 5.材料运输 6.勾缝、抹灰

9.1.3 砖墙工程定额工程量计算方法

1. 墙体工程量的计算

墙体工程量按墙体面积乘以墙体厚度以体积计算。

（1）应扣除门窗洞口、过人洞、空圈、嵌入墙身的钢筋混凝土柱、梁（包括过梁、圈梁、挑梁）、砖平拱、钢筋砖过梁和暖气包壁龛的体积，不扣除梁头（见图 9.4（a））、内（外）墙板头（见图 9.4（b））、檩头、垫木、木楞头、沿缘木、木砖、门窗走头、砖墙内的加固钢筋、木筋、铁件、钢管及每个面积在 0.3m^2 以下的孔洞等所占的体积，突出墙面的窗台虎头砖（见图 9.4（c））、压顶线（见图 9.4（d））、山墙泛水、烟囱根、门窗套（见图 9.4（e））及三皮砖以内的腰线（见图 9.4（f））和挑檐（见图 9.4（g））等体积亦不增加。

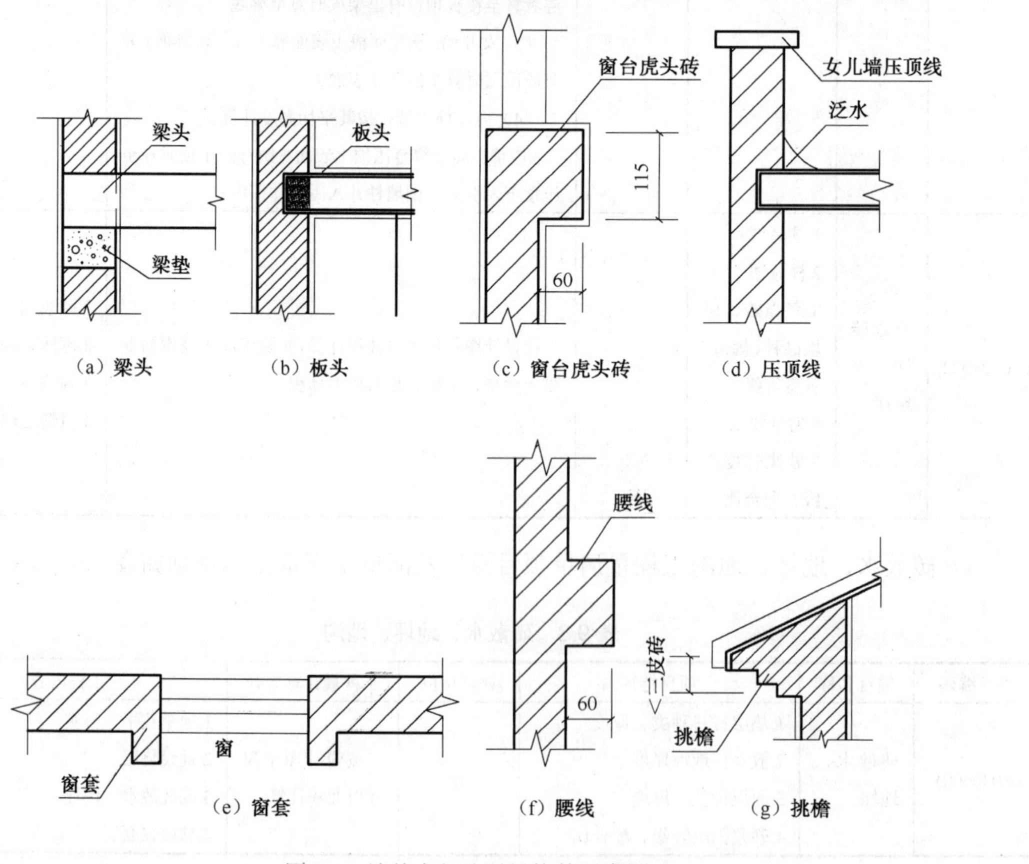

图 9.4　墙体中部分零星构件示意图

（2）砖垛、三皮砖以上的腰线和挑檐等体积，并入墙身体积内计算。

（3）附墙烟囱（包括附墙通风道、垃圾道）按其外形体积计算，并入所依附的墙体积内，不扣除每一个孔洞横截面在 0.1m^2 以下的体积，但孔洞内的抹灰工程量亦不增加。

（4）女儿墙高度，自外墙顶面至图示女儿墙顶面高度，分别不同墙厚并入外墙计算。

（5）钢筋砖过梁（见图 9.5）、砖平拱过梁（见图 9.6）按图示尺寸以立方米计算。如设计无规定时，砖平拱按门窗洞口宽度两端共加 100mm，乘以高度（门空洞口宽小于 1500mm 时，高度为 240mm；大于 1500mm 时，高度为 365mm）计算；钢筋砖过梁按门窗洞口宽度两端共加 500mm，高度按 440mm 计算。

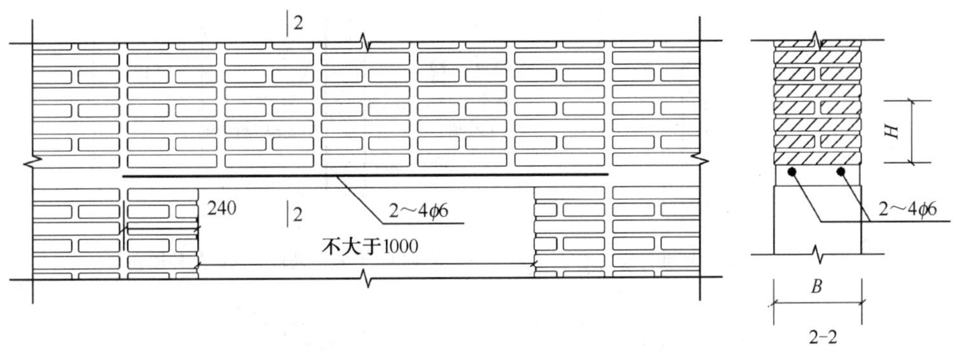

图 9.5　钢筋砖过梁示意图

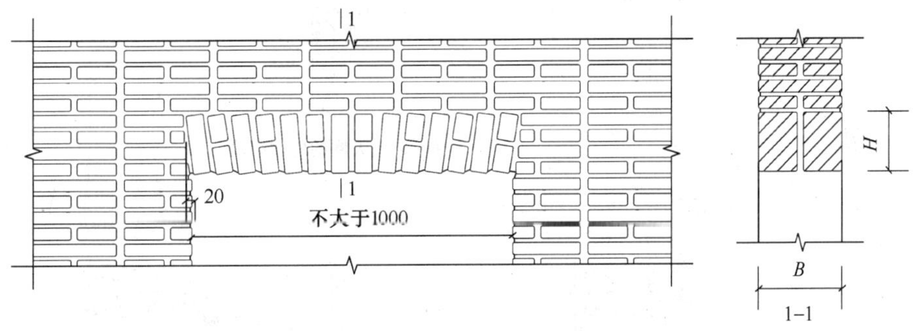

图 9.6　砖平拱过梁示意图

2. 砌体厚度的计算

砌体厚度，按如下规定计算。

（1）标准砖以 240mm×115mm×53mm 为准，其砌体计算厚度，如表 9.4 所示。

表 9.4　标准砖砌体计算厚度表

砖数（厚度）	1/4	1/2	3/4	1	1.5	2	2.5	3
计算厚度（mm）	53	115	180	240	365	490	615	740

（2）使用非标准砖时，其砌体厚度应按砖实际规格和设计厚度计算。

3. 墙长度的计算

外墙长度按外墙中心线长度计算，内墙长度按内墙净长计算。

4. 墙身高度的计算

墙身高度按下列规定计算。

（1）外墙墙身的高度：斜（坡）屋面无檐口天棚者算至屋面板底（见图 9.7（a））；有屋架，且室内外均有天棚者，算至屋架下弦底面另加 200mm（见图 9.7（b））；无天棚者算至屋架下弦底加 300mm（见图 9.7（c）），出檐宽度超过 600mm 时，应按实砌高度计算；平屋面算至钢筋混凝土板面（见图 9.7（d））。

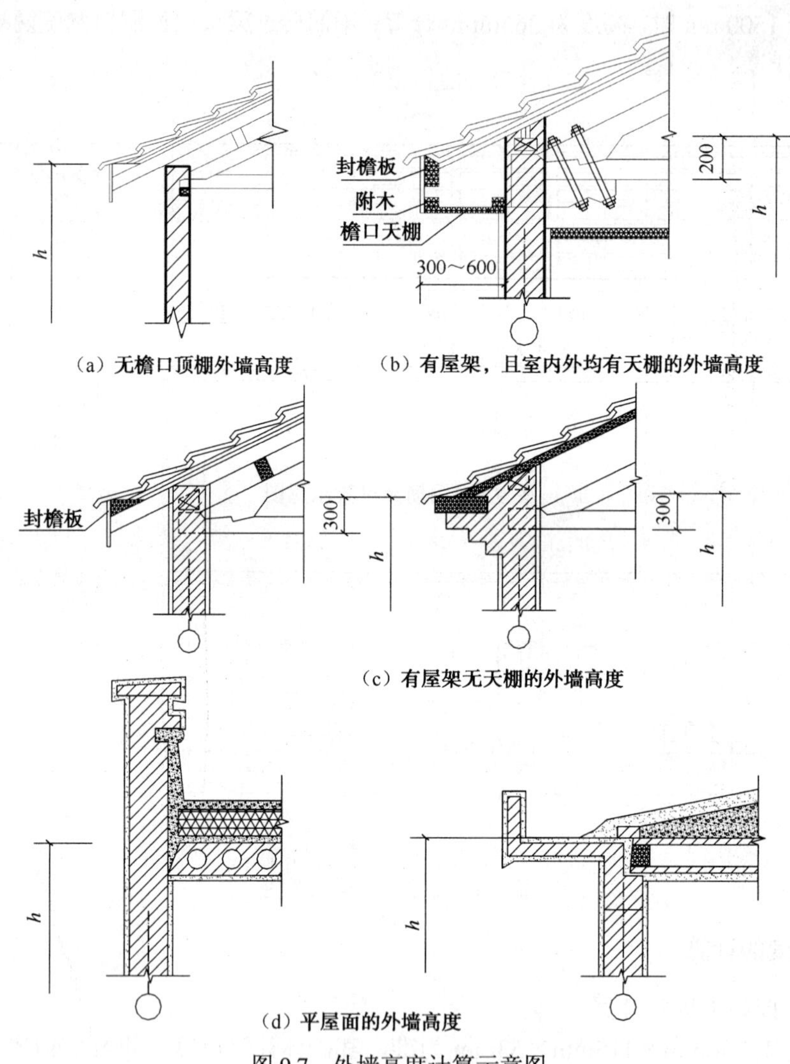

图 9.7　外墙高度计算示意图

（2）内墙墙身高度：位于屋架下弦者，其高度算至屋架底；无屋架者算至天棚底另加 100mm；有钢筋混凝土楼板隔层者算至板面；有框架梁时算至梁底面。内墙墙身高度示意图如图 9.8 所示。

（3）内、外山墙墙身高度：按其平均高度计算。

（4）围墙定额中，已综合了柱、压顶、砖拱等因素，不另计算。围墙以设计长度乘以高度计算。高度的确定以设计室外地坪至砖顶面计算，具体又可分为三种情况：

① 有砖压顶算至压顶顶面；

② 无压顶算至围墙顶面；

③ 其他材料压顶算至压顶底面。

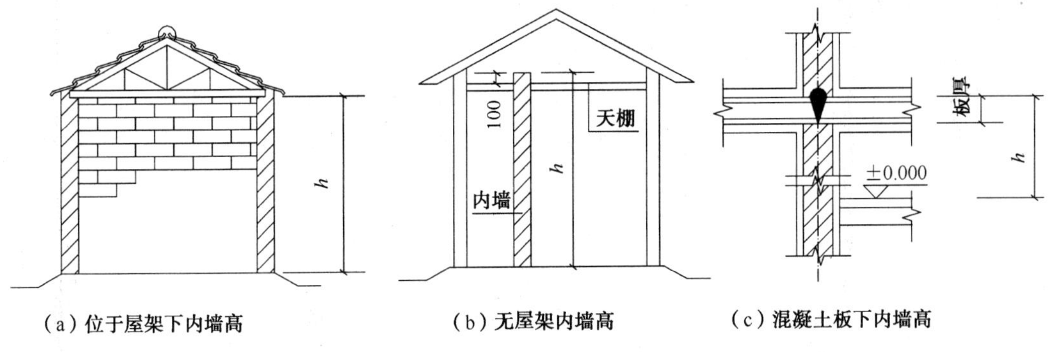

图 9.8　内墙高度计算示意图

5. 框架填充墙的计算

框架填充墙，以框架间的净空面积乘以墙厚计算。

6. 空花墙的计算

空花墙（见图 9.3）按空花部分外形体积以立方米计算，空花部分不予扣除，其中实砌体部分以立方米另行计算。

7. 空斗墙的计算

空斗墙（见图 9.2）按外形尺寸以立方米计算，墙角、内外墙交接处，门窗洞口立边，窗台砖及屋檐处的实砌部分已包括在定额内，不另行计算，但窗间墙、窗台下、楼板下、梁头下等实砌部分，应另行计算，套零星砌体定额项目。

8. 砖柱体的计算

砖柱按实砌体积以立方米计算，柱基套用相应基础项目。

9. 砌体内钢筋的计算

砌体内的钢筋加固应根据设计规定以吨计算，套砌体加固项目。

例 9.1　某单层建筑物如图 9.9 所示，门窗表如表 9.5 所示，门窗过梁的体积为 $0.24m^3$，圈梁的截面尺寸为 240mm×300mm，构造柱的截面尺寸为 240mm×240mm，试根据图示尺寸计算该建筑物一砖内外墙的定额工程量。

表 9.5　门窗表

门窗名称	代号	洞口尺寸（mm×mm）	数量（樘）	单樘面积（m^2）	合计面积（m^2）
单扇无亮无砂镶板门	M—1	900×2 000	4	1.8	7.2
双扇铝合金推拉窗	C—1	1 500×1 800	6	2.7	16.2
双扇铝合金推拉窗	C—2	2 100×1 800	2	3.78	7.56

解：外墙中心线：$L_{中}=(3.3\times3+5.1+1.5+3.3)\times2=39.6m$

构造柱可在外墙长度中扣除：$L_{中}=39.6-0.24\times11-0.03\times11\times2=36.30m$

内墙净长线：$L_{净}=(1.5+3.3-0.24)\times2+3.3-0.24-0.03\times6=12.0m$

外墙高（扣圈梁）：$H_{外}=3.9-0.3-0.2=3.4m$

内墙高（扣圈梁）：$H_{内}=0.9+1.8=2.7\text{m}$

应扣门窗洞面积，取门窗表中的数据：$F_{门窗}=7.2+16.2+7.56=30.96\text{m}^2$

则内外墙体工程量：$V_{墙}=（L_{中}\times H_{外}+L_{净}\times H_{内}-F_{门窗}）\times 0.24-V_{GL}$

$=（36.30\times 3.4+12.0\times 2.7-30.96）\times 0.24-0.24$

$=29.73\text{m}^3$

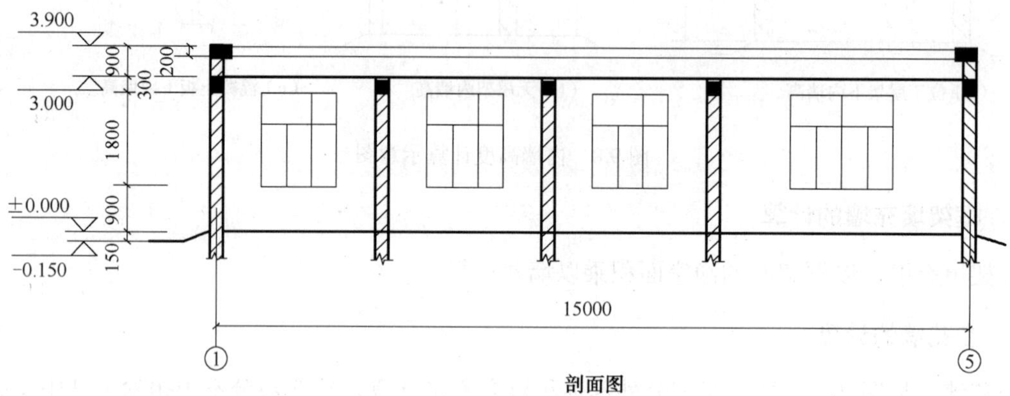

剖面图

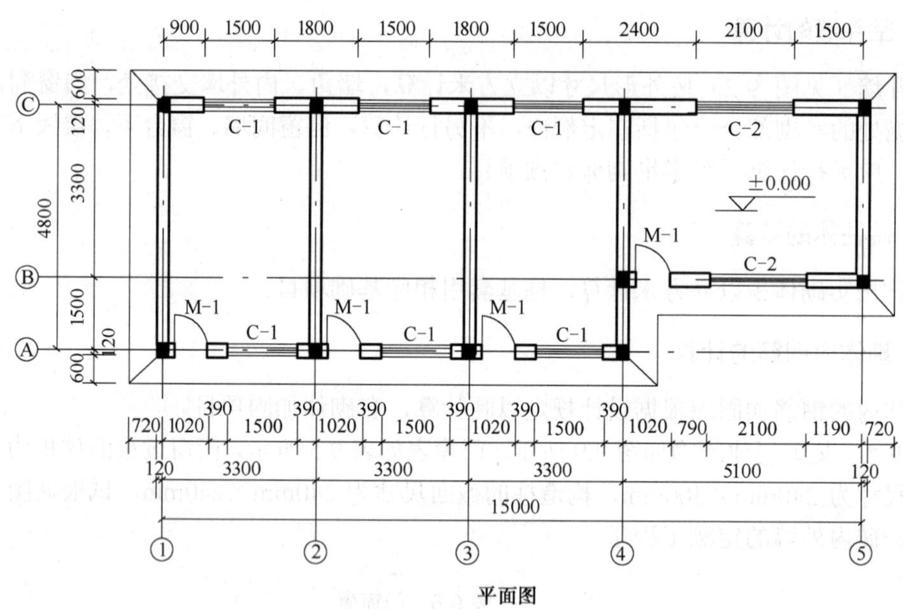

平面图

图9.9 某单层建筑物平、立面示意图

9.1.4 砖墙工程计价案例

（1）计算本教材案例中的墙砌体工程量，如表9.6所示。

表 9.6　墙砌体工程量清单

A.3 砌筑工程					
序号	项目编码	项目名称	工程量计算式	单位	数量
1	010302001001	120 实心砖墙	一层：E 轴：（1.5－0.12－0.06）×（3.6－0.4）×0.115＝0.51m³ 2 轴：（2.4－0.24）×（3.6－0.4）×0.115－0.8×2.1×0.115×2＝0.43m³ 二层：E 轴：（1.5－0.12－0.06）×（3.6－0.4）×0.115＝0.51m³ 2 轴：（2.4－0.24）×（3.6－0.4）×0.115－0.8×2.1×0.115×2＝0.43m³ 三层：E 轴 1－2 轴：（1.5－0.12）×（3.3－0.12）×0.115＝0.53m³ 2 轴：（1.2－0.12）×（3.3－0.12）×0.115－0.8×2.1×0.115＝0.33m³ 一、二、三层小计：2.74m³	m³	2.74
2	010302001002	240 实心砖墙	一层：G 轴：1－4 轴：（5.2－0.24－0.06）×（3.6－0.24）×0.24＝3.95m³ G 轴：4 轴－7 轴：（7.1－0.3×2－0.24－0.06）×（3.6－LL2 0.24）×0.24＝4.84m³ F 轴：墙长（3.84－0.24－0.06）×（3.6－0.24）×0.24＝2.85m³ B、D 轴：（5.2－0.24）×（3.6－0.24）×0.24×2－1.0×2.1×0.24×2＝6.94m³ A 轴：同本层“G 轴”3.95＋4.84＝8.79m³ 1 轴：（11.7　0.24×3　0.03×6）×（3.6－0.24）×0.24－[1.00×2.1＋0.6×1.5×2＋1.8×1.5×2＋（0.56＋0.08－0.24）×2.4－0.12]×0.24＝6.28m³ 3 轴：[2.4－（0.12＋0.3）－0.12]×（3.6－0.24）×0.24－0.8×2.1×0.24＝1.32m³ 4 轴：A-G 轴：[3.9×3－（0.24＋0.06）－0.3×2]×（3.6－0.4）×0.24－1.0×2.1×0.24＝7.79m³ 7 轴：（11.7－0.24－0.06－0.3×2）×（3.6－0.45－0.35）×0.24－（3×2.7＋3×2.3×2）×0.24＝2.0m³ 一层小计：44.76 二层小计：50.46（过程略） 三层小计：52.53（过程略） 一、二、三层小计：147.75m³ 女儿墙：[（11.7＋12.3）×2－0.24×10－0.06×10]×（11.6－10.5）×0.24＝11.88 m³ 一、二、三层与女儿墙之和：147.75＋11.88＝159.63 m³	m³	159.63

续表

A.3 砌筑工程					
序号	项目编码	项目名称	工程量计算式	单位	数量
3	补	零星砌砖屋面上人孔		个	1

（2）计算本教材案例中的墙砌体工程定额工程量，如表 9.7 所示。

表 9.7　墙砌体工程定额工程量

A.3 砌筑工程					
序号	项目编码	项目名称	工程量计算式	单位	数量
1	010302001001	120 实心砖墙		m^3	2.74
	A2-27 换	实心混水砖墙 1/2 砖混合砂浆 M7.5	同清单量	m^3	2.74
2	010302001002	240 实心砖墙		m^3	159.63
	A2-32	实心砖墙及围墙，混水砖墙，1 砖，混合砂浆，M7.5	同清单量	m^3	159.63
3	补	零星砌砖，屋面上人孔		个	1
	A2-110	零星砌体，水泥砂浆，M7.5	零星砌体：$0.06\times0.12\times3.6=0.03m^3$	m^3	0.03
	B2-30	上人孔抹水泥砂浆	$0.24\times0.8\times4+0.06\times0.86\times4+0.12\times0.92\times4=1.42\ m^2$	m^2	1.42
	补	木制盖板	$1.24\times1.24=1.54\ m^2$	m^2	1.54
	B6-8	木制盖板油漆	同上	m^2	1.54
	B5-307	木制盖板包镀锌薄钢板	同上	m^2	1.54

（3）本教材案例中墙砌体分部分项工程量综合单价计算表如表 9.8 所示。

表 9.8　墙砌体分部分项工程量综合单价表

序号	项目编码	工程项目名称	单位	数量	综合单价（元）					
					人工费	材料费	机械使用费	管理费	利润	小计
1	010302001001	实心砖墙	m^3	2.74	91.24	160.81	2.86	12.62	13.64	281.16
	A2-27	混水砖墙 1/2 砖 水泥砂浆 M7.5	$10m^3$	0.274	912.36	1608.1	28.57	126.18	136.37	2811.58
2	010302001002	实心砖墙	m^3	159.63	72.84	159.99	3.29	11.69	12.63	260.45
	A2-32	混水砖墙 1 砖 混合砂浆 M7.5	$10m^3$	15.963	728.4	1599.95	32.9	116.88	126.33	2604.46
3	AB001	零星砌体屋面上人孔	个	1	222.71	255.2	0.54	18.93	25.61	522.99
	A2-110	零星砌体 混合砂浆 M5.0	$10m^3$	0.003	1041.9	1604.12	30.3	132.48	143.18	2951.98

续表

序号	项目编码	工程项目名称	单位	数量	综合单价（元）					
					人工费	材料费	机械使用费	管理费	利润	小计
	B2-30	一般抹灰 水泥砂浆 墙面、墙裙 水泥砂浆 零星项目	100m^2	0.0142	3019.86	532.17	32.03	457.78	191.75	4233.59
	补	木制盖板	m2	1.54	50	100		7.43	8.03	165.46
	B6-8	底漆一遍 刮腻子 调和漆三遍 其他木材面	100m^2	0.0154	676.02	485.87		101.4	62.16	1325.45
	B5-307	包门扇、门饰面 木门窗扇包镀锌薄钢板，不带衬	100m^2	0.0154	5798.16	5282.4		869.72	592.81	12543.09

（4）本教材案例中墙砌体工程清单计价表如表 9.9 所示。

表 9.9　墙砌体工程清单计价表

序号	项目编码	项目名称	项目特征	计量单位	工程数量	金额（元）	
						综合单价	合价
1	010302001001	实心砖墙	1.砖品种、规格、强度等级：MU7.5 粘土砖 240×115×53 2.墙体类型：内墙 3.墙体厚度：120 4.砂浆强度等级、配合比：M7.5 混合砂浆	m^3	2.74	281.16	770.38
2	010302001002	实心砖墙	1.砖品种、规格、强度等级：MU7.5 粘土砖 240×115×53 2.墙体类型：内外墙 3.墙体厚度：240 4.砂浆强度等级、配合比：M7.5 混合砂浆	m^3	159.63	260.45	41575.63
3	AB001	零星砌体 屋面上人孔	1.砖品种、规格、强度等级：MU7.5 粘土砖 240×115×53 2.墙体类型：零星砌体 3.墙体厚度：120 4.砂浆强度等级、配合比：M7.5 混合砂浆 5.上人孔抹灰：水泥砂浆 6.上人孔木制盖板：刷油漆、包镀锌薄钢板	个	1	522.99	522.99

9.2　混凝土构件计价

9.2.1　相关说明

（1）混凝土构件按施工方法的不同分为现浇构件和预制构件，构件类型较多，本章重点介绍的是常见的混凝土梁、板、柱、楼梯等构件。

（2）在计算预制混凝土构件的预算工程量时，应在图示工程量的基础上考虑构件制作废品率、构件运输及安装的损耗率，即：

预制混凝土构件制作工程量＝A×（1＋总损耗率）＝A×（1＋0.20%＋0.80%＋0.50%）
＝A×1.015

预制混凝土构件运输工程量＝A×（1＋运输损耗率＋打桩损耗率）
＝A×（1＋0.80%＋0.50%）＝A×1.013

预制混凝土构件安装打桩工程量＝A×（1＋打桩损耗率）
＝A×（1＋0.50%）＝A×1.005

式中，A 为预制混凝土构件按设计图示尺寸计算出的图示工程量。

（3）构造柱。常见构造柱的断面形式一般有四种，即 L 形拐角、T 形接头、“十字形”交叉和长墙中的“一字形”，如图 9.10 所示。

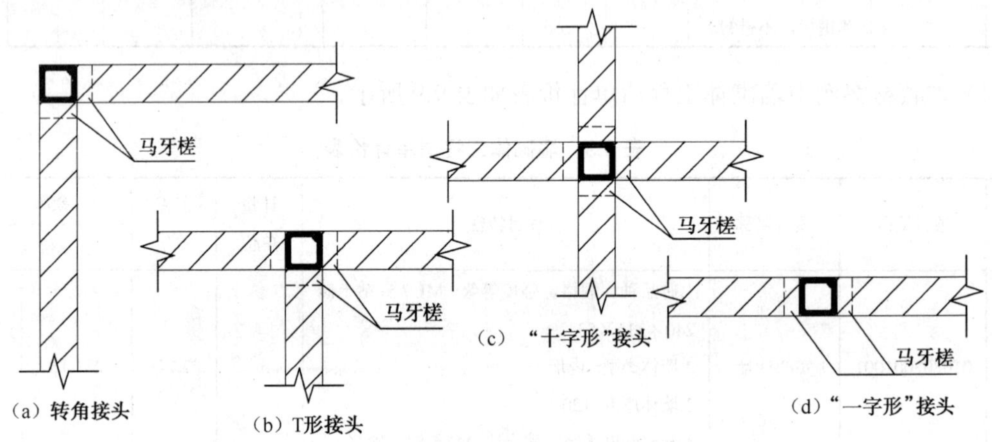

图 9.10　构造柱的断面形式示意图

构造柱计算断面积的公式为：

$$F_g = a\times b + 0.03\times a\times n_1 + 0.03\times b\times n_2$$

式中　F_g——构造柱计算断面面积；

n_1、n_2——分别为相应于 a、b 两个方向的咬接边数，其数值为 0、1、2。

以断面尺寸为 240mm×240mm 的构造柱，墙厚为 240mm 为例，按上式计算四种形式的构造柱的断面积如表 9.10 所示，供计算时查用。

表 9.10　构造柱断面积

构造柱形式	咬接边数		柱断面积（m^2）	计算断面积（m^2）
	n_1	n_2		
一字形	0	2	0.24×0.24＝0.057 6	0.072
T 形	1	2		0.079 2
L 形	1	1		0.072
十字形	2	2		0.086 4

9.2.2　常用混凝土构件清单量计算方法

（1）现浇混凝土柱工程量清单项目设置及清单工程量计算规则如表 9.11 所示。

表 9.11　现浇混凝土柱工程量清单

项目编码	项目名称	项目特征	计量单位	工程量计算规则	工程内容
010402001	矩形柱	1.柱高度 2.柱截面尺寸 3.混凝土强度等级 4.混凝土拌和料要求	m^3	按设计图示尺寸以体积计算，不扣除构件内钢筋，预埋铁件所占体积 柱高： 1.有梁板的柱高，应自柱基上表面（或楼板上表面）至上一层楼板上表面之间的高度计算 2.无梁板的柱高，应自柱基上表面（或楼板上表面）至柱帽下表面之间的高度计算 3.框架柱的柱高，应自柱基上表面至柱顶高度计算 4.构造柱按全高计算，嵌接墙体部分并入柱身体积 5.依附柱上的牛腿和升板的柱帽，并入柱身体积计算	混凝土制作、运输、浇筑、振捣、养护

（2）现浇混凝土梁工程量清单项目设置及清单工程量计算规则如表 9.12 所示。

表 9.12　现浇混凝土梁工程量清单

项目编码	项目名称	项目特征	计量单位	工程量计算规则	工程内容
010403001	基础梁	1.梁底标高 2.梁截面 3.混凝土强度等级 4.混凝土拌和料要求	m^3	按设计图示尺寸以体积计算，不扣除构件内钢筋、预埋铁件所占体积，伸入墙内的梁头、梁垫并入梁体积内 梁长： 1.梁与柱连接时，梁长算至柱侧面 2.主梁与次梁连接时，次梁长算至主梁侧面	混凝土制作、运输、浇筑、振捣、养护
010403002	矩形梁				
010403003	异形梁				
010403004	圈梁				
010403005	过梁				
010403006	弧形、拱形梁				

（3）现浇混凝土板工程量清单项目设置及清单工程量计算规则如表 9.13 所示。

表 9.13　现浇混凝土板工程量清单

项目编码	项目名称	项目特征	计量单位	工程量计算规则	工程内容
010405001	有梁板	1.梁底标高 2.梁截面 3.混凝土强度等级 4.混凝土拌和料要求	m^3	按设计图示尺寸以体积计算，不扣除构件内钢筋、预埋铁件所占体积，伸入墙内的梁头、梁垫并入梁体积内 梁长： 1.梁与柱连接时，梁长算至柱侧面 2.主梁与次梁连接时，次梁长算至主梁侧面	混凝土制作、运输、浇筑、振捣、养护
010405002	无梁板				
010405003	平板				
010405004	拱板				
010405005	薄壳板				
010405006	栏板				
010405007	天沟、挑檐板	1.混凝土强度等级 2.混凝土拌和料要求		按设计图示尺寸以体积计算	
010405008	雨篷、阳台板			按设计图示尺寸以墙外部分体积计算，包括伸出墙外的牛腿和雨篷反挑檐的体积	
010405009	其他板			按设计图示尺寸以体积计算	

（4）现浇混凝土楼梯工程量清单项目设置及清单工程量计算规则如表9.14所示。

表9.14　现浇混凝土楼梯工程量清单

项目编码	项目名称	项目特征	计量单位	工程量计算规则	工程内容
010406001	直形楼梯	1.混凝土强度等级 2.混凝土拌和料要求	m^2	按设计图示尺寸以水平投影面积计算，不扣除宽度小于500mm的楼梯井，伸入墙内部分不计算	混凝土制作、运输、浇筑、振捣、养护
010406002	弧形楼梯				

（5）现浇混凝土其他构件工程量清单项目设置及清单工程量计算规则如表9.15所示。

表9.15　现浇混凝土其他构件工程量清单

项目编码	项目名称	项目特征	计量单位	工程量计算规则	工程内容
010407001	其他构件	1.构件的类型 2.构件规格 3.混凝土强度等级 4.混凝土拌合料要求	m^3（m^2、m）	按设计图示尺寸以体积计算，不扣除构件内钢筋、预埋铁件所占体积	混凝土制作、运输、浇筑、振捣、养护
010407002	散水、坡道	1.垫层材料种类 2.面层厚度 3.混凝土强度等级 4.混凝土拌合料要求 5. 填塞材料种类	m^2	按设计图示尺寸以面积计算，不扣除单个$0.3m^2$以内的孔洞所占面积	1.地基夯实 2.垫层铺筑、夯实 3.混凝土制作、运输、浇筑、振捣、养护 4.变形缝填塞
010407003	电缆沟、地沟	1.沟截面 2.垫层材料种类、厚度 3.混凝土强度等级 4.混凝土拌合料要求 5.防护材料种类	m	按设计图示以中心线长度计算	1.挖运土石 2.铺设垫层 3.混凝土制作、运输、浇筑、振捣、养护 4.刷防护材料

（6）现浇混凝土后浇带工程量清单项目设置及清单工程量计算规则如表9.16所示。

表9.16　浇带工程量清单

项目编码	项目名称	项目特征	计量单位	工程量计算规则	工程内容
010408001	后浇带	1.部位 2.混凝土强度等级 3.混凝土拌和料要求	m^3	按设计图示尺寸以体积计算	混凝土制作、运输、浇筑、振捣、养护

（7）预制混凝土柱工程量清单项目设置及清单工程量计算规则如表9.17所示。

表9.17　柱工程量清单

项目编码	项目名称	项目特征	计量单位	工程量计算规则	工程内容
010409001	矩形柱	1.柱类型 2.单件体积 3.安装高度 4.混凝土强度等级 5.砂浆强度等级	m^3（根）	1.按设计图示尺寸以体积计算，不扣除构件内钢筋、预埋铁件所占体积 2.按设计图示尺寸以"数量"计算	1.混凝土制作、运输、浇筑、振捣、养护 2.构件制作、运输 3.构件安装 4.砂浆制作、运输 5.接头灌缝、养护
010409002	异形柱				

（8）预制混凝土梁工程量清单项目设置及清单工程量计算规则如表 9.18 所示。

表 9.18　梁工程量清单

项目编码	项目名称	项目特征	计量单位	工程量计算规则	工程内容
010410001	矩形梁	1.单件体积 2.安装高度 3.混凝土强度等级 4.砂浆强度等级	m^3（根）	按设计图示尺寸以体积计算，不扣除构件内钢筋、预埋铁件所占体积	1.混凝土制作、运输、浇筑、振捣、养护 2.构件制作、运输 3.构件安装 4.砂浆制作、运输 5.接头灌缝、养护
010410002	异形梁				
010410003	过梁				

（9）预制混凝土板工程量清单项目设置及清单工程量计算规则如表 9.19 所示。

表 9.19　板工程量清单

项目编码	项目名称	项目特征	计量单位	工程量计算规则	工程内容
010412001	平板	1.构件尺寸 2.安装高度 3.混凝土强度等级 4.砂浆强度等级	m^3（块）	按设计图示尺寸以体积计算，不扣除构件内钢筋、预埋铁件及单个尺寸300mm×300mm 以内的孔洞所占体积，扣除空心板空洞体积	1.混凝土制作、运输、浇筑、振捣、养护 2.构件制作、运输 3.构件安装 4.升板提升 5.砂浆制作、运输 6.接头灌缝、养护
010412002	空心板				
010412003	槽形板				
010412004	网架板				
010412005	折线板				
010412006	带肋板				
010412007	大型板				
010412008	沟盖板、井盖板、井圈	1.构件尺寸 2.安装高度 3.混凝土强度等级 4.砂浆强度等级	m^3（块、套）	按设计图示尺寸以体积计算，不扣除构件内钢筋、预埋铁件所占体积	1.混凝土制作、运输、浇筑、振捣、养护 2.构件制作、运输 3.构件安装 4.砂浆制作、运输 5.接头灌缝、养护

（10）预制混凝土楼梯工程量清单项目设置及清单工程量计算规则如表 9.20 所示。

表 9.20　楼梯工程量清单

项目编码	项目名称	项目特征	计量单位	工程量计算规则	工程内容
010413001	楼梯	1.楼梯类型 2.单件体积 3.混凝土强度等级 4.砂浆强度等级	m^3	按设计图示尺寸以体积计算，不扣除构件内钢筋、预埋铁件所占体积，扣除空心踏步板空洞体积	1.混凝土制作、运输、浇筑、振捣、养护 2.构件制作、运输 3.构件安装 4.砂浆制作、运输 5.接头灌缝、养护

9.2.3 混凝土构件定额工程量计算方法

1. 现浇混凝土工程计算规定

现浇混凝土工程按以下规定计算：

（1）混凝土工程量除另有规定者外，均按图示尺寸实体体积以立方米计算。不扣除构件内钢筋、预埋铁件及墙、板中 $0.3m^2$ 以内的孔洞所占体积。

（2）柱按图示断面尺寸乘以柱高计算。柱高按下列规定确定：

① 有梁板的柱高，应自柱基上表面至楼板上表面计算，如图 9.11（a）所示。

② 无梁板的柱高，应自柱基上表面至柱帽下表面计算，如图 9.11（b）所示。

③ 框架柱的柱高应自柱基上表面至柱顶高度计算，如图 9.12 所示。

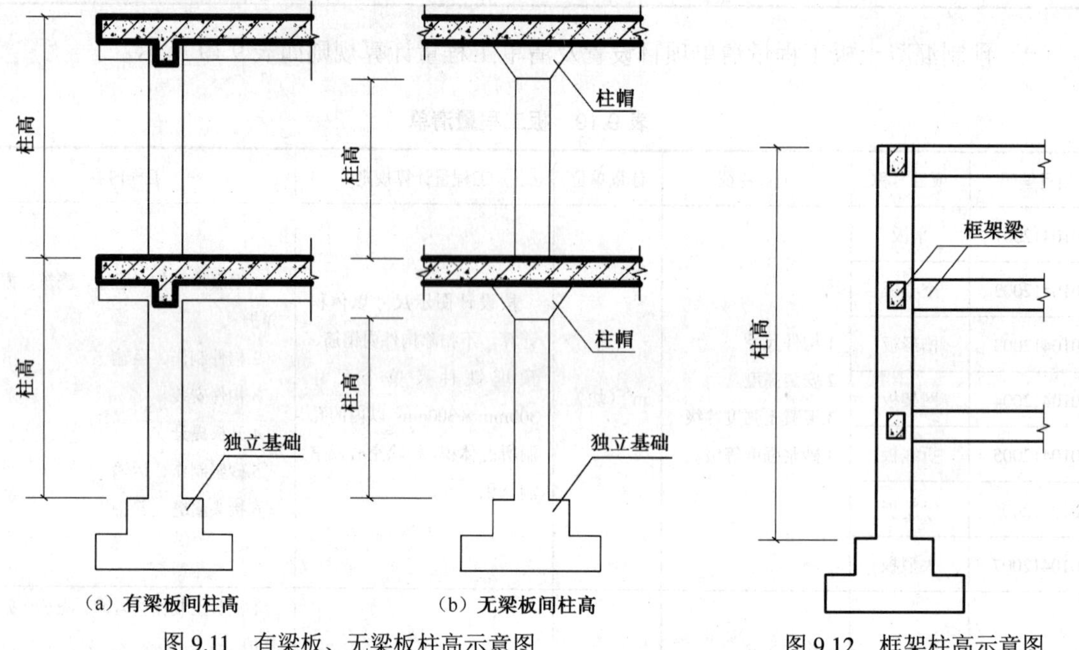

（a）有梁板间柱高　　（b）无梁板间柱高

图 9.11　有梁板、无梁板柱高示意图　　图 9.12　框架柱高示意图

④ 构造柱按全高计算，与砖墙嵌接部分的体积并入柱身体积内计算，如图 9.13 所示。

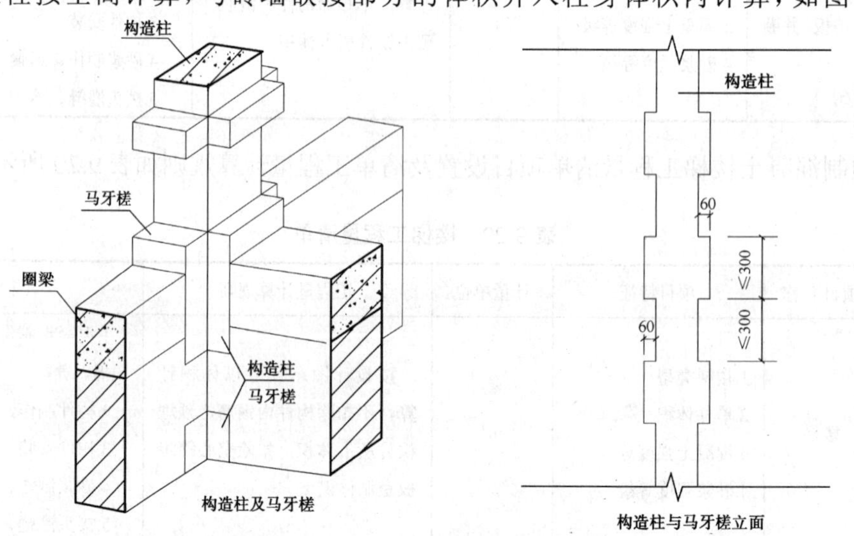

图 9.13　构造柱与墙身嵌固示意图

⑤ 突出墙面的构造柱全部体积以捣制矩形柱定额执行。

⑥ 依附柱上的牛腿的体积，并入柱身体积内计算；依附柱上的悬臂梁按单梁有关规定计算。

（3）梁按图示断面尺寸乘以梁长以立方米计算，梁长按下列规定确定。

① 主梁与柱连接时，梁长算至柱侧面（见图 9.14）；次梁与柱子或主梁连接时，次梁长度算至柱侧面或主梁侧面（见图 9.15）；伸入墙内的梁头，应计算在梁长度内，梁头有捣制梁垫者，其体积并入梁内计算。

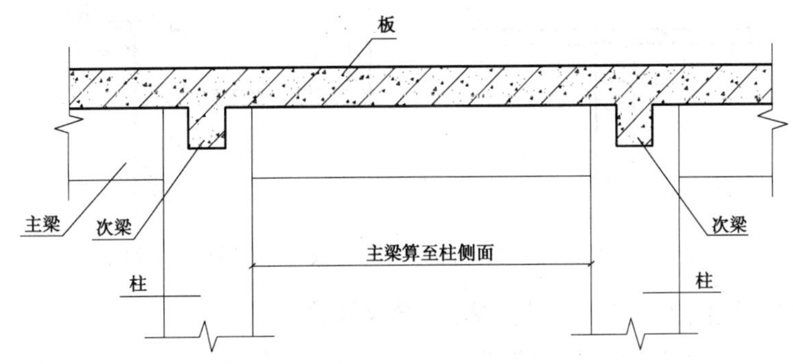

图 9.14　主梁与柱连接示意图

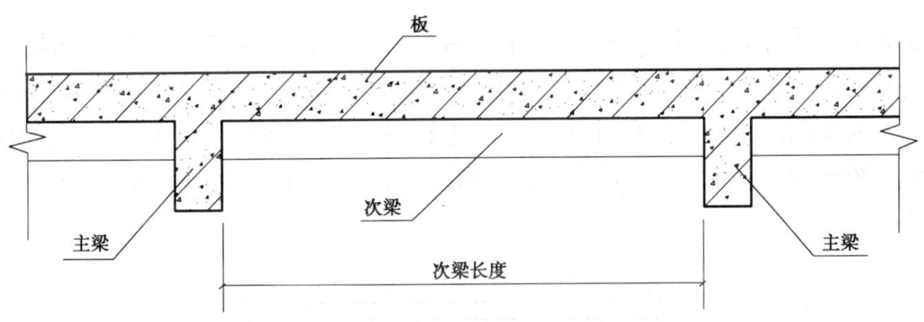

图 9.15　主梁与次梁连接示意图

② 圈梁与过梁连接时，分别套用圈梁、过梁定额，其过梁长度按门、窗洞口外围宽度两端共加 50cm 计算。

③ 悬臂梁与柱或圈梁连接时，按悬挑部分计算工程量，独立的悬臂梁按整个体积计算工程量。

（4）板按图示面积乘以板厚以立方米计算。

① 有梁板是指梁（包括柱、次梁）与板构成一体，其工程量应按梁、板总和计算，如图 9.16 所示。

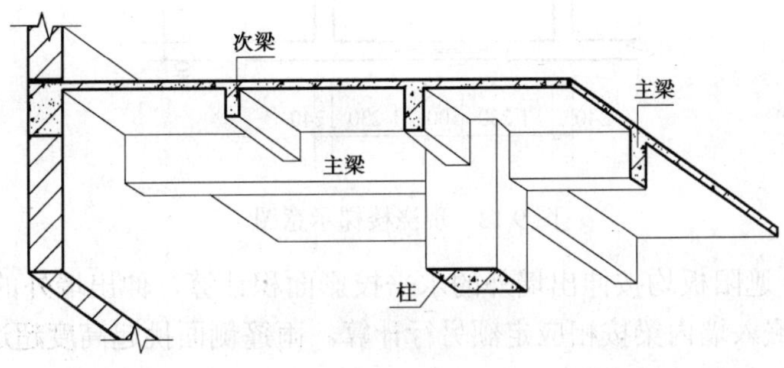

图 9.16　有梁板示意图

② 无梁板是指不带梁直接用柱头支承的板，其体积按板与柱帽之和计算。

③ 平板是指无柱、梁，直接有墙支承的板。

④ 有多种板连接时，以墙的中心线为界，伸入墙内的板头并入板内计算。

⑤ 捣制挑檐板、挑檐天沟与屋面板连接时，按外墙皮为分界线，与圈梁连接时，以圈梁外皮为分界线，分界线以外为挑檐天沟，如图 9.17 所示。

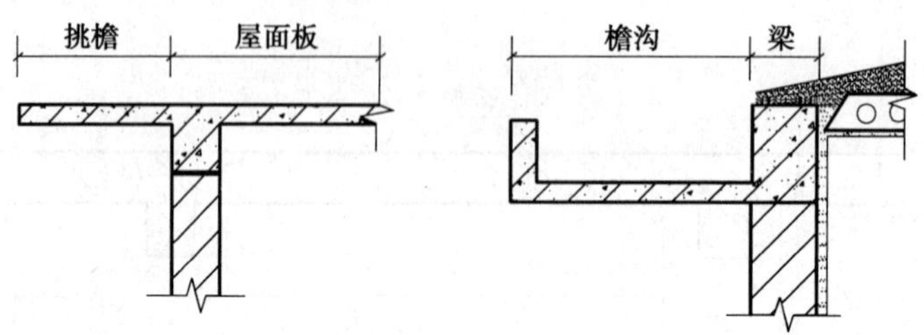

图 9.17　现浇挑檐板、挑檐天沟与板、梁的划分示意图

⑥ 现浇框架梁和现浇板整浇在一起时按有梁板计算。

（5）墙按图示中心线长度乘以墙高及厚度以立方米计算，应扣除门、窗洞口及 $0.3m^2$ 以外孔洞的面积。

（6）其他。

① 整体楼梯包括楼梯间两端的休息平台、梯井斜梁、楼梯板及支承梯井斜梁的梯口梁和平台梁，按水平投影面积计算。不扣除小于 300mm 的楼梯井，伸入墙内的板头、梁头也不增加。当梯井宽度大于 300mm 时，减去梯井面积。与无梯井一样，按整体楼梯混凝土结构净水平投影面积乘以 1.08 系数计算。圆弧形楼梯按水平投影面积计算，不扣除小于 500mm 直径的梯井。具体如图 9.18 所示。

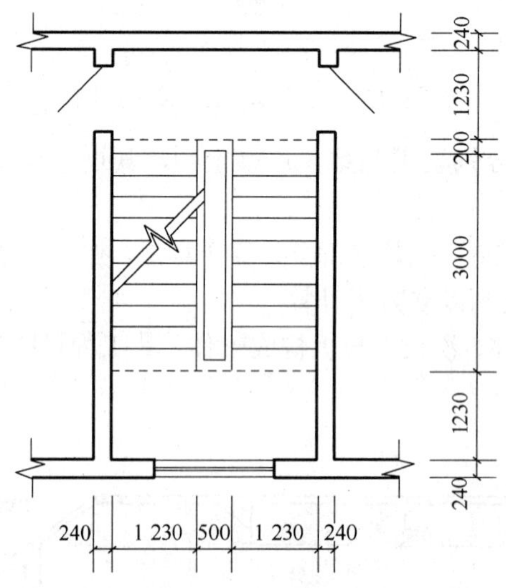

图 9.18　现浇楼梯示意图

② 阳台、雨篷、遮阳板均按伸出墙外的水平投影面积计算，伸出墙外的悬臂梁已包括在定额内，不另计算，但嵌入墙内梁按相应定额另行计算。雨篷侧面挑起高度超过 200mm 时按栏板项目以全高计算。具体如图 9.19 所示。

③ 栏板、扶手按延长米计算，包括伸入墙内部分。楼梯的栏板和扶手长度，如图集无规定时，按水平长度乘以 1.15 系数计算。

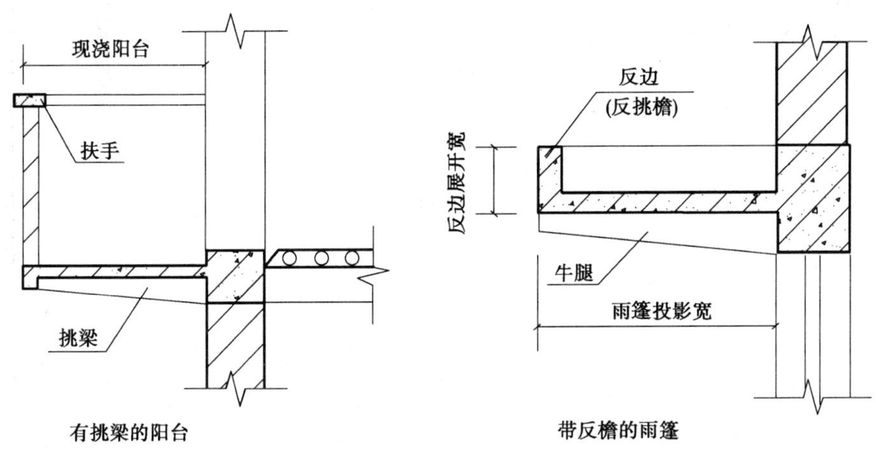

图 9.19　阳台、雨篷示意图

2. 预制混凝土工程的计算

预制混凝土工程按下规定计算：

（1）混凝土工程量除另有规定者外，均按图示尺寸实体体积以立方米计算，不扣除构件内钢筋、铁件及 $0.3m^2$ 以内孔洞的面积。

（2）混凝土与钢杆件结合的构件，混凝土部分按构件实体体积以立方米计算，钢构件部分按吨计算，分别套相应的定额项目。

3. 预制混凝土构件运输及安装

预制混凝土构件运输及安装除注明者外均按构件图示尺寸，以实体积计算。

4. 预制混凝土构件的安装

（1）焊接成型的预制钢筋混凝土框架结构，其柱安装按框架柱计算，梁安装按框架梁计算，节点浇注成型的框架，按连体框架梁、柱计算。

（2）预制钢筋混凝土工字形柱、矩形柱、空腹柱、双肢柱、空心柱、管道支架等安装，均按柱安装计算。

（3）组合屋架安装，以混凝土部分实体体积计算，钢杆件部分不另计算。

（4）预制钢筋混凝土多层柱安装，首层柱按柱安装计算，二层及二层以上的按柱接柱计算。

5. 混凝土构件接头灌缝

（1）混凝土构件接头灌缝，包括构件座浆、灌缝、堵板孔、塞板、梁缝等，均按预制钢筋混凝土构件以实体体积以立方米计算。

（2）柱与柱基灌缝，按底层柱体积计算；底层以上柱灌缝按各层柱体积计算。

（3）空心板堵孔的人工、材料已包括在定额内。$10m^3$ 空心板体积包括 $0.23m^3$ 预制混凝土块。

例 9.2　计算例 9.1 图中地面以上的构造柱的定额工程量。

解：由图 9.9 知，该建筑物共有构造柱 11 根，L 形的有 5 根，T 形的有 6 根，构造柱的计算高度为：

$$H=3.9\text{m}、V=F_g\times H=(0.072\times5+0.0792\times6)\times3.9=3.26\ \text{m}^3$$

例 9.3 计算图 9.20 所示全现浇框架主体结构工程的梁、板、柱的混凝土定额工程量和定额合价。混凝土的强度等级均为 C30。

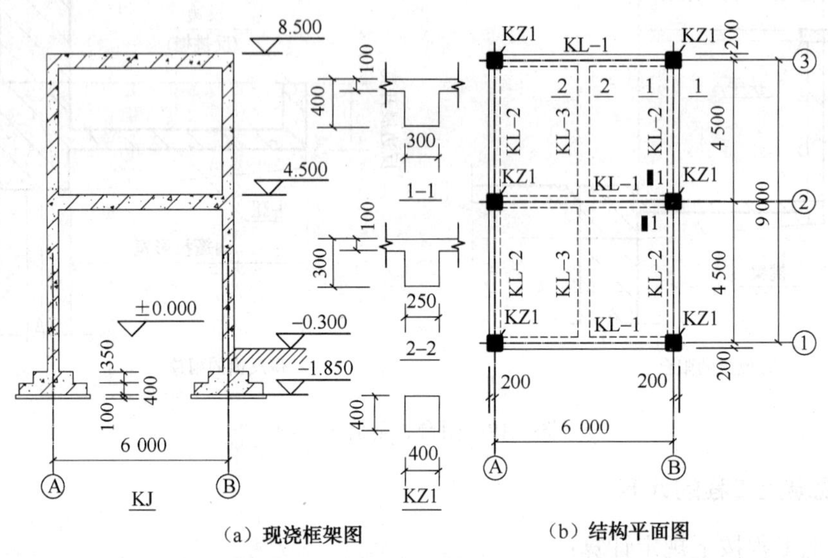

图 9.20 全现浇框架结构示意图

解：(1) 列项目：A4-22 换 C30 现浇混凝土矩形柱；A4-40 换 C30 现浇混凝土有梁板（定额中的混凝土强度等级为 C20，故需换算）。

(2) 计算预算工程量。

① 现浇柱 KZ1：砼工程量＝$(8.5+1.85-0.35-0.4)\times0.4\times0.4\times6=9.6\times0.4\times0.4\times6=9.23\text{m}^3$

② 现浇砼有梁板砼量：KL1 砼工程量＝$(6.0-0.4)\times0.3\times(0.4-0.1)\times3=1.51\text{m}^3$

KL2 砼工程量＝$(9.0-0.4\times2)\times0.3\times(0.4-0.1)\times2=1.48\text{m}^3$

KL3 砼工程量＝$(9.0-0.3\times2)\times0.25\times(0.3-0.1)\times1=0.42\text{m}^3$

现浇板砼量＝$(6.0+0.3)\times(9.0+0.3)\times0.1-0.35\times0.35\times0.1\times4-0.4\times0.35\times0.1\times2=5.78\text{m}^3$

合计得现浇砼有梁板砼量：$1.51+1.48+0.42+5.78=9.19\text{m}^3$

(3) 套定额，计算结果如表 9.21 所示。

表 9.21 计算结果

序号	定额编号	项目名称	计量单位	工程量	定额单价（元）	合价（元）
1	A3-22 换	C30 现浇混凝土矩形柱	10m^3	0.931	3220.69	2998.46
2	A3-43 换	C30 现浇混凝土有梁板	10m^3	0.919	3146.43	2891.57
合计						5890.03

例 9.4　某二层宿舍现浇楼梯和雨篷如图 9.21 所示，墙厚 200mm，混凝土强度等级为 C25，楼梯斜板厚 90mm，要求计算楼梯和雨篷的预算工程量和定额合价。

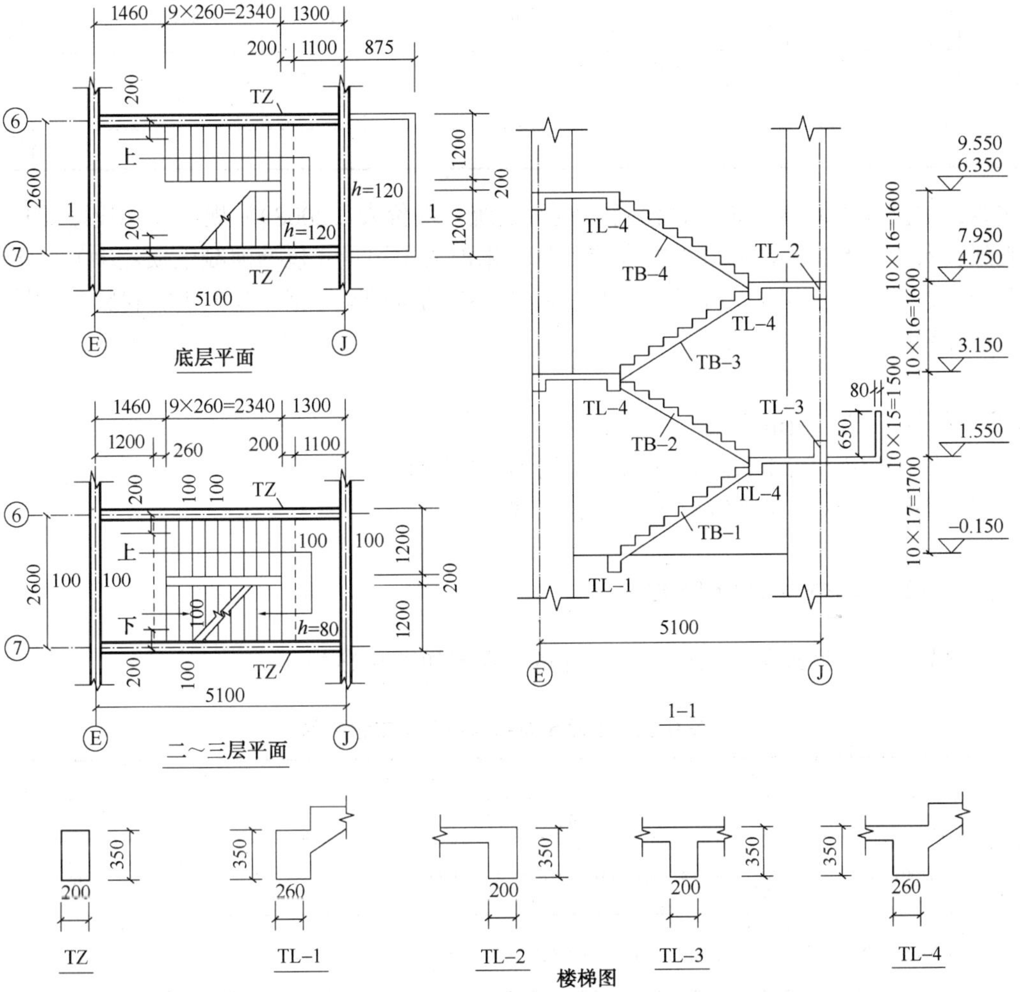

楼梯图

图 9.21　楼梯、雨篷示意图

解：(1) 列项目：A4-50 换 C25 现浇混凝土直形楼梯；A4-47 换 C25 现浇混凝土雨篷（定额中的混凝土强度等级为 C20，故需换算）。

(2) 计算预算工程量。

① 现浇楼梯：砼工程量＝（5.1－0.2）×（2.6－0.2）×2＝4.9×2.4×2＝23.52m^2

② 现浇雨篷砼量＝(1.2×2＋0.2)×（0.875－0.1）＝2.6×0.775＝2.02m^2

③ 现浇雨篷侧面挡板高 650mm＞200mm，按栏板项目计算：（1.2×2＋0.2）＋（0.875－0.1）×2＝4.15m

(3) 套定额，计算结果如表 9.22 所示。

表 9.22　计算结果

序号	定额编号	项目名称	计量单位	工程量	定额单价（元）	合价（元）
1	A3-55 换	C30 现浇混凝土直形楼梯	10m^2	2.352	802.58	1887.67

续表

序号	定额编号	项目名称	计量单位	工程量	定额单价（元）	合价（元）
2	A3-50换	C30现浇混凝土雨篷	$10m^2$	0.202	281.41	56.84
3	A3-47换	C30现浇混凝土雨篷挡板	10m	0.415	179.46	74.48
合计						1633.75

注意：根据《湖北省建筑工程消耗量定额及统一基价表（2008）》规定，凡投影面积（平方米）或延长米计算的构件，如每平方米或每延长米混凝土用量（包括混凝土损耗率）大于或小于定额混凝土含量，在±10%以内不予调整，超过10%的每增减 $1m^3$，其人工、材料、机械按下列规定另行计算：

（1）人工：2.61工日；

（2）材料：混凝土 $1m^3$；

（3）机械：搅拌机0.1台班，插入式震动器0.2台班。

本例中未给予考虑，但实际工程中应给予考虑。

9.2.4 混凝土构件计价案例

（1）混凝土及钢筋混凝土工程清单工程量计算表如表9.23所示。

表9.23 混凝土及钢筋混凝土工程清单

序号	项目编码	项目名称	工程量计算式	单位	数量
A.4 混凝土及钢筋混凝土工程					
1	010402001001	现浇矩形柱KZ1	0.4×0.3×(10.5+0.65) ×4＝5.35	m^3	5.35
2	010402001002	现浇矩形柱Z-1	0.3×0.3×(3.6+0.65) ×4＝1.53	m^3	1.53
3	010402001003	现浇构造柱GZ	基础层（（7,G）、（7,A）、（3,F）、（1,G）、（1,A））：（0.24×0.24×0.65+0.0094（加马牙槎））×5=0.23 （（4,G）、（1,F）、（4,A）、（1,B））：（0.24×0.24×0.65+0.014（加马牙槎））×4=0.21 小计：0.23+10.21=0.44 首层：2.21 二层：2.37 三层：2.1 屋面：0.67 合计：7.79	m^3	7.79
4	010403002001	现浇矩形梁 KL-1	KL-1：0.25×0.6×（7.1－0.25）×2＝2.06 小计：2.06	m^3	2.06
5	010403002002	现浇矩形梁250×350	LL-1（1-3层）：0.25×0.35×（11.7－0.24－0.3×2）×3＝2.85 LL-2a（首层）：0.25×0.35×（2.7－0.24）×1＝0.22 小计：3.07	m^3	3.07

续表

序号	项目编码	项目名称	工程量计算式	单位	数量
6	010403002003	现浇矩形梁 250×400	LL-1a（二层）：0.25×0.4×（11.7−0.24×2−0.3×2）×2=1.06 小计：1.06	m^3	1.06
7	010403002003	现浇矩形梁 250×300	LL-3a（二层）：0.25×0.3×（2.7−0.24）×1=0.18 小计：0.18	m^3	0.18
8	010403004001	圈梁 240×240	一层：3.23 二层：4.11 三层：3.24 小计：9.48	m^3	9.48
9	010405001001	有梁板 100 厚	首层：B:（11.7+0.24）×（7.1+0.24）×0.1=8.76 LL-1a：0.25×（0.4−0.1）×（11.7−0.24−0.3×2）=0.81 LL-1b：0.25×（0.35−0.1）×（11.7−0.15×2−0.25×2）×2=1.36 LL-1：0.25×（0.35−0.1）×（11.7−0.24−0.3×2）=0.68 LL-2：0.25×（0.35−0.1）×（7.1−0.24−0.3×2）×2=0.78 KL-1：0.25×（0.6−0.1）×（7.1−0.24）×2=1.72 小计：14.11	m^3	14.11
10	010405001002	有梁板 80 厚	首层：B1：2.4×（1.5+2.34+0.24）×0.08=0.78 L-1：0.15×（0.4−0.08）×（1.5−0.075−0.12）=0.06 L-2：0.15×（0.4−0.08）×（2.4−0.24）=0.10 二层：B2 同 B1：0.78 L-1 同一层：0.06 L-2 同一层：0.10 小计：1.88	m^3	1.88
11	010405001003	有梁板 120 厚	屋面：（11.70+0.24）×（12.3+0.24）×0.12=17.97 LL-1：0.25×（0.35−0.12）×（11.7−0.24−0.3×2）=0.62 LL-1c：0.25×（0.35−0.12）×（11.7−0.24−0.3×2）=0.62 L-5：0.25×（0.3−0.12）×（2.7−0.24）=0.11 KL-2：0.25×（0.6−0.12）×（7.1−0.24）×2=1.65 L-4：0.25×（0.45−0.12）×（5.2−0. 24）=0.41 SL−1：0.20×（0.3−0.18）×（2.7−0.24）×2=0.12 小计：21.5	m^3	21.5
12	010405003001	平板 100 厚	二层：A、B 轴交 1-4 轴：（5.2−0.24）×（3.30−0.24）×0.1=1.52	m^3	1.52
13	010405008001	雨篷	YP-1：1.15×0.12×11.35+0.4×0.35×14.35=3.58 YP-2：0.08×1.5×0.9=0.11 小计：3.69	m^3	3.69
14	010406001001	直形楼梯	（2.7−0.24）×2.7×2=13.28	m^2	13.28
15	010407001001	混凝土压顶	0.06×0.32×48=0.92	m^3	0.92
16	010407001002	混凝土台阶	（11.7+0.24）×（1.5−0.12+2×0.3）−（1.5−0.12−0.3×3）×（11.7+0.24−0.3×3）=18.3	m^2	18.3
17	010407002001	散水	[（12.3+0.24）×2+11.7+0.24]×0.6+0.6×0.6×4=23.65	m^2	23.65

续表

序号	项目编码	项目名称	工程量计算式	单位	数量
18	010410003001	预制过梁	查图集得预制过梁体积：3.61	m^3	3.61
19	010412002001	预制空心	查图集得预制空心板体积：10.23	m^3	10.23
20	010415001001	混凝土水箱池底	2.94×3.34×0.15＝1.47	m^3	1.47
21	010415001002	混凝土水箱池壁	[2.94＋（3.34－0.14×2）]×2×（0.95－0.12）×0.14＝1.39 12×0.15×0.15×0.15÷2＝0.14 （0.95－0.12）×4×0.15÷2＝0.04 小计：1.57	m^3	1.57
22	010415001003	混凝土水箱池盖	2.94×3.34×0.12－0.6×0.6×0.12＋[（0.6＋0.14）＋0.6]×2×0.1×0.07＝1.16 2.66×（0.2－0.12）×0.15＝0.03 （2.66＋0.14×2）×（3.06＋0.14）×（11.6－11.45）×0.12＝0.11 小计：1.3	m^3	1.3

（2）混凝土及钢筋混凝土工程定额工程量计算表如表9.24所示。

表9.24　混凝土及钢筋混凝土工程预算工程量

序号	项目编码	项目名称	工程量计算式	单位	数量
		A.4 混凝土及钢筋混凝土工程			
1	010402001001	现浇矩形柱 KZ1		m^3	5.35
	A3-214 换	现浇混凝土构件 商品混凝土 矩形柱 C25	同清单量	m^3	5.35
2	010402001002	现浇矩形柱 Z-1		m^3	1.53
	A3-214 换	现浇混凝土构件 商品混凝土 矩形柱 C25	同清单量	m^3	1.53
3	010402001003	现浇构造柱 GZ		m^3	7.79
	A3-217	现浇混凝土构件 商品混凝土 构造柱 C20	同清单量	m^3	7.79
4	010403002001	现浇矩形梁 KL-1		m^3	2.06
	A3-220	现浇混凝土构件 商品混凝土 单梁 连续梁 悬臂梁 C20	同清单量	m^3	2.06
5	010403002002	现浇矩形梁 250×350		m^3	3.07
	A3-220	现浇混凝土构件 商品混凝土 单梁 连续梁 悬臂梁 C20	同清单量	m^3	3.07
6	010403002003	现浇矩形梁 250×400		m^3	1.06
	A3-220	现浇混凝土构件 商品混凝土 单梁 连续梁 悬臂梁 C20	同清单量	m^3	1.06
7	010403002003	现浇矩形梁 250×300		m^3	0.18
	A3-220	现浇混凝土构件 商品混凝土 单梁 连续梁 悬臂梁 C20	同清单量	m^3	0.18
8	010403004001	圈梁　240×240		m^3	9.48
	A3-222	现浇混凝土构件 商品混凝土 圈梁 C20	同清单量	m^3	9.48
9	010405001001	有梁板 100厚		m^3	14.11
	A3-234	现浇混凝土构件 商品混凝土 有梁板 C20	同清单量	m^3	14.11
10	010405001002	有梁板 80厚		m^3	1.88
	A3-234	现浇混凝土构件 商品混凝土 有梁板 C20	同清单量	m^3	1.88

续表

序号	项目编码	项目名称	工程量计算式	单位	数量
11	010405001003	有梁板 120厚		m^3	21.5
	A3-234	现浇混凝土构件 商品混凝土 有梁板 C20	同清单量	m^3	21.5
12	010405003001	平板 100厚		m^3	1.52
	A3-236	现浇混凝土构件 商品混凝土 平板 C20	同清单量	m^3	1.52
13	010405008001	雨篷		m^3	3.69
	A3-240	现浇混凝土构件 板 商品混凝土 雨篷 C20	11.94×1.5+0.9×1.5=19.26 m^2	m^2	19.26
14	010406001001	直形楼梯		m^2	13.28
	A3-246	现浇混凝土构件 商品混凝土 整体楼梯 C20	同清单量	m^2	13.28
15	010407001001	混凝土压顶		m^3	0.92
	A3-222	现浇混凝土构件 其他构件 商品混凝土 压顶 C20	同清单量	m^3	0.92
16	010407001002	混凝土台阶		m^2	18.3
	A3-254	现浇混凝土构件 其他构件 商品混凝土 台阶 C20	同清单量	m^2	18.3
17	010407002001	散水		m^2	23.65
	A3-256	现浇混凝土构件 商品混凝土 砼散水面层一次抹光60mm	同清单量	m^2	23.65
18	010410003001	预制过梁		m^3	3.61
	A3-74	预制混凝土构件 过梁 C20	3.61×1.015=3.66	m^3	3.66
	A3-310	过梁运输运距（5km以内）	3.61×1.013=3.66	m^3	3.66
	A3-674	钢筋混凝土构件接头灌缝 过梁	同清单量	m^3	3.61
	A3-447	梁安装 过梁 卷扬机	3.61×1.005=3.63	m^3	3.63
19	010412002001	预制空心板		m^3	10.23
	A3-94	预制混凝土构件 空心板 C30	10.23×1.015=10.38	m^3	10.38
	A3-300	一类预制混凝土构件运距（km以内）5	10.23×1.013=10.36	m^3	10.36
	A3-619	空心板焊接 每个构件体积（m^3以内）0.3卷扬机	10.23×1.005=10.28	m^3	10.28
	A3-671	钢筋混凝土构件接头灌缝 空心板	同清单量	m^3	10.23
20	010415001001	混凝土水箱池底		m^3	1.47
	A3-265换	构筑物混凝土 商品混凝土储水（油）池 池底	同清单量	m^3	1.47
21	010415001002	混凝土水箱池壁		m^3	1.57
	A3-266换	构筑物混凝土 商品混凝土储水（油）池 池壁	同清单量	m^3	1.57
22	010415001003	混凝土水箱池盖		m^3	1.3
	A3-267换	构筑物混凝土 商品混凝土储水（油）池 池盖	同清单量	m^3	1.3

（3）混凝土及钢筋混凝土工程综合单价计算表如表9.25所示。

表9.25 混凝土及钢筋混凝土工程综合单价计算表

序号	项目编码	工程项目名称	单位	数量	综合单价（元）					
					人工费	材料费	机械使用费	管理费	利润	小计
1	010402001001	矩形柱 KZ	m^3	5.35	65.17	311.35	1.66	18.72	20.23	417.13
	A3-214	现浇混凝土构件商品混凝土 矩形柱 C20 换为【商品混凝土 C25 碎石 20mm】	$10m^3$	0.535	651.72	3113.53	16.56	187.2	202.33	4171.34
2	010402001002	矩形柱 Z-1	m^3	1.53	65.17	311.35	1.65	18.72	20.24	417.14
	A3-214	现浇混凝土构件商品混凝土 矩形柱 C20 换为【商品混凝土 C25 碎石 20mm】	$10m^3$	0.153	651.72	3113.53	16.56	187.2	202.33	4171.34
3	010402001003	构造柱 GZ	m^3	7.79	80.95	295.61	1.66	18.72	20.23	417.17
	A3-217	现浇混凝土构件商品混凝土 构造柱 C20	$10m^3$	0.779	809.52	2956.08	16.56	187.22	202.35	4171.73
4	010403002001	矩形梁 KL-1	m^3	2.06	37.95	298	1.66	16.71	18.06	372.37
	A3-220	现浇混凝土构件商品混凝土 单梁、连续梁悬臂梁 C20	$10m^3$	0.206	379.5	2979.96	16.56	167.11	180.62	3723.75
5	010403002002	现浇矩形梁(1-3层：LL-1；首层：LL-2a)	m^3	3.07	37.95	298	1.65	16.71	18.06	372.37
	A3-220	现浇混凝土构件商品混凝土 单梁、连续梁悬臂梁 C20	$10m^3$	0.307	379.5	2979.96	16.56	167.11	180.62	3723.75
6	010403002003	现浇矩形梁 LL-1a（三层）	m^3	1.06	37.95	298	1.66	16.71	18.07	372.38
	A3-220	现浇混凝土构件商品混凝土 单梁、连续梁悬臂梁 C20	$10m^3$	0.106	379.5	2979.96	16.56	167.11	180.62	3723.75
7	010403002004	矩形梁 LL-3a	m^3	0.18	37.94	298	1.67	16.72	18.06	372.39
	A3-220	现浇混凝土构件商品混凝土 单梁、连续梁悬臂梁 C20	$10m^3$	0.018	379.5	2979.96	16.56	167.11	180.62	3723.75

续表

序号	项目编码	工程项目名称	单位	数量	综合单价（元）					
					人工费	材料费	机械使用费	管理费	利润	小计
8	010403004001	圈梁	m^3	9.48	67.32	306.56	1.66	18.59	20.09	414.21
	A3-222	现浇混凝土构件 商品混凝土 圈梁 C20	$10m^3$	0.948	673.2	3065.56	16.56	185.89	200.91	4142.12
9	010405001001	有梁板	m^3	14.11	25.52	302.25	1.66	16.31	17.62	363.36
	A3-234	现浇混凝土构件 商品混凝土 有梁板 C20	$10m^3$	1.411	255.24	3022.46	16.56	163.07	176.24	3633.57
10	010405001002	有梁板	m^3	1.88	25.53	302.24	1.65	16.31	17.62	363.36
	A3-234	现浇混凝土构件 商品混凝土 有梁板 C20	$10m^3$	0.188	255.24	3022.46	16.56	163.07	176.24	3633.57
11	010405001003	有梁板	m^3	21.5	25.52	302.25	1.66	16.31	17.62	363.36
	A3-234	现浇混凝土构件 商品混凝土 有梁板 C20	$10m^3$	2.15	255.24	3022.46	16.56	163.07	176.24	3633.57
12	010405003001	平板	m^3	3.69	29.19	310.44	1.66	16.89	18.26	376.44
	A3-236	现浇混凝土构件 商品混凝土 平板 C20	$10m^3$	0.369	291.9	3104.44	16.56	168.94	182.59	3764.43
13	010405008001	雨篷	m^3	3.69	28.47	120.3	1.04	7.42	8.01	165.23
	A3-240	现浇混凝土构件 商品混凝土 雨篷 C20	$10m^2$	1.926	54.54	230.47	1.99	14.21	15.35	316.56
14	010406001001	直形楼梯	m^2	13.28	16.4	71.73	0.65	4.4	4.75	97.92
	A3-246	现浇商品混凝土构件 整体楼梯 C20	$10m^2$	1.328	164.04	717.27	6.49	43.95	47.5	979.25
15	010407001001	压顶	m^3	0.92	67.32	306.55	1.65	18.59	20.09	414.22
	A3-222	现浇混凝土构件 商品混凝土 圈梁 C20	$10m^3$	0.092	673.2	3065.56	16.56	185.89	200.91	4142.12
16	010407001002	台阶	m^2	18.3	11	49.8	0.44	3.03	3.28	67.54
	A3-254	现浇商品混凝土构件 其他构件 台阶 C20	$10m^2$	1.83	109.98	498.01	4.37	30.31	32.76	675.43

续表

序号	项目编码	工程项目名称	单位	数量	综合单价（元）					
					人工费	材料费	机械使用费	管理费	利润	小计
17	010407002001	散水	m^2	23.65	4.59	22.2	0.09	1.33	1.44	29.64
	A3-256	现浇商品混凝土构件 砼散水面层一次抹光 60mm	$100m^2$	0.2365	458.64	2219.69	8.98	133.02	143.77	2964.1
18	010410003001	预制过梁	m^3	3.61	117.58	208.5	118.69	22.02	23.79	490.58
	A3-74	预制混凝土过梁C20	$10m^3$	0.366	604.32	1836.99	282.96	134.85	145.75	3004.87
	A3-310	二类预制混凝土构件 运距 1km 以内	$10m^3$	0.366	96.54	35.57	801.12	46.19	49.93	1029.35
	A3-447	过梁 卷扬机	$10m^3$	0.363	341.04	29.45	78.71	22.24	24.03	495.47
	A3-674	钢筋砼构件接头灌缝 过梁	$10m^3$	0.361	122.28	156.88	8.66	14.25	15.4	317.47
19	010412002001	预制空心板	m^3	10.23	143.02	298.36	174.82	30.5	32.97	679.67
	A3-94	预制混凝土构件制作 板 空心板 C30	$10m^3$	1.038	685.26	2458.51	271.77	169.07	182.73	3767.34
	A3-300	一类预制混凝土构件运距 5km 以内	$10m^3$	1.036	189.54	26.15	1443.5	82.13	88.77	1830.12
	A3-619	板安装 空心板不焊接 每个构件体积 0.3m3 以内 卷扬机	$10m^3$	1.028	305.76	34.58		16.85	18.21	375.4
	A3-671	钢筋砼构件接头灌缝 空心板	$10m^3$	1.023	235.74	427.78	10.53	33.37	36.06	743.48
20	010415001001	水池底	m^3	1.47	14.17	338.9	2.65	17.61	19.03	392.36
	A3-265换	构筑物混凝土 商品混凝土贮水(油)池 池底	$10m^3$	0.147	141.72	3388.97	26.5	176.08	190.31	3923.58
21	010415001002	水池壁	m^3	1.57	50.6	338.19	2.65	19.38	20.94	431.76
	A3-266换	构筑物混凝土 商品混凝土贮水(油)池 池壁	$10m^3$	0.157	505.98	3381.9	26.5	193.76	209.42	4317.56
22	010415001003	水池盖	m^3	1.3	35.58	338.18	2.65	18.63	20.14	415.18
	A3-267换	构筑物混凝土 商品混凝土贮水(油)池 池盖	$10m^3$	0.13	355.8	3381.75	26.5	186.32	201.38	4151.75

（4）混凝土工程清单计价表如表 9.26 所示。

表 9.26 混凝土工程清单计价表

序号	项目编码	项目名称	项目特征	计量单位	工程数量	金额（元）	
						综合单价	合价
1	010402001001	矩形柱 KZ	1.柱高度： 11m 2.柱截面尺寸： 0.3m×0.4m 3.混凝土强度等级： c25 4.混凝土拌和料要求： 商品混凝土	m^3	5.35	417.13	2231.65
2	010402001002	矩形柱 Z-1	1.柱高度： 4.22m 2.柱截面尺寸： 0.3m×0.3m 3.混凝土强度等级： c25 4.混凝土拌和料要求： 商品混凝土	m^3	1.53	417.14	638.22
3	010402001003	构造柱 GZ	1.柱截面尺寸: 0.24m×0.24m 2.混凝土强度等级: c20 3.混凝土拌和料要求: 商品混凝土	m^3	7.79	417.17	3249.75
4	010403002001	矩形梁 KL-1	1.梁底标高： 6.57 2.梁截面： 250×600 3.混凝土强度等级： C20 4.混凝土拌和料要求： 商砼	m^3	2.06	372.37	767.08
5	010403002002	现浇矩形梁 (1-3 层：LL-1；首层：LL-2a)	1.梁截面： 250×350 2.混凝土强度等级： C20 3.混凝土拌和料要求： 商砼	m^3	3.07	372.37	1143.18
6	010403002003	现浇矩形梁 LL-1a（三层）	1.梁截面： 250×400 2.混凝土强度等级： C20 3.混凝土拌和料要求： 商砼	m^3	1.06	372.38	394.72
7	010403002004	矩形梁 LL-3a	1.梁截面： 250×300 2.混凝土强度等级： C20 3.混凝土拌和料要求： 商砼	m^3	0.18	372.39	67.03
8	010403004001	圈梁	1.梁截面： 240×240 2.混凝土强度等级： C20 3.混凝土拌和料要求： 商砼	m^3	9.48	414.21	3926.71
9	010405001001	有梁板	1.板厚度： 100mm 2.混凝土强度等级： C20 3.混凝土拌和料要求： 商品砼	m^3	14.11	363.36	5127.01
10	010405001002	有梁板	1.板厚度： 80mm 2.混凝土强度等级： C20 3.混凝土拌和料要求： 商品砼	m^3	1.88	363.36	683.12
11	010405001003	有梁板	1.板厚度： 120mm 2.混凝土强度等级： C20 3.混凝土拌和料要求： 商品砼	m^3	21.5	363.36	7812.24

续表

序号	项目编码	项目名称	项目特征	计量单位	工程数量	金额（元）	
						综合单价	合价
12	010405003001	平板	1.板厚度：100mm 2.混凝土强度等级：C20 3.混凝土拌和料要求：商品砼	m^3	3.69	376.44	1389.06
13	10405008001	雨蓬	1.混凝土强度等级：C20 2.混凝土拌和料要求：商品砼	m^3	3.69	165.23	609.7
14	010406001001	直形楼梯	1.混凝土强度等级：C20 2.混凝土拌和料要求：商品砼	m^2	13.28	97.92	1300.38
15	010407001001	压顶	1.混凝土强度等级：C20 2.混凝土拌和料要求：商品砼	m^3	0.92	414.22	381.08
16	010407001002	台阶	1.混凝土强度等级：C20 2.混凝土拌和料要求：商品砼	m^2	18.3	67.54	1235.98
17	010407002001	散水	1.混凝土强度等级：C20 2.混凝土拌和料要求：商品砼	m^2	23.65	29.64	700.99
18	010410003001	预制过梁	1.混凝土强度等级：C20	m^3	3.61	490.58	1770.99
19	010412002001	预制空心板	1.混凝土强度等级：C30	m^3	10.23	679.67	6953.02
20	010415001001	水池底	1.混凝土强度等级：C30	m^3	1.47	392.36	576.77
21	010415001002	水池壁	1.混凝土强度等级：C30	m^3	1.57	431.76	677.86
22	010415001003	水池盖	1.混凝土强度等级：C30	m^3	1.3	415.18	539.73

本章小结

本章是建筑工程结构的重要组成部分，在这里主要介绍了主体结构工程的计价方法，包括墙砌体和混凝土结构两部分。针对墙体结构和混凝土结构各类构件的清单项目的设置、清单工程量的计算方法，以及定额工程量的计算方法进行了重点介绍，最后综合本教材案例系统介绍了主体结构工程计价。

思考与练习

1．实心墙与空斗墙的工程量应如何计算？

2．清水墙在计价时一般要列哪些项目？

3．砖砌平拱过梁和钢筋砖过梁的工程量如何计算？

4．砌体加固钢筋在计价时套用什么项目？

5．构造柱的工程量如何计算？当构造柱突出墙面时应套用什么项目？

6．有梁板在计价时一般要列哪些项目？工程量是如何计算的？

7．现浇整体楼梯和预制装配式楼梯的工程量计算方法是否相同？

8．如果定额里没有考虑预制构件的制作废品率、运输堆放损耗及安装损耗，则在计算工程量时应如何处理？

9．计算如图 9.22 所示 C20 现浇挑梁混凝土工程量并计价。

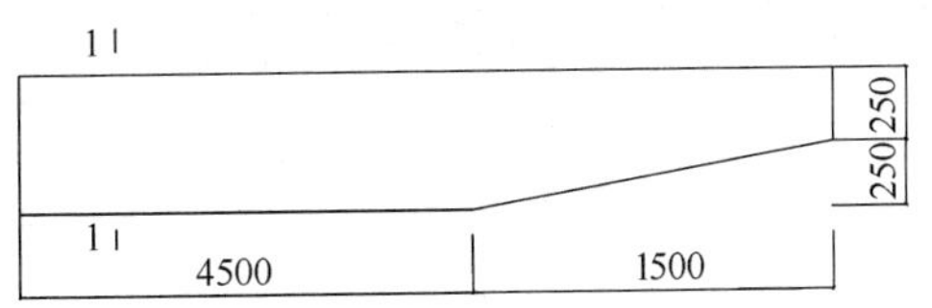

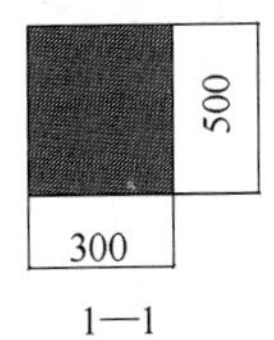

图 9.22　挑梁示意图

第 10 章　钢筋工程计量与计价

【能力点描述】

通过本章的学习，学生应掌握钢筋工程计量与计价的方法；能正确运用钢筋工程量计量与计价的方法进行钢筋工程的计量与计价。

10.1　相关说明

10.1.1　常用钢筋工程量清单项目设置及钢筋清单工程量计算步骤

1. 钢筋工程量清单项目设置

在《建设工程工程量清单计价规范》规定：钢筋工程包括现浇混凝土构件钢筋、预制混凝土构件钢筋、钢筋网片、钢筋笼、先张法预应力钢筋、后张法预应力钢筋、预应力钢丝、预应力钢绞线共八个项目。

（1）钢筋工程：工程量清单项目设置及工程量计算规则，应按表 10.1 中的规定执行。

表 10.1　钢筋工程

项目编码	项目名称	项目特征	计量单位	工程量计算规则	工程内容
010416001	现浇混凝土钢筋	钢筋种类、规格	t	按设计图示钢筋（网）长度（面积）乘以单位理论质量计算	1.钢筋（网、笼）制作、运输 2.钢筋（网、笼）安装
010416002	预制构件钢筋				
010416003	钢筋网片				
010416004	钢筋笼				
010416005	先张法预应力 钢筋	1.钢筋种类、规格 2.锚具种类		按设计图示钢筋长度乘以单位理论质量计算	1.钢筋制作、运输 2.钢筋张拉
010416006	后张法预应力钢筋	1.钢筋种类、规格 2.钢丝束种类、规格 3.钢绞线种类、规格 4.锚具种类 5.砂浆强度等级		按设计图示钢筋（丝束、绞线）长度乘以单位理论质量计算 1.低合金钢筋两端均采用螺杆锚具时，钢筋长度按孔道长度减 0.35m 计算，螺杆另行计算 2.低合金钢筋一端采用镦头插片、另一端采用螺杆锚具时，钢筋长度按孔道长度计算，螺杆另行计算 3.低合金钢筋一端采用镦头插片、另一端采用帮条锚具时，钢筋增加 0.15m 计算；两端均采用帮条锚具时，钢筋长度按孔道长度增加 0.3m 计算 4.低合金钢筋采用后张混凝土自锚时，钢筋长度按孔道长度增加 0.35m 计算 5.低合金钢筋（钢铰线）采用 JM、XM、QM 型锚具，孔道长度在 20m 以内时，钢筋长度增加 1m 计算；孔道长度 20m 以外时，钢筋（钢铰线）长度按、孔道长度增加 1.8m 计算 6.碳素钢丝采用锥形锚具，孔道长度在 20m 以内时，钢丝束长度按孔道长度增加 1m 计算；孔道长在 20m 以上时，钢丝束长度按孔道长度增加 1.8m 计算 7.碳素钢丝束采用镦头锚具时，钢丝束长度按孔道长度增力 0.35m 计算	1.钢筋、钢丝束、钢绞线制作、运输 2.钢筋、钢丝束、钢绞线安装 3.预埋管孔道铺设 4.锚具安装 5.砂浆制作、运输 6.孔道压浆、养护
010416007	预应力钢丝				
010416008	预应力钢绞线				

（2）螺栓、铁件：工程量清单项目设置及工程量计算规则，应按表 10.2 中的规定执行。

表 10.2　螺栓、铁件

项目编码	项目名称	项目特征	计量单位	工程量计算规则	工程内容
010417001	螺栓	1.钢材种类、规格 2.螺栓长度 3.铁件尺寸	t	按设计图示尺寸以质量计算	1.螺栓（铁件）制作、运输 2.螺栓（铁件）安装
010417002	预埋铁件				

2. 钢筋清单工程量计算步骤

钢筋工程量，应按照《建设工程工程量清单计价规范》中的项目设置，区分不同钢筋种类和规格，分别按设计长度乘以相应的单位理论重量以“吨”为单位计算。

钢筋工程量计算步骤：

（1）根据构件结构配筋图或者按照钢筋混凝土构件的平法标注，依次计算各种构件不同种类和规格的钢筋的总长度。

（2）把各种构件的不同种类和规格的钢筋长度汇总，得到各种不同种类和规格钢筋的总长度。

（3）用不同种类和规格的钢筋总长度分别乘以相应的单位理论重量，得到各种种类和规格的钢筋重量。

10.1.2　常用钢筋混凝土构件的钢筋种类

（1）受力钢筋，又称主筋，配置在构件的受弯、受拉、偏心受压或受拉区以承受拉力。

（2）架立钢筋，又称构造筋，一般不需要计算而按构造要求配置，如 2ϕ12，用以固定箍筋以形成钢筋骨架，一般在梁上部。

（3）箍筋，箍筋形状像一个箍，在梁和柱子中使用。它一方面起着抵抗剪力的作用；另一方面起固定主筋和架立钢筋位置的作用。它垂直于主筋设置，在梁中与受力筋、架立筋组成钢筋骨架，在柱中与受力筋组成钢筋骨架。

（4）分布筋，在板中垂直于受力筋，以保证受力钢筋位置并传递内力。它能将构件所受的外力分布于较广的范围，以改善受力情况。

（5）附加钢筋，因构件几何形状或受力情况变化而增加的附加筋，如吊筋、鸭筋等。

10.1.3　钢筋的混凝土保护层

钢筋的混凝土保护层是指钢筋外皮至混凝土构件表面之间的混凝土层。钢筋保护层厚度，设计有规定的，按设计规定计算；设计无规定的，可按表 10.3 取用。

表 10.3　钢筋保护层最小厚度表　　单位：mm

环境条件	构件类别	≤C20	C25～C45	≥C50
室内正常环境	板、墙	20	15	15
	梁	30	25	25
	柱	30	30	30

续表

环境条件	构件类别	≤C20	C25～C45	≥C50
露天或室内高湿度环境	板、墙		20	20
	梁		30	30
	柱		30	30
严寒与冷冻地区露天与无侵蚀水或与土直接接触的环境	板、墙		25	20
	梁		35	30
	柱		35	30
严寒冰冻地区、冬季水位高的环境	板、墙		30	25
	梁		40	35
	柱		40	35

注：①受力钢筋外边缘至混凝土表面的距离，除符合表中规定外，不应小于钢筋的公称直径。

②设计使用年限为100年的结构：一类环境中，砼保护层厚度应按表中规定增加40%；二类和三类环境中，混凝土保护层厚度应采取专门有效措施。

③基础内钢筋保护层厚度一般有垫层取35mm，无垫层取70mm，表中未详部分见有关规范。

10.1.4 钢筋的弯钩增加值

钢筋的弯钩形式主要有三种：半圆弯钩（180°）、直弯钩（90°）、斜弯钩（135°），如图10.1所示。钢筋弯钩增加长度应根据钢筋弯钩形状来确定，其计算值为：半圆弯钩为6.25*d*，直弯钩为3.5*d*，斜弯钩为4.9*d*。

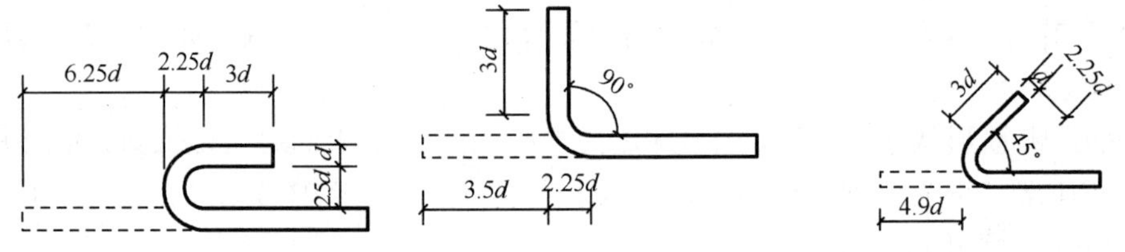

图10.1 钢筋的弯钩形式

10.1.5 弯起钢筋的斜长增加值（ΔL）

常用弯起钢筋的弯起角度有30°、45°、60°三种，其斜长增加值是指斜长与水平投影长度之间的差值（ΔL），如图10.2所示。弯起钢筋斜长系数如表10.4所示。

表10.4 弯起钢筋斜长增加值

弯起角度	*S*	*L*	Δ*L*	
30°	2.00h_0	1.732 h_0	0.268 h_0	注：1. h_0=混凝土构件高度−2×保护层厚度 2. 梁高h≥0.8m时，用60°；梁高h<0.8m时，用45°；板用30°
45°	1.414 h_0	1.00 h_0	0.414 h_0	
60°	1.15 h_0	0.58 h_0	0.57 h_0	

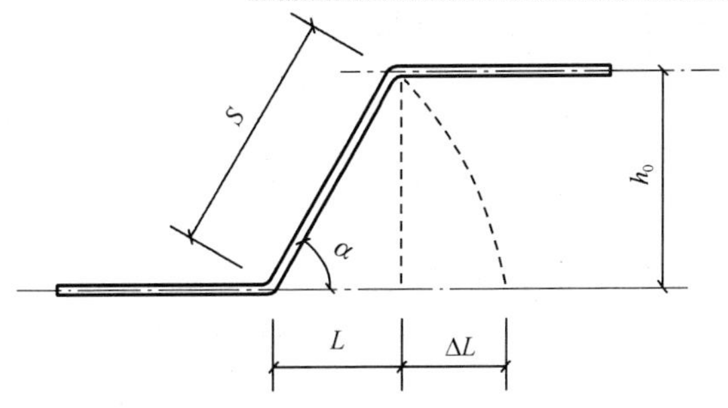

图 10.2　弯起钢筋的斜长增加值示意图

10.1.6　钢筋接头

常用的钢筋接头方式有以下几种。

1. 焊接接头

钢筋的焊接接头受力可靠，便于布置钢筋，并且节约钢材。焊接接头有闪光对焊、电弧焊两种。电渣压力焊接以个计算。

2. 绑扎接头

在钢筋搭接部分的中心两端共三处用铁丝绑扎而成。绑扎接头操作方便，但不结实，因此接头要长一些，要消耗较多钢材。绑扎搭接长度按设计图纸规定计算，设计图纸未注明搭接长度的按规范计算，如表 10.5 所示。

表 10.5　钢筋最小搭接长度（La）

		混凝土强度等级			
		C15	C20～C25	C30～C35	≥C40
光圆钢筋	HPB235 级	45*d*	35*d*	30*d*	25*d*
带肋钢筋	HRB335 级	55*d*	45*d*	35*d*	30*d*
带肋钢筋	HRB400 级 RRB400 级	—	55*d*	40*d*	35*d*

注：① 两根直径不同的钢筋进行搭接，搭接长度以较细钢筋直径计算。
② 当纵向受拉钢筋搭接接头面积百分率大于 25%，但不大于 50%时，其最小搭接长度应按本表数值乘以系数 1.2 取用；当接头面积百分率大于 50%时，其最小搭接长度应按本表数值乘以系数 1.35 取用。
③ 当带肋钢筋的直径大于 25mm 时，其最小搭接长度应再乘以系数 1.1 取用。
④ 在任何情况下，受拉钢筋的搭接长度不应小于 300mm。

3. 机械连接

机械连接是将所要连接的钢筋端头用套丝机套成丝扣，再将带内丝的套筒用扳手把两根带丝扣的钢筋端部连接起来，通过钢筋端部的丝扣与套筒内丝的机械咬合达到连接的目的。这种钢筋连接方式牢固，操作方便，但造价较高。机械连接以个计算。

10.1.7 钢筋单位理论质量的经验计算公式

钢筋单位理论质量的经验计算公式为：

$$钢筋单位理论质量=0.006\,17d^2\text{kg/m}$$

常用钢筋单位理论质量表如表 10.6 所示。

表 10.6 钢筋的单位理论质量 单位：kg/m

直径	光圆钢筋		带肋钢筋	
	截面积（cm^2）	单位理论质量	截面积（cm^2）	单位理论质量
5	0.196	0.154		
6	1.283	0.222		
6.5	0.332	0.260		
8	0.503	0.395		
10	0.785	0.617	0.785	0.617
12	1.130	0.888	1.130	0.888
14	1.539	1.210	1.540	1.21
16	2.011	1.580	2.00	1.58
18	2.545	2.00	2.54	2.00
20	3.142	2.470	3.14	2.47
22	3.801	2.98	3.8	2.98
25	4.909	3.85	4.91	3.85
28	6.158	4.83	6.16	4.83

10.1.8 钢筋锚固

钢筋锚固长度如表 10.7 和表 10.8 所示。

表 10.7 受拉钢筋的最小锚固长度（La）

钢筋种类		混凝土强度等级									
		C20		C25		C30		C35		C40	
		$d≤25$	$d>25$	$d≤25$	$d>25$	$d≤25$	$d>25$	$d≤25$	$d>25$	$d≤25$	$d>25$
HPB235	普通钢筋	31*d*	31*d*	27*d*	27*d*	24*d*	24*d*	22*d*	22*d*	20*d*	20*d*
HRB335	普通钢筋	39*d*	42*d*	34*d*	37*d*	30*d*	33*d*	27*d*	30*d*	25*d*	27*d*
	环氧树脂涂层钢筋	48*d*	53*d*	42*d*	46*d*	37*d*	41*d*	34*d*	37*d*	31*d*	34*d*
HRB400 RRB400	普通钢筋	46*d*	51*d*	40*d*	44*d*	36*d*	39*d*	33*d*	36*d*	30*d*	33*d*
	环氧树脂涂层钢筋	58*d*	63*d*	50*d*	55*d*	45*d*	49*d*	41*d*	45*d*	37*d*	41*d*

注：① 当弯锚时，有些部位的锚固长度≥0.4La+15*d*，详见有关构件的标准图集。

② 当钢筋在混凝土施工过程中易受扰动（如滑模施工）时，其锚固长度应乘以系数 1.1。

③ 在任何情况下，锚固长度不得小于 250mm。

④ HPB235 钢筋为受拉时，其末端应做成 180° 弯钩。弯钩平直段长度不应小于 3*d*。当为受压时，可不做弯钩。

表 10.8　纵向受拉钢筋的抗震锚固长度（LaE）

			C20		C25		C30		C35		C40	
			一、二级抗震等级	三级抗震等级	一、二级抗震等级	三级抗震等级	一、二级抗震等级	三级抗震等级	一、二级抗震等级	三级抗震等级	一、二级抗震等级	三级抗震等级
HPB235	普通钢筋		36	33	31	28	27	25	25	23	23	21
HRB335	普通钢筋	$d\leqslant 25$	$44d$	$41d$	$38d$	$35d$	$34d$	$31d$	$31d$	$29d$	$29d$	$26d$
		$d>25$	$49d$	$45d$	$42d$	$39d$	$38d$	$34d$	$34d$	$31d$	$32d$	$29d$
	环氧树脂涂层钢筋	$d\leqslant 25$	$55d$	$51d$	$48d$	$44d$	$43d$	$39d$	$39d$	$36d$	$36d$	$33d$
		$d>25$	$61d$	$56d$	$53d$	$48d$	$47d$	$43d$	$43d$	$39d$	$39d$	$36d$
HRB400 RRB400	普通钢筋	$d\leqslant 25$	$53d$	$49d$	$46d$	$42d$	$41d$	$37d$	$37d$	$34d$	$34d$	$31d$
		$d>25$	$58d$	$53d$	$51d$	$46d$	$45d$	$41d$	$41d$	$38d$	$38d$	$34d$
	环氧树脂涂层钢筋	$d\leqslant 25$	$66d$	$61d$	$57d$	$53d$	$51d$	$47d$	$47d$	$43d$	$43d$	$39d$
		$d>25$	$73d$	$67d$	$63d$	$58d$	$56d$	$51d$	$51d$	$47d$	$47d$	$43d$

注：① 当弯锚时，有些部位的锚固长度≥0.4LaE＋$15d$，详见有关构件的标准图集。

② 当钢筋在混凝土施工过程中易受扰动（如滑模施工）时，其锚固长度应乘以系数 1.1。

③ 在任何情况下，锚固长度不得小于 250mm。

④ 四级抗震等级，LaE= La，其值见受拉钢筋最小锚固长度表。

⑤ 当 HPB335、HRB400 和 RRB400 级纵向受拉钢筋末端采用机械锚固措施时，包括附加锚固端头在内的锚固长度可取平法图集 03G101 第 33 页和该页表中锚固长度的 0.7 倍。机械锚固的形式及构造要求详见平法图集 03G101 第 35 页。

10.2　钢筋清单工程量计算方法

10.2.1　钢筋工程量计算基本表达式

钢筋工程量计算的基本表达式为：

钢筋工程量＝钢筋图示长度×钢筋单位理论重量

由于钢筋的单位理论重量很容易确定，因而计算钢筋图示长度就成了钢筋工程量计算的主要任务，也是工程量计算中工作量最大的工作。因此在本节内容里，重点介绍的是钢筋的长度计算方法。

10.2.2　一般直筋长度计算

一般直段钢筋如图 10.3 所示，其长度计算公式为：

钢筋长度＝构件长－两端保护层厚度＋弯钩增加长度＋其他需要增加长度

或

$$L=L_1-2c+L_{增}$$

式中　L——直段钢筋长度（m）；

L_1——构件长度（m）；

c——钢筋的混凝土保护层厚度（m）；

$L_{增}$——需要增加的长度（比如因为支座宽度满足不了钢筋锚固长度的需要而弯起的长度）（m）。

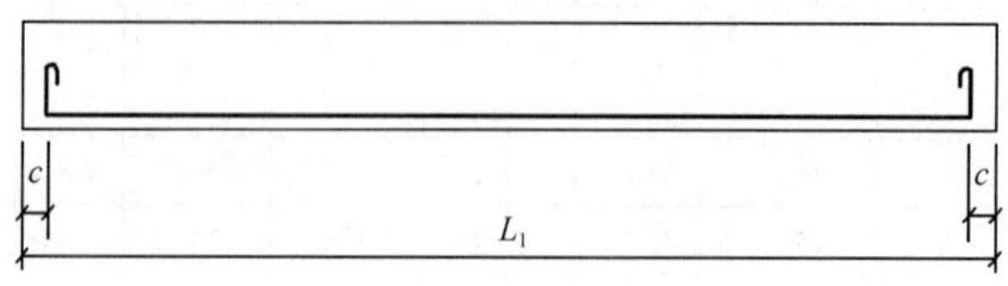

图 10.3　直钢筋示意图

10.2.3　弯起钢筋长度计算

弯起钢筋如图 10.4 所示，其长度计算公式为：

弯起钢筋长度＝构件长－两端保护层厚度＋弯钩增加长度＋斜长增加值＋其他需要增加长度

或

$$L=L_1-2c+\Delta L+L_{增}$$

式中　L——弯起钢筋长度（m）；

L_1——构件长度（m）；

c——受力主筋的混凝土保护层厚度（m）；

ΔL——斜长增加值；

$L_{增}$——需要增加长度（比如因为支座宽度满足不了钢筋锚固长度的需要而下弯的长度）（m）。

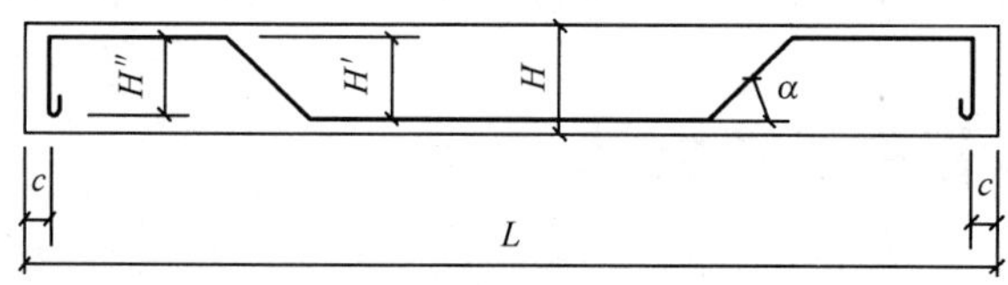

图 10.4　弯起钢筋示意图

10.2.4　箍筋长度计算

箍筋一般按设计规定的间距设置，箍筋长度计算表达式为：

箍筋长度＝单根箍筋长度×箍筋根数

其中，箍筋根数＝（构件长度－2×钢筋保护层厚度）÷箍筋间距＋1。

1. 双支箍长度计算

双支箍如图 10.5 所示。

（1）等截面矩形截面构件双支箍筋单根长度计算式为：

$$L=(B+H)\times 2-8c+8d+L_{增}$$

式中　L——单根箍筋长度（m）；

B——构件截面宽度（m）；

H——构件截面高度（m）；

c——受力主筋的混凝土保护层厚度（m）；

d——箍筋直径；

$L_{增}$——箍筋末端弯钩增加长度（m）。

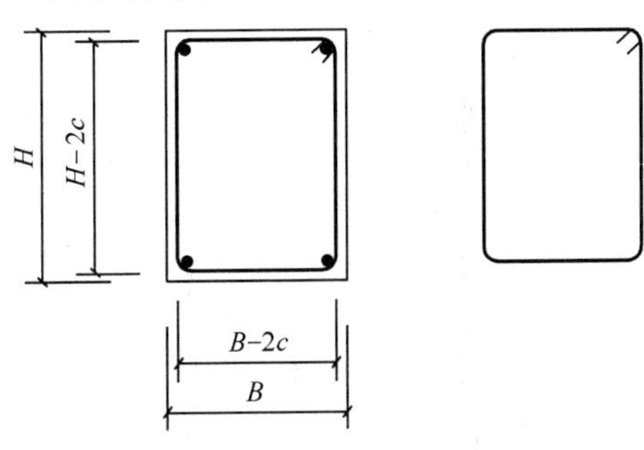

图 10.5　双支箍示意图

（2）不等截面矩形截面构件（如悬臂梁）如图 10.5（b）所示，双支箍筋单根长度计算根据比例原理，每根箍筋的长度差数为 Δ，计算公式为：

$$\Delta = (L_2 - L_1) / (n-1)$$

式中　L_2——箍筋的最大高度；

L_1——箍筋的最小高度；

n——箍筋的根数（$n=S/a+1$）；

S——最长箍筋和最短箍筋之间的总距离；

a——箍筋间距。

单根箍筋长度=（最长箍筋长度+最短箍筋长度）/2

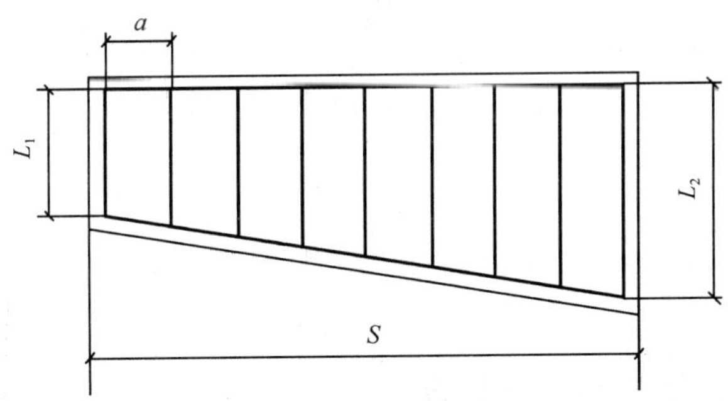

图 10.6　变截面构件箍筋示意图

2. 四支箍长度计算

两个相套的箍筋，一个是外大箍，另一个是内小箍，如图 10.7 所示。

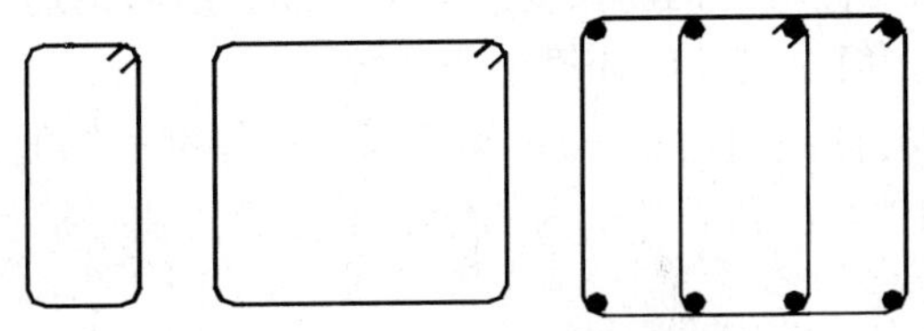

图 10.7　四支箍示意图

此种四支箍筋的单根长度包括两部分，每部分的计算式为：

① 外大箍的单根长度同双支箍的计算公式。

② 内小箍的单根长度计算公式为：

$$L=[\frac{1}{3}\times（B-2c-D）+2d]\times 2+[（H-2c）+2d]\times 2+L_{增}$$

式中 D——纵筋的直径；

d——箍筋的直径。

3. “S”箍的长度计算

“S”箍也称拉筋，其外形如图 10.8 所示。其长度计算公式为：

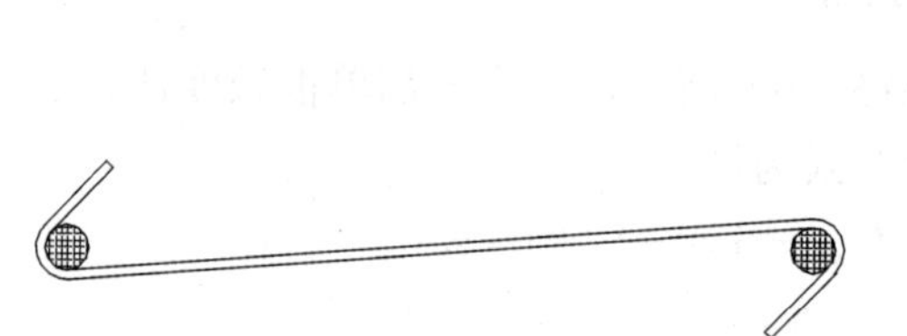

图 10.8 “S”箍示意图

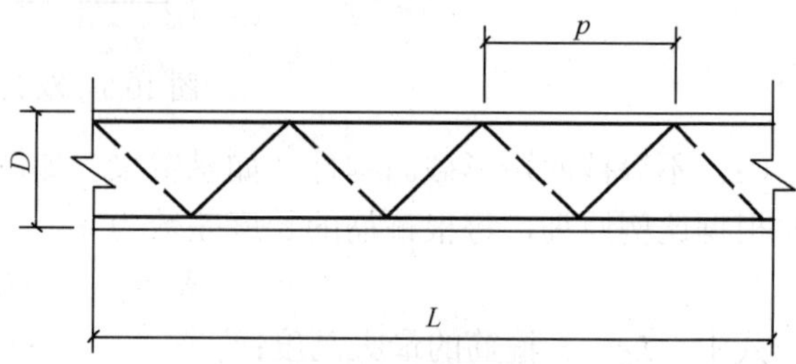

图 10.9 螺旋箍示意图

L=构件截面宽度−2×钢筋保护层厚度+需增加的长度

4. 螺旋箍的长度计算

螺旋箍如图 10.9 所示。其长度计算公式为：

$$螺旋箍长度=\sqrt{p^2+(D-2C)^2\pi^2}+需增加的长度$$

式中 N——螺旋圈数=（构件长度−2×钢筋保护层厚度）/p；

D——构件直径；

p——螺距；

C——钢筋保护层厚度。

10.3 常见构件钢筋工程量计算

1. 独立柱基内的钢筋计算

独立柱基通常是在柱基底部双向配置受力钢筋，如图 10.10 所示。

独立柱基内钢筋长度=单根钢筋长度×钢筋根数

其中，单根钢筋长度按前述一般直筋长度计算公式计算。

钢筋根数=构件截面尺寸−2×钢筋保护层厚度+钢筋弯钩增加长度

例 10.1 计算如图 10.10 所示独立基础内的钢筋工程量。独立基础的数量为 20 个。钢筋构造详见 06G101-6。

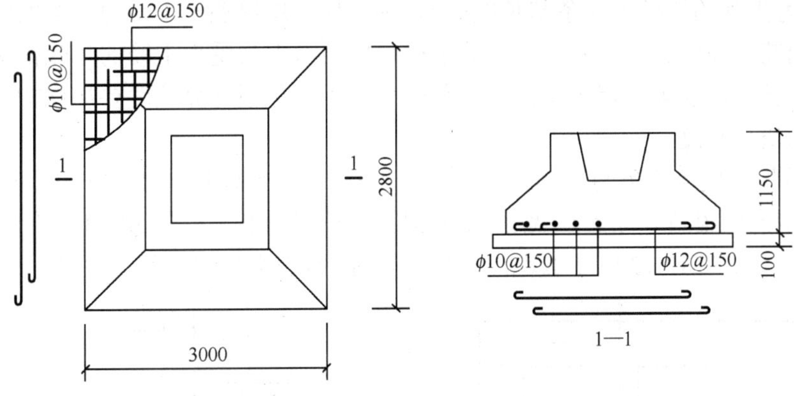

图 10.10　独立基础底板配筋示意图

解：（1）φ12@150　单根长度 L_1＝3.0－2×0.035＋6.25×0.012×2＝3.23（m）

根数 N_1＝2（根）

单根长度 L_2＝3－0.1×(3－0.035×2)－0.035+6.25×0.012×2＝2.82（m）

根数 N_2＝（2.8－2×0.075）÷0.15＋1－2＝17（根）

总长＝3.23×2＋2.82×17＝54.4（m）

重量＝54.4×0.888×20＝966.14kg＝0.966（t）

（2）φ10@150 单根长度 L_3＝2.8－2×0.035＋6.25×2×0.010＝2.855（m）

根数 N_3＝2（根）

单根长度 L_4＝2.8－0.1×(2.8－0.035×2)－0.035+6.25×0.01×2＝2.62（m）

根数 N_4＝（3.0－2×0.075）÷0.15＋1－2＝18（根）

总长＝2.855×2＋2.62×18＝52.87（m）

重量＝52.87×0.617×20＝652.42 kg＝0.652（t）

2. 条形基础内的钢筋计算

条形基础内的钢筋分布如图 10.9 所示，一般在短向布置受力主筋，在长向布置分布钢筋。在条基转角及内外条基交接处，由于受力主筋已双向布置，则不再布置分布钢筋。即分布钢筋布置到外墙转角及内外墙交接处时，只要与受力钢筋搭接即可。

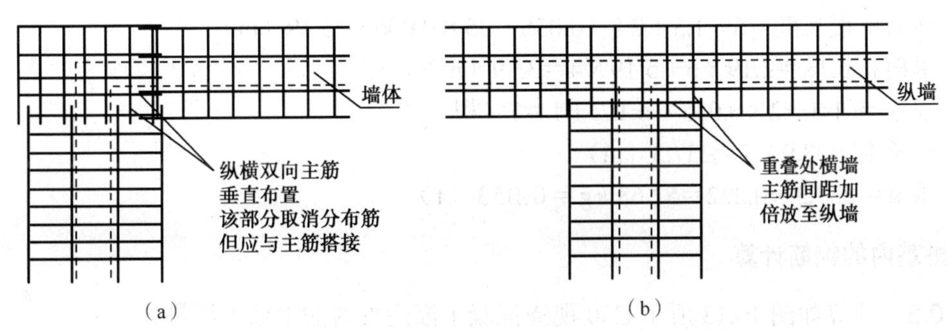

图 10.11　条形基础底板配筋示意图

（1）受力主筋的长度计算。

受力主筋的单根长度＝条基宽度－2×钢筋保护层厚度＋弯钩增加长度

受力主筋的根数＝（条基长度－2×钢筋保护层厚度）÷受力主筋的间距＋1

（2）分布钢筋的长度计算。分布钢筋的单根长度要考虑与受力主筋的有效搭接，由于受力钢筋在按条基宽度计算时扣减了保护层厚度，因此分布钢筋单根计算长度要加保护层的厚度，再加上与受力主筋的搭接长度。

分布钢筋的单根长度＝相邻两条基之间的净长度＋2×钢筋保护层厚度＋钢筋最小搭接长度

分布钢筋的根数＝（条基宽度－2×钢筋保护层厚度）÷分布钢筋的间距＋1

例 10.2 计算如图 10.12 所示的现浇 C20 条形基础的钢筋工程量。

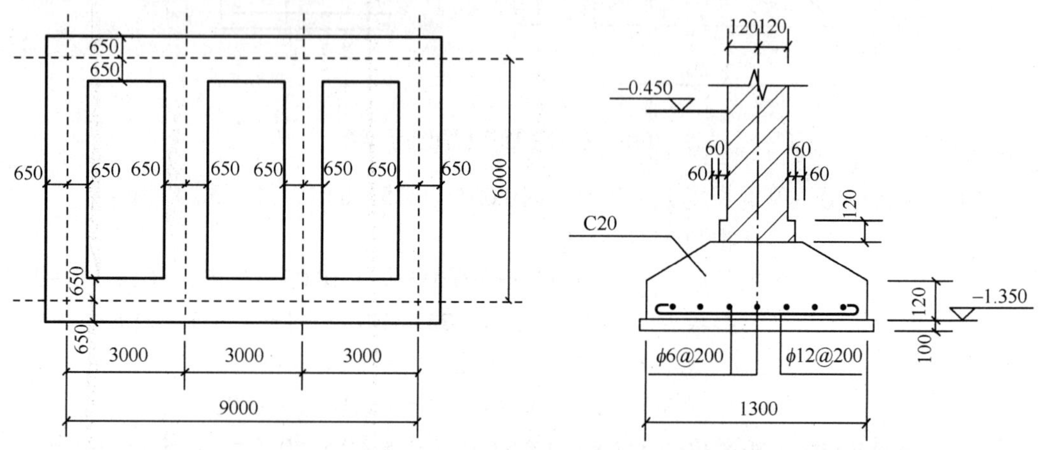

图 10.12 基础配筋示意图

解：基础内钢筋保护层厚度为 35mm，钢筋搭接长度为 35d。

（1）受力钢筋ϕ12@200。

单根长度＝1.3－2×0.035＋6.25×2×0.012＝1.38（m）

纵向根数＝[（9＋1.3－2×0.035）÷0.2＋1]×2＝104（根）

横向根数＝[（6＋1.3－2×0.035）÷0.2＋1]×4＝148（根）

总长度＝1.38×（104＋148）＝347.76（m）

重量＝347.76×0.888＝308.81 kg＝0.309（t）

（2）分布钢筋ϕ6@200。

纵向单根长度＝3－1.3＋2×（0.035＋35×0.006）＝2.19（m）

横向单根长度＝6－1.3＋2×（0.035＋35×0.006）＝5.19（m）

单根总长度＝2.19×6＋5.19×4＝33.9（m）

根数＝(1.3－2×0.035）÷0.2＋1＝7（根）

总长度＝33.9×7＝237.3（m）

重量＝237.3×0.222＝52.68 kg＝0.053（t）

3. 桩基内的钢筋计算

例 10.3 计算如图 10.13 所示 C30 现浇混凝土灌注桩内的钢筋工程量。

解：（1）桩内纵向钢筋 6ϕ20：

单根长度＝12.0＋0.25－2×0.035＋6.25×2×0.02＝12.43（m）

总长＝12.43×6＝74.58（m）

重量＝74.58×2.468＝184.06 kg＝0.184（t）

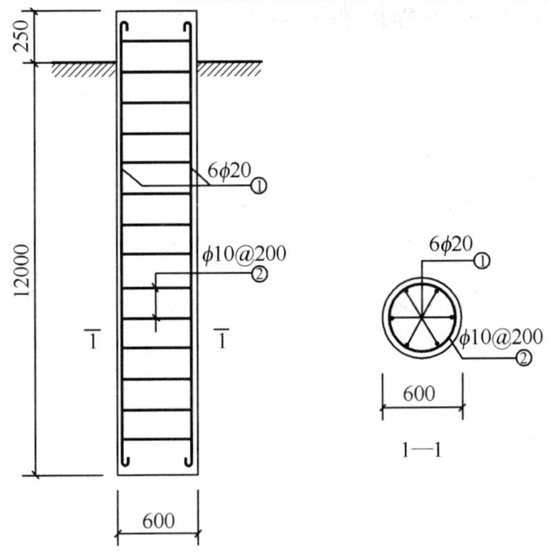

图 10.13　灌注桩钢筋示意图

（2）箍筋φ10@200。

单根长度＝3.14×（0.6－2×0.035＋0.01）＋4.9×2×0.010＝1.79（m）

根数＝[（12＋0.25－2×0.035）÷0.2]＋1＝62（根）

总长＝1.79×62＝110.98（m）

重量＝110.98×0.617＝68.47 kg＝0.068（t）

4. 平法梁内的钢筋计算

（1）梁平法标注。梁的平法标注包括集中标注和原位标注。集中标注表达梁的公共属性，原位标注表达梁的私有属性，如图 10.14 所示。

以图 10.14 为例说明梁的平法标注的含义：引出线注明的为集中标注，“KL1”表示框架梁 1 的代号；“（2）”表示框架梁有两跨；“300×700”表示框架梁 1 的截面宽度和截面高度值；“φ10@100/200（2）”表示框架梁 1 内的箍筋为一级钢筋，直径为 10mm，加密区内的箍筋间距为 100mm，非加密区内的箍筋间距为 200mm，“（2）”表示箍筋的肢数为双肢箍；“2φ25”表示框架梁 1 的上部贯通纵筋为二级钢筋，根数有 2 根，直径为 25mm；“7φ25 2/5”表示框架梁 1 的下部贯通纵筋为二级钢筋，根数有 7 根，直径为 25mm，分两排布置，上排布置 2 根，下排布置 5 根；“G4φ12”表示框架梁 1 的构造钢筋为二级钢筋，根数有 4 根，直径为 12mm。原位标注是指标注梁边的钢筋信息，标注在梁上部为梁上部钢筋，标注在梁下部为梁下部钢筋，如图 10.12 中的框架梁 1 左支座上部标注的“8φ25 4/4”表示梁的支座上部负钢筋为二级钢筋，直径为 25mm，有 8 根，分两排布置，上排布置 4 根，下排为 4 根。

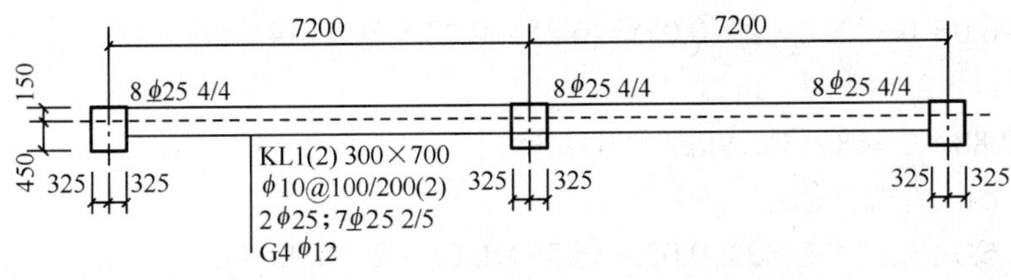

图 10.14　梁平法标注示意图

（2）梁平法钢筋构造。梁平法钢筋构造如图 10.15 所示。

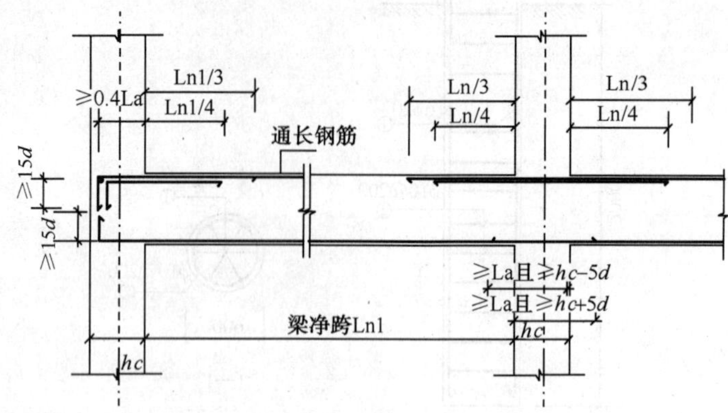

图 10.15　梁平法钢筋构造示意图

例 10.4　计算如图 10.16 所示 C25 现浇混凝土简支梁内钢筋工程量。

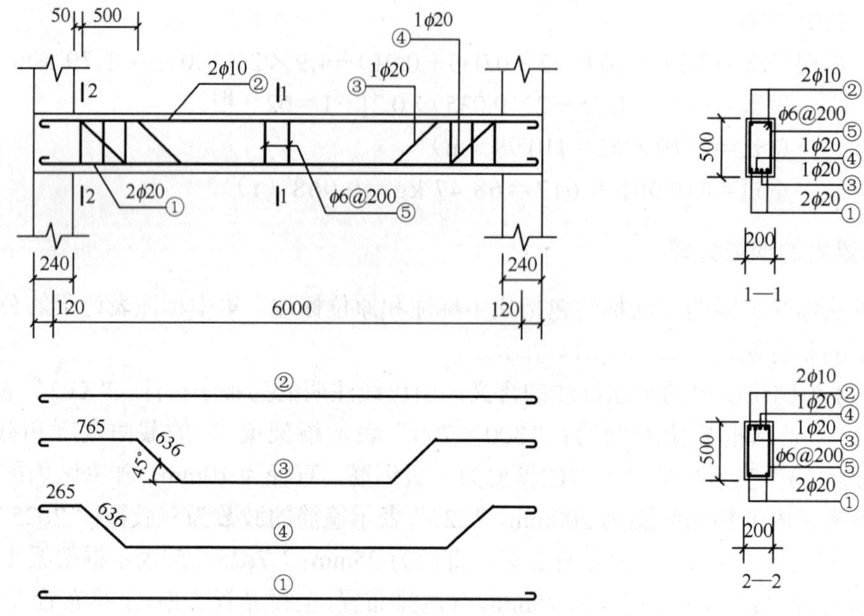

图 10.16　简支梁配筋图

解：根据题目已知条件和简支梁配筋图查表 10.1 可知，梁内钢筋保护层厚度取 25mm（室内正常环境）。

① 号筋 2 ϕ20 为梁下部受力钢筋，且为直钢筋：

单根长＝6.0＋0.12×2－2×0.025＋6.25×0.02×2＝6.44（m）

总长＝6.44×2＝12.88（m）

重量＝12.88×2.468＝31.79kg＝0.032（t）

② 号钢筋 2 ϕ10 为架立筋：

单根长＝6.0＋0.12×2－2×0.025＋6.25×0.01×2＝6.32（m）

总长＝6.32×2＝12.64（m）

重量＝12.64×0.617＝7.8kg＝0.008（t）

③ 号钢筋 1 ϕ20 为弯起筋：

单根＝6.0＋0.12×2－2×0.025＋6.25×0.01×2＋0.414×（0.5－2×0.025）×2＝6.69（m）

重量＝6.69×2.468＝16.51kg＝0.017（t）

④ 号钢筋 1ϕ20 为弯起筋：长度同③号钢筋，为 0.016t。

⑤ 号钢筋ϕ6@200 为箍筋：

单根箍筋长度＝(0.2＋0.5)×2－8×0.025＋(4.9×2＋4)×0.006＝1.28（m）

箍筋的根数＝[（6.0＋0.24－0.025×2)/0.2]＋1＝32（根）

箍筋总长＝1.28×32＝40.96（m）

箍筋重量＝40.96×0.222＝9.09kg＝0.009（t）

钢筋工程量汇总：ϕ20，0.066t；ϕ10，0.008t；ϕ6，0.009t。

5. 平法柱内的钢筋计算

（1）柱钢筋平法标注如图 10.17 所示。柱钢筋平法标注采用截面注写方式和列表注写方式，图 10.17 所示为截面注写方式。“KZ2”为框架柱 2 的代号；“650×600”表示框架柱 2 的截面宽度和截面高度值；“22 ϕ22”为柱内全部纵筋为 22 根二级钢筋，直径为 22mm；“ϕ10@100/200”为箍筋的信息标注，箍筋为一级钢筋，直径为 8mm，非加密区间距为 200mm，加密区间距为 100mm。

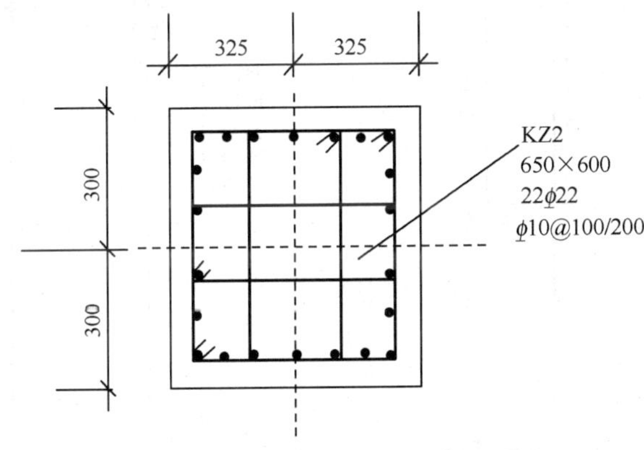

图 10.17　柱钢筋平法标注示意图

（2）柱平法钢筋构造。

① 基础插筋（见图 10.18）：

插筋长度＝基础层的高度＋上层非搭接区长度＋搭接长度＋锚固长度－砼保护层

② 中间层纵筋（见图 10.19）：

纵筋长度＝层高－非连接区长度＋上层非连接区长度＋搭接长度

③ 顶层柱纵筋（中柱）（见图 10.20）：

纵筋长度＝层高－梁高－非连接区长度＋锚固长度

其中，锚固长度＝梁高－砼保护层＋12d。

④ 顶层柱纵筋（角柱、边柱）（见图 10.21）：

纵筋长度＝层高－梁高－上层非搭接区长度＋顶层锚固长度

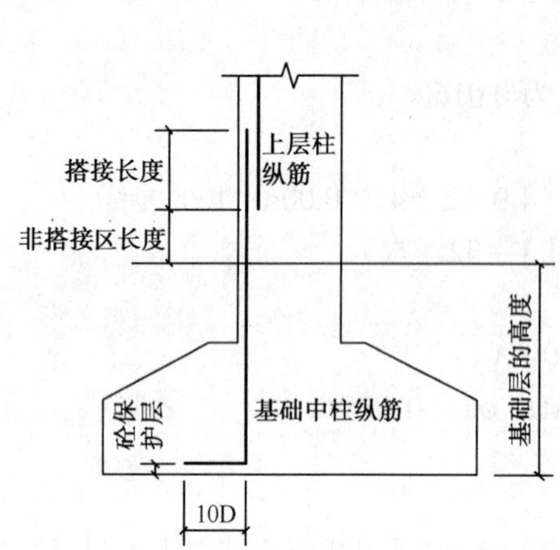

图 10.18 基础插筋示意图

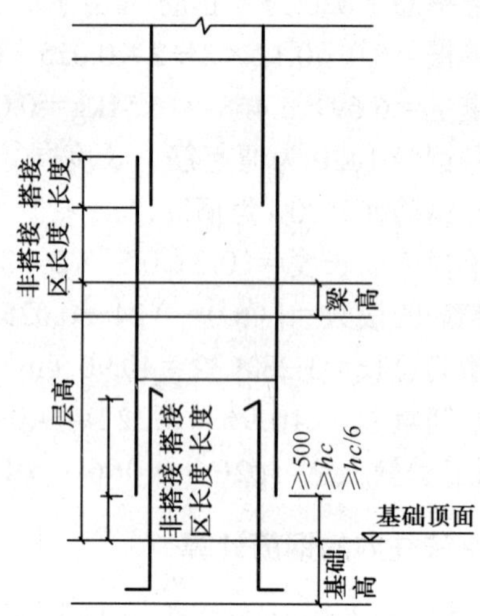

图 10.19 中间层纵筋长度示意图

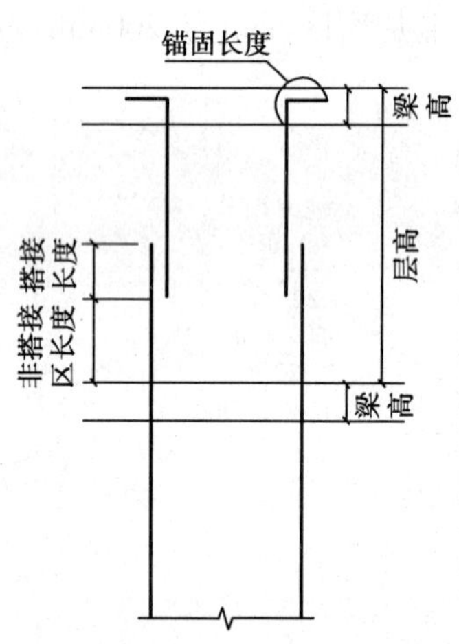

图 10.20 顶层中柱纵筋示意图

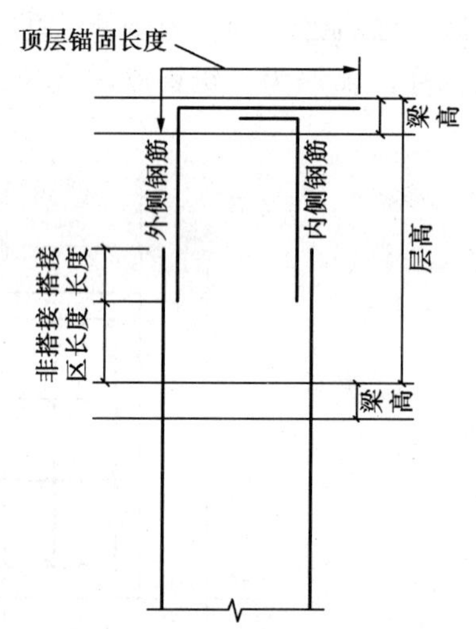

图 10.21 顶层角柱、边柱纵筋示意图

⑤ 楼层插筋（见图 10.22）：

楼层插筋长度＝与上层钢筋的搭接长度＋非搭接区长度＋伸入下层的锚固长度

6. 现浇板内的钢筋计算

（1）底部受力筋（见图 10.23）：

底部受力钢筋单根长度＝标注长度＋2×弯钩长度（一级钢时）

单块板钢筋根数＝（标注长度－上轴线到梁边距离－下轴线到梁边距离）/间距＋1

（2）负筋（见图 10.24）：

负筋长度＝左标注长度＋右标注长度＋左弯折长度＋右弯折长度

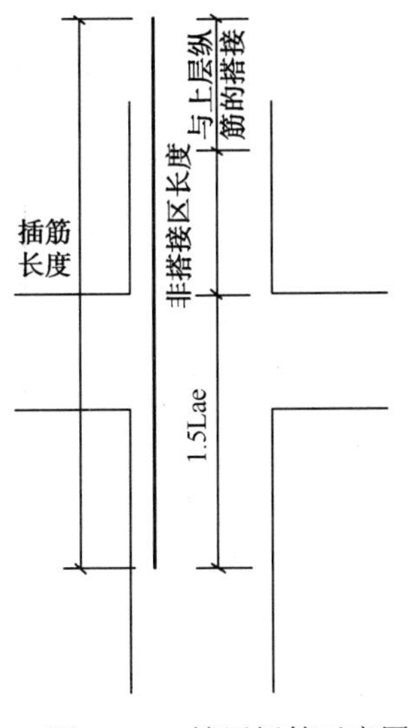

图 10.22　楼层插筋示意图

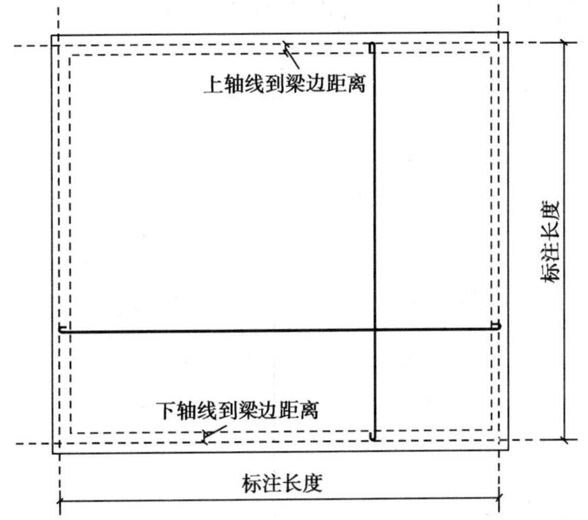

图 10.23　现浇板底部受力筋示意图

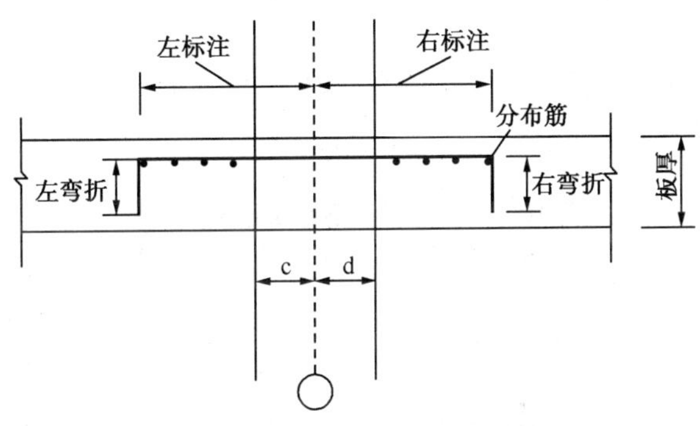

图 10.24　现浇板负筋左右标注示意图

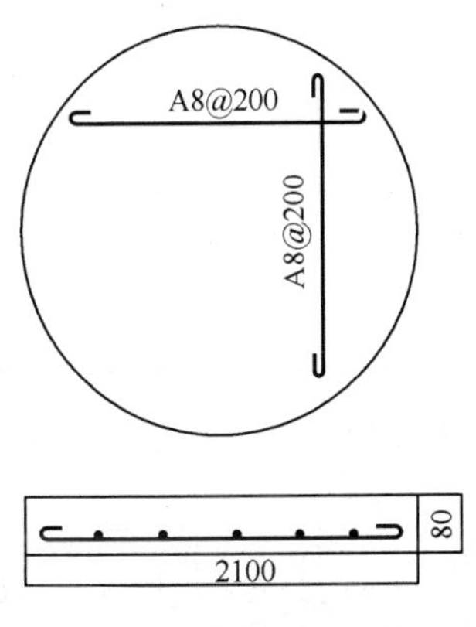

图 10.25　圆形现浇板配筋示意图

（3）圆形钢筋混凝土平板内的钢筋长度计算（见图 10.25）。

例 10.5　计算如图 10.25 所示直径为 2.1m 的现浇钢筋混凝土平板内的钢筋长度。钢筋保护层厚度取 10mm。

解：钢筋根数 n=[（2.1－0.01×2）/0.2]＋1＝11.4≈11（根）

钢筋根数为奇数，有一根钢筋过圆心，如图 10.25 所示长度为 L_0 的钢筋。如果钢筋根数为偶数，则钢筋不过圆心，距圆心距离为钢筋间距的一半。

$L_0 = 2.1 - 0.01 \times 2 + 6.25 \times 0.008 \times 2 = 2.18$（m）

$L_1 = \sqrt{1.05^2 - 0.2^2} \times 2 - 0.02 + 6.25 \times 0.008 \times 2 = 2.14$（m）

$L_2 = \sqrt{1.05^2 - (2 \times 0.2^2)} \times 2 - 0.02 + 6.25 \times 0.008 \times 2 = 2.02$（m）

$L_3 = \sqrt{1.05^2 - (3 \times 0.2^2)} \times 2 - 0.02 + 6.25 \times 0.008 \times 2 = 1.81$（m）

$L_4 = \sqrt{1.05^2 - (4 \times 0.2^2)} \times 2 - 0.02 + 6.25 \times 0.008 \times 2 = 1.44$（m）

$L_5 = \sqrt{1.05^2 - (5 \times 0.2^2)} \times 2 - 0.02 + 6.25 \times 0.008 \times 2 = 0.72$（m）

钢筋长度＝[（$L_1 + L_2 + L_3 + L_4 + L_5$）×2＋$L_0$]×2＝[（2.14＋2.02＋1.81＋1.44＋0.72）×2＋2.18]×2＝18.44×2＝36.88（m）

10.4 钢筋工程计价案例

1. 钢筋清单工程量计算表

本教材案例中的钢筋清单工程量计算表如表10.9所示。因钢筋工程量计算式较多，本表只列举个别构件钢筋工程量计算式。

表10.9 钢筋工程清单工程量计算表

序号	钢筋名称	钢筋直径	钢筋图形	计算式	根数	总根数	单长（m）	总长（m）	总重（kg）
1		桩基础（61根）							
	纵筋	φ1□	3400						
				400+3000+12.5*d	6	366	3.55	1299.3	1391.76
	螺旋箍筋	φ6	2900 225 200 钢筋分1段						
				round(sqrt(sqr(pi*(225+2*d))+sqr(200))*(2900+2*d)/200/1)+300	1	61	11.525	703.025	156.039
	圆形箍筋	φ8	185 300						
				pi*(185+2*d)+300+2*d+2*11.9*d	3	183	1.138	208.254	82.174
2		楼梯梯段（4段）							
	梯板下部纵筋	φ12	3359						
				3359+12.5*d	11	44	3.509	154.396	137.075

续表

序号	钢筋名称	钢筋直径	钢筋图形	计算式	根数	总根数	单长（m）	总长（m）	总重 kg
	下梯梁端上部纵筋	ϕ12	49 ⌐1065⌐ 656 70						
				1184+6.25*d	11	44	1.259	55.396	49.182
	梯板分布钢筋	ϕ6	1150						
				1150+12.5*d	27	108	1.225	132.3	29.365

序号	项目编码	项目名称	单位	数量
1	010416001001	现浇混凝土圆钢筋ϕ6	t	0.844
2	010416001002	现浇混凝土圆钢筋ϕ6（砌体钢筋加固）	t	0.291
3	010416001003	现浇混凝土圆钢筋ϕ8	t	1.672
4	010416001004	现浇混凝土圆钢筋ϕ10	t	1.794
5	010416001005	现浇混凝土圆钢筋ϕ12	t	2.096
6	010416001006	现浇混凝土螺纹钢筋ϕ12	t	0.688
7	010416001007	现浇混凝土螺纹钢筋ϕ14	t	0.558
8	010416001008	现浇混凝土螺纹钢筋ϕ16	t	0.706
9	010416001009	现浇混凝土螺纹钢筋ϕ18	t	1.456
10	010416001010	现浇混凝土螺纹钢筋ϕ20	t	0.537
11	010416001011	现浇混凝土螺纹钢筋ϕ22	t	0.51
12	010416004001	桩基钢筋笼	t	1.392
13	010416002001	预制构件钢筋ϕ4	t	0.015
14	010416002002	预制构件钢筋ϕ6	t	0.036
15	010416002003	预制构件钢筋ϕ8	t	0.049
16	010416002004	预制构件钢筋ϕ10	t	0.008
17	010416002005	预制构件钢筋ϕ12	t	0.033
18	010416002006	预制构件螺纹钢筋ϕ12	t	0.049
19	010416005001	先张法预应力钢筋ϕ5	t	0.302

2. 钢筋工程清单及报价工程量表

本教材案例中的钢筋工程清单及报价工程量表如表 10.10 所示。

表 10.10　钢筋工程清单及报价工程量表

序号	项目编码	工程项目名称	单位	数量
1	010416001001	现浇构件圆钢筋ϕ6mm	t	0.844
	A3-680	现浇构件圆钢筋ϕ6.5mm 以内	t	0.844
2	010416001002	砌体加固钢筋ϕ6mm	t	0.291
	A2-126	砌体钢筋加固	t	0.291
3	010416001003	现浇构件圆钢筋ϕ8mm 以内	t	1.672
	A3-681	现浇构件圆钢筋ϕ8mm 以内	t	1.672
4	010416001004	现浇构件圆钢筋ϕ10mm 以内	t	1.794
	A3-682	现浇构件圆钢筋ϕ10mm 以内	t	1.794
5	010416001005	现浇构件圆钢筋ϕ12mm 以内	t	2.096
	A3-683	现浇构件圆钢筋ϕ12mm 以内	t	2.096
6	010416001006	现浇构件螺纹钢筋ϕ12mm 以内	t	0.688
	A3-694	现浇构件螺纹钢筋ϕ12mm 以内	t	0.688
7	010416001007	现浇构件圆钢筋ϕ14mm 以内	t	0.558
	A3-695	现浇构件螺纹钢筋ϕ14mm 以内	t	0.558
8	010416001008	现浇构件螺纹钢筋ϕ16mm 以内	t	0.706
	A3-696	现浇构件螺纹钢筋ϕ16mm 以内	t	0.706
9	010416001009	现浇构件螺纹钢筋ϕ18mm 以内	t	1.456
	A3-697	现浇构件螺纹钢筋ϕ18mm 以内	t	1.456
10	010416001010	现浇构件螺纹钢筋ϕ20mm 以内	t	0.537
	A3-698	现浇构件螺纹钢筋ϕ20mm 以内	t	0.537
11	010416001011	现浇构件螺纹钢筋ϕ22mm 以内	t	0.51
	A3-699	现浇构件螺纹钢筋ϕ22mm 以内	t	0.51
12	010416004001	桩基钢筋笼	t	1.392
	A3-744	灌注混凝土桩钢筋笼制安 钢筋笼制、安	t	1.392
13	010416002001	预制构件钢筋ϕ4	t	0.015
	A3-707	预制构件圆钢筋ϕ6mm 以内	t	0.015
14	010416002002	预制构件钢筋ϕ6	t	0.036
	A3-707	预制构件圆钢筋ϕ6mm 以内	t	0.036
15	010416002003	预制构件钢筋ϕ8	t	0.049
	A3-708	预制构件圆钢筋ϕ8mm 以内	t	0.049
16	010416002004	预制构件钢筋筋ϕ10	t	0.008
	A3-709	预制构件圆钢筋ϕ10mm 以内	t	0.008
17	010416002005	预制构件钢筋ϕ12	t	0.033
	A3-710	预制构件圆钢筋ϕ12mm 以内	t	0.033
18	010416002006	预制构件钢筋螺纹钢筋ϕ12	t	0.049
	A3-721	预制构件螺纹钢筋ϕ12mm 以内	t	0.049
19	010416005001	先张法预应力钢筋ϕ5	t	0.302
	A3-760	先张法预应力钢筋ϕ5mm	t	0.302

3. 钢筋综合单价计算表

本教材案例中的钢筋综合单价计算表如表 10.11 所示。

表 10.11　钢筋综合单价计算表

序号	项目编码	工程项目名称	单位	数量	综合单价（元）					
					人工费	材料费	机械使用费	管理费	利润	小计
1	010416001001	现浇构件圆钢筋 ϕ6mm	t	0.844	1197.84	4373.32	46.2	278.06	300.53	6195.95
	A3-680	现浇构件圆钢筋 ϕ6.5mm 以内	t	0.844	1197.84	4373.32	46.2	278.06	300.53	6195.95
2	010416001002	砌体加固钢筋 ϕ6mm	t	0.291	1008.35	4331.13	22.96	265.43	286.87	5914.78
	A2-126	砌体钢筋加固	t	0.291	1008.36	4331.13	22.97	265.44	286.89	5914.79
3	010416001003	现浇构件圆钢筋 ϕ8mm 以内	t	1.672	777	4334.16	57.59	255.85	276.53	5701.13
	A3-681	现浇构件圆钢筋 ϕ8mm 以内	t	1.672	777	4334.16	57.59	255.85	276.53	5701.13
4	010416001004	现浇构件圆钢筋 ϕ10mm 以内	t	1.794	562.2	4316.15	48.79	243.89	263.6	5434.63
	A3-682	现浇构件圆钢筋 ϕ10mm 以内	t	1.794	562.2	4316.15	48.79	243.89	263.6	5434.63
5	010416001005	现浇构件圆钢筋 ϕ12mm 以内	t	2.096	460.38	4458.92	129.6	249.92	270.12	5568.94
	A3-683	现浇构件圆钢筋 ϕ12mm 以内	t	2.096	460.38	4458.92	129.6	249.92	270.12	5568.94
6	010416001006	现浇构件螺纹钢筋 ϕ12mm 以内	t	0.688	500.81	4772.41	154.29	268.66	290.36	5986.56
	A3-694	现浇构件螺纹钢筋 ϕ12mm 以内	t	0.688	500.82	4772.42	154.29	268.66	290.37	5986.56
7	010416001007	现浇构件圆钢筋 ϕ14mm 以内	t	0.558	419.87	4765.41	143.6	263.78	285.11	5877.78
	A3-695	现浇构件螺纹钢筋 ϕ14mm 以内	t	0.558	419.88	4765.41	143.61	263.78	285.1	5877.78
8	010416001008	现浇构件螺纹钢筋 ϕ16mm 以内	t	0.706	379.43	4760.91	141.22	261.44	282.56	5825.57
	A3-696	现浇构件螺纹钢筋 ϕ16mm 以内	t	0.706	379.44	4760.91	141.22	261.44	282.56	5825.57
9	010416001009	现浇构件螺纹钢筋 ϕ18mm 以内	t	1.456	328.32	4777.66	129.06	259.13	280.07	5774.24
	A3-697	现浇构件螺纹钢筋 ϕ18mm 以内	t	1.456	328.32	4777.66	129.06	259.13	280.07	5774.24
10	010416001010	现浇构件螺纹钢筋 ϕ20mm 以内	t	0.537	301.81	4772.14	128.88	257.54	278.34	5738.72
	A3-698	现浇构件螺纹钢筋 ϕ20mm 以内	t	0.537	301.8	4772.14	128.89	257.54	278.35	5738.72

续表

序号	项目编码	工程项目名称	单位	数量	综合单价（元）					
					人工费	材料费	机械使用费	管理费	利润	小计
11	010416001011	现浇构件螺纹钢筋φ22mm以内	t	0.51	269.71	4769.88	112.8	255.04	275.65	5683.08
	A3-699	现浇构件螺纹钢筋φ22mm以内	t	0.51	269.7	4769.88	112.81	255.04	275.65	5683.08
12	010416004001	桩基钢筋笼	t	1.392	534.18	4308.74	87.13	244.04	263.76	5437.85
	A3-744	灌注混凝土桩钢筋笼制安 钢筋笼制、安	t	1.392	534.18	4308.74	87.13	244.04	263.76	5437.85
13	010416002001	预制构件钢筋φ4	t	0.015	1084.67	4346	390	288	311.33	6419.33
	A3-707	预制构件圆钢筋φ6mm以内	t	0.015	1084.38	4345.87	389.68	288.09	311.37	6419.39
14	010416002002	预制构件钢筋φ6	t	0.036	1084.44	4345.83	389.72	288.06	311.39	6419.44
	A3-707	预制构件圆钢筋φ6mm以内	t	0.036	1084.38	4345.87	389.68	288.09	311.37	6419.39
15	010416002003	预制构件钢筋φ8	t	0.049	723.47	4321.84	258.57	262.45	283.67	5850.41
	A3-708	预制构件圆钢筋φ8mm以内	t	0.049	723.54	4321.9	258.66	262.55	283.77	5850.42
16	010416002004	预制构件钢筋筋φ10	t	0.008	548.75	4316.25	47.5	243.75	262.5	5417.5
	A3-709	预制构件圆钢筋φ10mm以内	t	0.008	548.7	4316.15	47.3	243.15	262.8	5418.1
17	010416002005	预制构件钢筋φ12	t	0.033	448.79	4396.06	134.24	246.36	266.36	5491.52
	A3-710	预制构件圆钢筋φ12mm以内	t	0.033	448.74	4395.92	134.17	246.45	266.37	5491.65
18	010416002006	预制构件钢筋螺纹钢筋φ12	t	0.049	475.31	4727.35	148.98	264.9	286.33	5902.86
	A3-721	预制构件螺纹钢筋φ12mm以内	t	0.049	475.26	4727.42	148.97	264.91	286.31	5902.87
19	010416005001	先张法预应力钢筋φ5	t	0.302	832.32	5122.85	74.87	298.48	322.62	6651.16
	A3-760	先张法预应力钢筋φ5mm以内	t	0.302	832.32	5122.86	74.87	298.49	322.61	6651.15

4. 钢筋计价表

本教材案例中的钢筋清单计价表如表10.12所示。

表10.12 钢筋清单计价表

序号	项目编码	项目名称	计量单位	工程数量	金额（元）	
					综合单价	合价
1	010416001001	现浇构件圆钢筋φ6mm	t	0.844	6195.95	5229.38
2	010416001002	砌体加固钢筋φ6mm	t	0.291	5914.78	1721.2
3	010416001003	现浇构件圆钢筋φ8mm	t	1.672	5701.13	9532.29
4	010416001004	现浇构件圆钢筋φ10mm	t	1.794	5434.63	9749.73

续表

序号	项目编码	项目名称	计量单位	工程数量	金额（元）	
					综合单价	合价
5	010416001005	现浇构件圆钢筋φ12mm	t	2.096	5568.94	11672.5
6	010416001006	现浇构件螺纹钢筋φ12mm	t	0.688	5986.56	4118.75
7	010416001007	现浇构件圆钢筋φ14mm	t	0.558	5877.78	3279.8
8	010416001008	现浇构件螺纹钢筋φ16mm	t	0.706	5825.57	4112.85
9	010416001009	现浇构件螺纹钢筋φ18mm	t	1.456	5774.24	8407.29
10	010416001010	现浇构件螺纹钢筋φ20mm	t	0.537	5738.72	3081.69
11	010416001011	现浇构件螺纹钢筋φ22mm	t	0.51	5683.08	2898.37
12	010416004001	桩基钢筋笼	t	1.392	5437.85	7569.49
13	010416002001	预制构件钢筋φ4	t	0.015	6419.33	96.29
14	010416002002	预制构件钢筋φ6	t	0.036	6419.44	231.1
15	010416002003	预制构件钢筋φ8	t	0.049	5850.41	286.67
16	010416002004	预制构件钢筋筋φ10	t	0.008	5417.5	43.34
17	010416002005	预制构件钢筋φ12	t	0.033	5491.52	181.22
18	010416002006	预制构件钢筋螺纹钢筋φ12	t	0.049	5902.86	289.24
19	010416005001	先张法预应力钢筋φ5	t	0.302	6651.16	2008.65

本章小结

本章主要介绍了钢筋工程计量与计价计算方法，并且结合现行的混凝土结构平面表示方法进行介绍。最后结合案例进行了钢筋工程的清单量、钢筋定额工程量和钢筋工程的综合单价的计算过程的系统介绍。

思考与练习

1．钢筋工程的清单计价项目是如何设置的？

2．计算如图 10.26 所示柱内钢筋工程量。

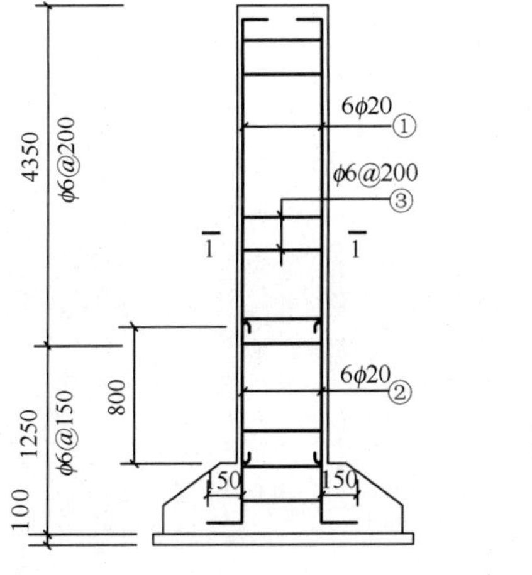

图 10.26　柱配筋图

3．计算如图 10.14 所示梁内钢筋工程量。

4．计算如图 10.27 所示板内钢筋工程量。

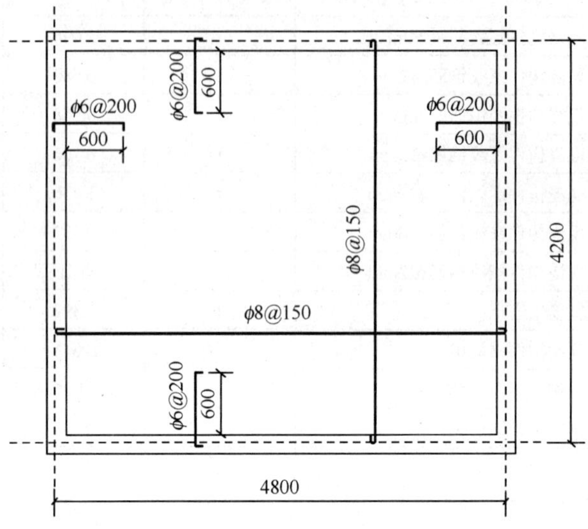

图 10.27　现浇板配筋图

第 11 章　屋面防水及保温工程计价

【能力点描述】

通过本章的学习，学生应掌握屋面工程计量和计价方法。能够运用屋面工程计量和计价方法，正确地进行屋面工程的计价。

11.1　屋面及防水工程清单量计价

11.1.1　相关说明

屋面及防水工程分为瓦、型材屋面，屋面防水，墙、地面防潮，适用于建筑物屋面、墙面、地面防水、防潮工程。

11.1.2　屋面防水工程清单工程量的计算方法

1. 瓦型材屋面清单

瓦型材屋面清单项目如表 11.1 所示。

表 11.1　瓦型材屋面清单项目表

项目编码	项目名称	项目特征	计量单位	工程量计算规则	工程内容
010701001	瓦屋面	1. 瓦品种、规格、品牌、颜色 2. 防水材料种类 3. 基层材料种类 4. 楔条种类、截面 5. 防护材料种类	m^2	以设计图示尺寸以斜面面积计算，不扣除房上烟囱、风帽底座、风道、小气窗、斜沟等所占面积，小气窗的出檐部分不增加面积	1.檩条、椽子安装 2.基层敷设 3.铺防水层 4.安顺水条和挂瓦条 5.安瓦 6.刷防护材料
010701002	型材屋面	1.型材品种、规格、品牌、颜色 2. 骨架材料品种、规格 3. 接缝、嵌缝材料种类	m^2		1.骨架制作、运输、安装 2.屋面型材安装 3.接缝、嵌缝
010701003	膜结构屋面	1.膜布品种、规格、颜色 2.支柱（网架）钢材品种、规格 3.钢丝绳品种、规格 4.油漆品种、刷漆遍数		按设计图示尺寸按需要覆盖的水平面积计算	1.膜布热压、胶接 2.支柱（网架）制作、安装 3.膜布安装 4.穿钢丝绳、锚头锚固 5.刷油漆

“膜结构屋面”项目适用于膜布屋面。

（1）膜结构，也称索膜结构，是一种以膜布与支撑（柱、网架等）和拉结结构（拉杆、钢丝绳等）组成的屋盖、篷顶结构。

（2）膜结构屋面需要覆盖的水平投影面积如图 11.1 所示。

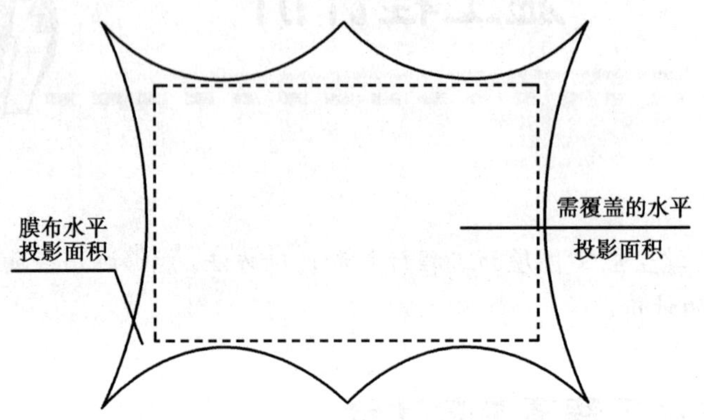

图 11.1　膜结构屋面需要覆盖的水平投影

（3）支撑和拉固膜布的钢柱、拉杆、金属网架、钢丝绳、锚固的锚头等应包括在膜结构屋面项目内。

（4）支撑柱的钢筋混凝土柱基、锚固的钢筋混凝土基础以及地脚螺栓等按混凝土及钢筋混凝土相关项目编码列项。

2. 屋面防水清单

屋面防水清单项目如表 11.2 所示。

表 11.2　屋面防水清单项目表

项目编码	项目名称	项目特征	计量单位	工程量计算规则	工程内容
010702001	屋面卷材防水	1.卷材品种、规格 2.防水层做法 3.嵌缝材料种类 4.防护材料种类	m^2	按设计图示尺寸以面积计算 1.斜屋面（不包括平屋顶找坡）按斜面积计算，平屋顶按水平投影面积计算 2.不扣除房上烟囱、风帽底座、风道、屋面小气窗和斜沟等所占面积 3.屋面的女儿墙、伸缩缝和天窗等处的弯起部分，并入屋面工程量内	1.基层处理 2.抹找平层 3.刷底油 4.铺油毡卷材、接缝、嵌缝 5.铺保护层
010702002	屋面涂膜防水	1.防水膜品种 2.涂膜厚度、遍数、增强材料种类 3.嵌缝材料种类 4.防护材料种类			1.基层处理 2.抹找平层 3.涂防水膜 4.铺保护层
010702003	屋面刚性防水	1.防水层厚度 2.嵌缝材料种类 3.混凝土强度等级		以设计图示尺寸以面积计算，不扣除房上烟囱、风帽底座、风道等所占面积	1.基层处理 2.混凝土制作、运输、铺筑、养护

续表

项目编码	项目名称	项目特征	计量单位	工程量计算规则	工程内容
010702004	屋面排水管	1.排水管品种、规格、品牌、颜色 2.接缝、嵌缝材料种类 3.油漆品种、刷漆遍数	m	按设计图示尺寸以长度计算，如设计未标注尺寸，以檐口至设计室外散水上表面垂直距离计算	1.排水管配件安装、固定 2.雨水斗、雨水箅子安装 3.接逢、嵌缝
010702005	屋面天沟、檐沟	1.材料品种 2.砂浆配合比 3.宽度、坡度 4.接逢、嵌缝材料种类 5.防护材料种类	m^2	按设计图示尺寸以面积计算，铁皮和卷材天沟按展开面积计算	1.砂浆制作、运输 2.砂浆找坡、养护 3.天沟材料敷设 4.接逢、嵌缝 5.刷防护材料

3. 墙地面防水（防潮）清单

墙地面防水（防潮）清单项目如表 11.3 所示。

表 11.3　墙地面防水（防潮）清单项目表

<table>
<tr><th>项目编码</th><th>项目名称</th><th>项目特征</th><th>计量单位</th><th>工程量计算规则</th><th>工程内容</th></tr>
<tr><td>010703001</td><td>卷材防水</td><td rowspan="2">1.卷材、涂膜品种
2.涂膜厚度、遍数、增强材料种类
3.防水部位
4.防水做法
5.接缝、嵌缝材料种类
6.防护材料种类</td><td rowspan="3">m²</td><td rowspan="3">按设计图示尺寸以面积计算
1.地面防水：按主墙间净空面积计算。扣除凸出地面的构筑物、设备基础等所占面积，不扣除间壁墙及单个 0.3 m² 以内的柱、垛、烟囱及孔洞所占的面积
2.墙基防水：外墙按中心线，内墙按净长线长度乘以墙宽计算</td><td>1.基层处理
2.抹找平层
3.刷黏结剂
4.铺防水
5.铺保护层卷材
6.接缝、嵌缝</td></tr>
<tr><td>010703002</td><td>涂膜防水</td><td>1.基层处理
2.抹找平层
3.刷基层处理剂
4.铺涂膜防水层
5.铺保护层</td></tr>
<tr><td>010703003</td><td>砂浆防水（防潮）</td><td>1.防水（防潮）层部位
2.防水（防潮）厚度、层数
3.砂浆配合比
4.外加剂材料种类</td><td>1.基层处理
2.挂钢丝网片
3.设置分格缝
4.砂浆制作、运输、摊铺、养护</td></tr>
<tr><td>010703004</td><td>变形缝</td><td>1.变形缝部位
2.嵌缝材料种类
3.止水带材料种类
4.盖板材料
5.防护材料种类</td><td>m</td><td>按设计图示尺寸以长度计算</td><td>1.清缝
2.填塞防水材料
3.止水带安装
4.盖板制作
5.刷防护材料</td></tr>
</table>

11.1.3 屋面防水工程定额工程量计算方法

1. 瓦屋面、金属压型板工程量计算

瓦屋面、金属压型板（包括挑檐部分）均按屋面的水平投影面积乘以屋面坡度系数（见表11.4）以平方米计算，不扣除房上烟囱、风帽底座、风道、屋面小气窗、斜沟等所占面积，屋面小气窗的出檐部分亦不增加。

表11.4 屋面坡度系数表

坡度			延尺系数 C	隅延尺系数 D	坡度			延尺系数 C	隅延尺系数 D
B（A=1）	B/2A	α（°）			B（A=1）	B/2A	α（°）		
1	1/2	45°	1.414 2	1.732 1	0.4	1/5	21° 48′	1.077	1.469 7
0.75		36° 52′	1.25	1.600 8	0.33	1/6	18° 26′	1.054 1	1.453
0.7		35°	1.220 7	1.578	0.3		16° 42′	1.044	1.445 7
0.666	1/3	33° 40′	1.201 5	1.563 2	0.25	1/8	14° 02′	1.030 8	1.436 2
0.65		33° 01′	1.192 7	1.556 4	0.2	1/10	11° 19′	1.019 8	1.428 3
0.6		30° 58′	1.166 2	1.536 2	0.15		8° 32′	1.011 2	1.422 1
0.577		30°	1.154 7	1.527 4	0.125	1/16	7° 8′	1.007 8	1.419 7
0.55		28° 49′	1.141 3	1.517 4	0.1	1/20	5° 42′	1.005	1.417 7
0.5	1/4	26° 34′	1.118	1.5	0.083	1/24	4° 45′	1.003 5	1.416 6
0.45		24° 14′	1.096 6	1.484 1	0.066	1/30	3° 49′	1.002 2	1.415 7

注：①两坡水、四坡水屋面面积均为其水平投影面积乘以延尺系数 C；

②四坡排水屋面斜脊长度＝A×D（当 S＝A 时），如图11.2所示。

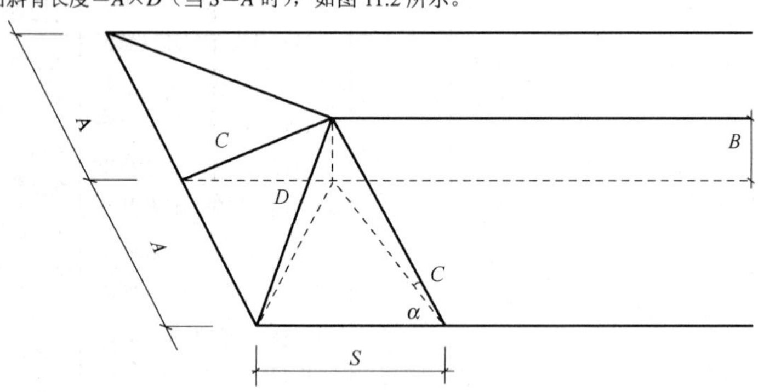

图11.2 屋面坡度系数示意图

例11.1 已知瓦屋面如图11.3所示，求屋面面积及屋脊长度。

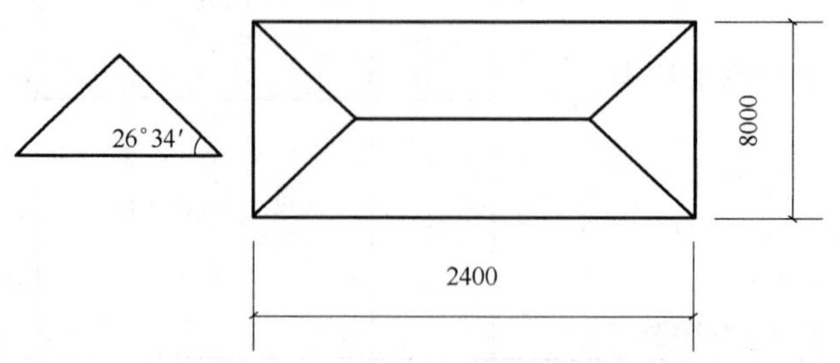

图11.3 瓦屋面水平投影示意图

解：(1) 查表 11.4，得 C=1.118。

屋面面积＝水平面积×C＝8.0×24.0×1.118＝214.66（m^2）

(2) 查表 11.4，得 D＝1.5。

斜脊长度＝A×D×4＝4.0×1.5×4＝24（m）

屋脊水平段长度＝24-8＝16（m）

屋脊总长＝24＋16＝40（m）

2. 卷材屋面工程量计算

卷材屋面工程量按以下规定计算：

(1) 卷材屋面按图示尺寸的水平投影面积乘以规定的坡度系数以平方米计算。但不扣除房上烟囱、风帽底座、风道、屋面小气窗和斜沟所占的面积，屋面的女儿墙、伸缩缝和天窗等处的弯起部分，按图示尺寸并入屋面工程量计算。如图纸无规定时，伸缩缝、女儿墙的弯起部分可按 250mm 计算，天窗弯起部分可按 500mm 计算。

(2) 卷材屋面的附加层、接缝、收头、找平层嵌缝、冷底子油已计入定额内，不需另外计算。

3. 防水工程量计算

防水工程量按以下规定计算：

(1) 建筑物地面防水、防潮层按主墙间净空面积计算，扣除凸出地面构筑物、设备基础等所占的面积，不扣除柱、垛、间壁墙、烟囱及 0.3m^2 以内孔洞所占面积。与墙面连接处高度在 500mm 以内者按展开面积计算，并入平面工程量内，超过 500mm 时，按立面防水层计算。

(2) 建筑物墙基防水、防潮层，外墙长度按中心线、内墙按净长，乘以宽度以平方米计算。

(3) 构筑物防水层及建筑物地下室防水层，按实铺面积计算，但不扣除 0.3m^2 以内的孔洞面积。平面与立面交接处的防水层，其上卷高度超过 500mm 时，按立面防水层计算。

(4) 防水卷材的附加层、接缝、收头、冷底子油等人工材料均已计入定额内，不另行计算。

(5) 变形缝按延长米计算。

4. 屋面排水工程量计算

屋面排水工程量按以下规定计算：

(1) 铁皮排水按图示尺寸以展开面积计算，如图纸没有注明尺寸的，可按折算表（见表 11.5）计算，咬口和搭接等已计入定额项目中，不需另行计算。

(2) 铸铁、玻璃钢水落管区别不同直径按图示尺寸延长米计算，雨水口、水斗、弯头、短管以个计算。

表 11.5　铁皮排水单体零件折算表

<table>
<tr><td colspan="2">名　称</td><td>单位</td><td>水落管（米）</td><td>檐沟（米）</td><td>水斗（个）</td><td>漏斗（个）</td><td>下水口（个）</td><td></td><td></td></tr>
<tr><td rowspan="3">铁皮排水</td><td>水落管、檐沟、水斗、漏斗、下水口</td><td>m^2</td><td>0.32</td><td>0.3</td><td>0.4</td><td>0.16</td><td>0.45</td><td></td><td></td></tr>
<tr><td rowspan="2">天沟、斜沟、天窗窗台泛水、天窗侧面泛水、烟囱泛水、通气管泛水、滴水檐头泛水、滴水</td><td rowspan="2">m^2</td><td>天沟（m）</td><td>斜沟天窗窗台泛水（m）</td><td>天窗侧面泛水（m）</td><td>烟囱泛水（m）</td><td>通气管泛水（m）</td><td>滴水檐头泛水（m）</td><td>滴水（m）</td></tr>
<tr><td>1.3</td><td>0.5</td><td>0.7</td><td>0.8</td><td>0.22</td><td>0.24</td><td>0.11</td></tr>
</table>

11.2 防腐、隔热、保温工程计价

11.2.1 相关说明

（1）防腐、隔热、保温工程包括防腐面层、其他防腐、隔热、保温工程，适用于工业与民用建筑的基础、地面、墙面防腐、楼地面、墙体、屋盖的保温隔热工程。本章的屋面工程主要涉及其中的隔热和保温工程，附带对防腐的相关项目也进行简单描述。

（2）屋面的保温项目清单工程量以平米为计量单位，而预算工程量以立方米为计量单位。

11.2.2 防腐、隔热、保温工程清单工程量计算方法

1. 防腐面层清单项目表

防腐面层清单项目如表11.6所示。

表 11.6 防腐面层清单项目表

项目编码	项目名称	项目特征	计量单位	工程量计算规则	工程内容
010801001	防腐混凝土面层	1.防腐部位 2.面层厚度 3.砂浆、混凝土胶泥种类	m^2	按设计图示尺寸以面积计算 平面防腐：扣除凸出地面的构筑物、设备基础等所占面积 立面防腐：砖垛等突出部分按展开面积并入墙面积内	1.基层清理 2.基层刷稀胶泥 3.砂浆制作、运输、摊铺、养护 4.混凝土制作、运输、摊铺、养护
010801002	防腐砂浆面层				
010801003	防腐胶泥面层				1.基层清理 2. 胶泥调制、摊铺
010801004	玻璃钢防腐面层	1.防腐部位 2.玻璃钢种类 3.贴布层数 4.面层材料品种			1.基层清理 2.刷底漆、刮腻子 3.胶浆配制、涂刷 4.粘布、涂刷面层
010801005	聚氯乙烯板面层	1.防腐部位 2.面层材料品种 3.黏结材料种类			1.基层清理 2.配料、涂胶 3.聚氯乙烯板铺设 4.铺贴踢脚板
010801006	块料防腐面层	1.防腐部位 2.块料品种、规格 3.黏结材料种类 4.勾缝材料种类		按设计图示尺寸以面积计算 平面防腐：扣除凸出地面的构筑物、设备基础等所占面积 立面防腐：砖垛等突出部分按展开面积并入墙面积内 踢脚板防腐：扣除门洞所占的面积并相应增加门洞侧壁面积	1.基层清理 2.砌块料 3. 胶泥调制、勾缝

2. 其他防腐清单项目表

其他防腐清单项目如表 11.7 所示。

表 11.7　其他防腐清单项目表

项目编码	项目名称	项目特征	计量单位	工程量计算规则	工程内容
010802001	隔离层	1.隔离层部位 2.隔离层材料品种 3.隔离层做法 4.粘贴材料种类	m^2	按设计图示尺寸以面积计算 1.平面防腐：扣除凸出地面的构筑物、设备基础等所占面积 2.立面防腐：砖垛等突出部分按展开面积并入墙面积内	1.基层清理、刷油 2.煮沥青 3.胶泥调制 4.隔离层铺设
010802002	砌筑沥青浸渍砖	1.砌筑部位 2.浸渍砖规格 3.浸渍砖砌法（平砌、立砌）	m^3	按设计图示尺寸以体积计算	1.基层清理 2.胶泥调制 3.浸渍砖铺砌
010802003	防腐涂料	1.涂刷部位 2.基层材料类 3.涂料品种、刷涂遍数	m^2	按设计图示尺寸以面积计算 1.平面防腐：扣除凸出地面的构筑物、设备基础等所占面积 2.立面防腐：砖垛等突出部分按展开面积并入墙面积内	1.基层清理 2.刷涂料

3. 隔热保温清单项目表

隔热保温清单项目如表 11.8 所示。

表 11.8　隔热保温清单项目表

<table>
<tr><th>项目编码</th><th>项目名称</th><th>项目特征</th><th>计量单位</th><th>工程量计算规则</th><th>工程内容</th></tr>
<tr><td>010803001</td><td>保温隔热屋面</td><td rowspan="5">1.保温隔热部位
2.保温隔热方式（内保温、外保温、夹心保温）
3.踢脚线、勒脚线保温做法
4.保温隔热面层材料品种、规格、性能
5.保温隔热材料品种、规格
6.隔气层厚度
7.黏结材料种类
8.防护材料种类</td><td rowspan="5">m^2</td><td rowspan="2">按设计图示尺寸以面积计算，不扣除柱、垛所占面积</td><td rowspan="2">1.基层清理
2.铺贴保温层
3.刷防护材料</td></tr>
<tr><td>010803002</td><td>保温隔热天棚</td></tr>
<tr><td>010803003</td><td>保温隔热墙</td><td>按设计图示尺寸以面积计算。扣除门窗洞口所占面积；门窗洞口侧壁需做保温时，并入保温墙体工程量内</td><td rowspan="2">1.基层清理
2.底层抹灰
3.粘贴龙骨
4.填贴保温材料
5.粘贴面层
6.嵌缝
7.刷防护材料</td></tr>
<tr><td>010803004</td><td>保温柱</td><td>按设计图示尺寸以保温层中心线展开长度乘以保温层高度计算</td></tr>
<tr><td>010803005</td><td>隔热楼地面</td><td>按设计图示尺寸以面积计算，不扣除柱、垛所占面积</td><td>1.基层清理
2.铺设粘贴材料
3.铺贴保温层
4.刷防护材料</td></tr>
</table>

11.2.3　防腐、隔热、保温工程定额工程量计算方法

1. 防腐工程量计算规定

（1）防腐工程项目应区分不同防腐材料种类及其厚度，按设计实铺面积以平方米计算。应扣除凸出地面的构筑物、设备基础等所占的面积，砖垛等突出墙面部分按展开面积计算并入墙面防

腐工程量之内。

（2）踢脚板按实铺长度乘以高度以平方米计算，应扣除门洞所占面积并相应增加侧壁展开面积。

（3）平面砌筑双层耐酸块料时，按单层面积乘以系数 2.0 计算。

（4）防腐卷材接缝、附加层、收头等人工、材料，已计入在定额中，不再另行计算。

2. 保温隔热工程量计算规定

（1）保温隔热层应区别不同保温隔热材料，除另有规定者外，均按设计实铺厚度以立方米计算。

例 11.2 图 11.4 是平屋面的屋顶平面图，屋面采用干铺蛭石保温层，最薄处 60mm，试计算屋面保温层的定额直接费。

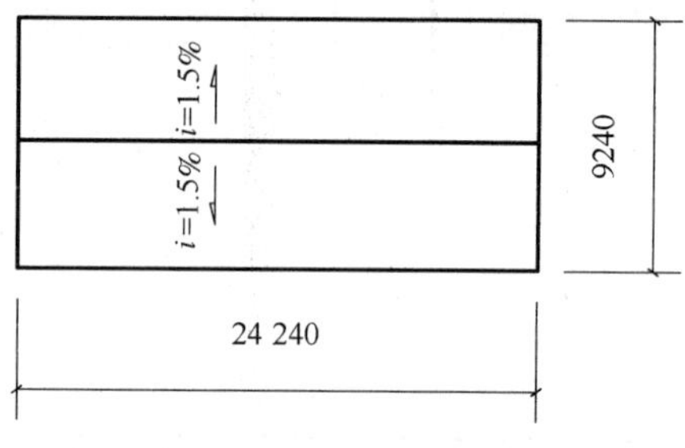

图 11.4 屋顶平面图

解：（1）屋面水平投影面积＝24.14×9.24＝223.05（m^2）

保温层的平均厚度＝0.06＋9.24/4×1.5%＝0.095（m）

保温层的体积＝223.05×0.095＝21.19（m^3）

查定额 A8-215 可知，屋面干铺蛭石保温层定额基价为 1339.0 元/10m^3，则该屋面保温层的定额直接费＝1339.0/10×21.19＝2837.341 元。

（2）保温隔热层的厚度按隔热材料（不包括胶结材料）净厚度计算。

（3）屋面、地面隔热层按围护结构墙体间净面积乘以设计厚度以立方米计算，不扣除柱、垛所占的体积；屋面架空隔热层按实铺面积以平方米计算。

（4）墙体隔热层，外墙按隔热层中心线，内墙按隔热层净长度乘以图示尺寸的高度及厚度以立方米计算。应扣除冷藏门洞口和管道穿墙洞口所占的体积。

（5）柱包隔热层，按图示柱的隔热层中心线的展开长度乘以图示尺寸高度及厚度以立方米计算。

（6）天棚混凝土板下铺贴保温材料时，按设计实铺厚度以立方米计算。天棚板面上铺放保温材料时，按设计实铺面积以平方米计算。

（7）其他保温隔热。

① 池槽隔热层按图示池槽保温隔热层的长、宽及其厚度以立方米计算。其中，池壁按墙面计算，池底按地面计算。

② 门洞口侧壁周围的隔热部分，按图示隔热层尺寸以立方米计算，并入墙面的保温隔热工程量内。

③ 柱帽保温隔热层按图示保温隔热层体积并入天棚保温隔热层工程量内。

④ 烟囱内壁表面隔热层，按筒身内壁并扣除各种孔洞后的面积以平方米计算。

（8）钢结构面 FVC 防腐涂料，工程量按装饰装修工程预算定额中的金属面油漆系数表规定，并乘以表列系数以吨计算。

11.3 屋面及防水工程计价案例

（1）本教材案例中屋面及防水工程的工程量清单如表 11.9 所示。

表 11.9　屋面及防水工程的工程量清单量计算表

序号	项目编码	项目名称	工程量计算式	单位	数量
1	010702001001	卷材防水屋面	11.46×12.06＋（11.46＋12.06）×2×0.25＝149.97 扣上人孔：0.92×0.92＝0.85 扣水箱：（3.1－0.12）×（2.7-0.12）＝7.69 m² 149.97－0.85－7.69 ＝141.43	m²	141.43
2	010702004001	屋面排水管	PVC ϕ100　10.95×4＝43.8 m	m	43.8
3	010703002001	卫生间涂膜防水	2.16×3.6×3＝23.33	m²	23.33

（2）屋面及防水工程预算工程量计算公式如表 11.10 所示。

表 11.10　屋面及防水工程预算工程量计算表

序号	项目编码	项目名称	计量单位	工程数量
1	010702001001	屋面卷材防水、珍珠岩板保温屋面	m²	141.43
	B1-139	屋面面砖面层：11.46×12.06-0.92×0.92-7.69＝129.67	m²	129.67
	A6-71	1.2 厚氯化聚乙烯橡胶共混防水卷材（同清单量）	m²	141.43
	补	0.15 厚聚乙烯薄膜一层（估价 2.5 元/ m²）	m²	141.43
	A6-95	2 厚聚氨脂防水涂料（同清单量）	m²	141.43
	B1-20 换	20 厚 1∶2.5 水泥砂浆找平层（同清单量）	m²	141.43
	A7-212 换	20 厚（最薄处）1∶8 水泥珍珠岩找坡：（0.02＋0.14）×1/2×12.06×11.46-（0.92×0.92＋7.69）×0.02＝11.38 m³	m³	11.38
	A7-211	干铺 100 厚水泥珍珠岩板：129.67 ×0.10＝12.97 m³	m³	12.97
2	010702004001	屋面排水管	m	43.8
	A6-134	PVC ¢100 排水管（同清单量）	m	43.8
	A6-136	塑料雨水口方形（接口直径），直径 100mm	个	4
	A6-138	塑料雨水斗方形（接口直径），直径 100mm	个	4
	A6-140	雨水弯头直径 100mm	个	4
3	010703002001	卫生间涂膜防水	m²	
	A6-197	聚氨脂涂膜防水：23.33＋（2.16+3.6）×2×0.15×3＝28.51 m²	m²	28.51

（3）屋面及防水工程综合单价计算表如表 11.11 所示。

表 11.11　屋面及防水工程综合单价计算表

序号	项目编码	工程项目名称	单位	数量	综合单价（元）					
					人工费	材料费	机械使用费	管理费	利润	小计
1	010702001001	卷材防水屋面	m²	141.43	27.73	164.69	2.97	8.79	10.45	214.63
	B1-139	陶瓷地砖 楼地面周长 1600mm 以内	100m²	1.4143	1216.74	4588.42	47.47	189.63	313.12	6355.38
	补	0.15 厚聚乙烯薄膜一层	m²	141.43	0.37		2.13	0.12	0.13	2.75

续表

序号	项目编码	工程项目名称	单位	数量	综合单价（元）					
					人工费	材料费	机械使用费	管理费	利润	小计
	A6-71	1.2 厚氯化聚乙烯橡胶共混防水卷材	$100m^2$	1.4143	420.42	3870.64		212.41	229.57	4733.04
	A6-95	聚氨酯涂膜防水屋面	$100m^2$	1.4143	232.56	3166.41		168.25	181.84	3749.06
	B1-20	20 厚 1∶2.5 水泥砂浆找平层	$100m^2$	1.4143	368.16	574.72	36.36	60.68	52.39	1092.31
	A7-212	20 厚（最薄处）1∶8 水泥珍珠岩找 2%坡	$10m^3$	1.138	327.84	1515.87		91.26	98.64	2033.61
	A7-211	干铺 100 厚水泥珍珠岩板	$10m^3$	1.297	255.84	3324.88		177.25	191.57	3949.54
2	010702004001	屋面排水管	m	43.8	13.85	41.01		2.72	2.93	60.51
	A6-134	塑料(PVC)落水管 ϕ100mm	10m	4.38	98.94	357.88		22.61	24.44	503.87
	A6-136	塑料雨水口方形(接口直径) ϕ100mm	10 个	0.4	147.3	221.53		18.26	19.73	406.82
	A6-138	塑料水斗方形(接口直径) ϕ100mm	10 个	0.4	122.22	239.45		17.9	19.35	398.92
	A6-140	塑料弯头 ϕ100mm	10 个	0.4	163.26	111.08		13.58	14.68	302.6
3	010703002001	卫生间涂膜防水	m^2	23.33	3.71	39.43		2.14	2.31	47.59
	A6-197	聚氯脂二遍	$100m^2$	0.2851	303.72	3226.65		174.75	188.87	3893.99

（4）屋面及防水工程清单计价表如表 11.12 所示。

表 11.12 屋面及防水工程清单计价表

序号	项目编码	项目名称	项目特征	计量单位	工程数量	金额（元）	
						综合单价	合价
1	010702001001	卷材防水屋面	详见 98ZJ001 屋 4/77 1.8—10 厚地砖铺平拍实，缝宽 5—8，1:1 水泥砂浆填缝 2.25 厚 1:4 干硬性水泥砂浆，面上撒素水泥 3.满铺 0.15 厚聚乙烯薄膜一层 4.1.2 厚氯化聚乙烯橡胶共混防水卷材 4.2 厚聚氨酯防水涂料 5.刷基层处理剂一遍 6.20 厚 1∶2.5 水泥砂浆找平层 7.20 厚（最薄处）1∶8 水泥珍珠岩找 2%坡 8.干铺 100 厚水泥珍珠岩板 9.钢筋混凝土屋面板，表面清扫干净	m^2	141.43	214.63	30355.12

续表

序号	项目编码	项目名称	项目特征	计量单位	工程数量	金额（元）	
						综合单价	合价
2	010702004001	屋面排水管	1.排水管品种、规格、品牌、颜色	m	43.8	60.51	2650.34
3	010703002001	卫生间涂膜防水	1.1.5 厚聚氨脂防水涂料 2.刷基层处理剂一遍	m^2	23.33	47.59	1110.27

本章小结

本章重点介绍了屋面及防水工程和屋面保温隔热工程的工程量清单计价的编制方法，其中包括清单工程量的计算规则、预算工程量的计算规则。通过案例对实际工程中经常涉及的屋面的防水、保温和房间的防水工程的工程量清单计价的综合应用过程进行了详细的介绍。同时还将相关的防腐工程项目的清单计价规则给予了全面的介绍，以便学生对这两部分（《建设工程工程量清单计价规范》中的 A.7 和 A.8 两章）内容有一个清晰、全面的认识。

思考与练习

1．屋面卷材防水和屋面涂膜防水包括哪些工程内容？

2．什么是膜结构？膜结构屋面的清单量应如何计算？膜结构屋面的工程内容包括哪些？

3．已知建筑屋瓦屋面尺寸如图 11.5 所示，屋面坡度如图中标注。求屋面面积和屋脊长度。

4．如图 11.6 所示，屋面总长为 52m，L=7.12m，保温层最薄处厚度为 0.06m。试计算屋面保温层（即找坡层）的工程量。

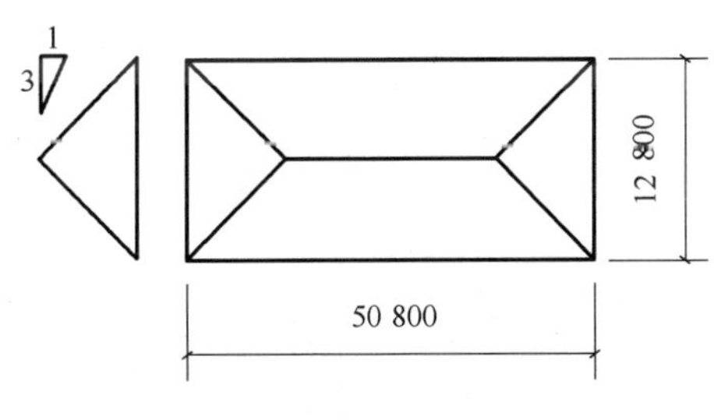

图 11.5　瓦屋面尺寸示意图

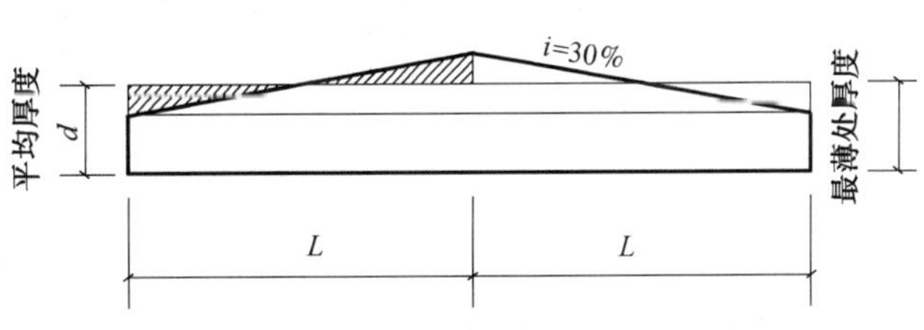

图 11.6　屋面示意图

第 12 章 装饰工程计价

【能力点描述】

通过本章内容的学习，学生应掌握装饰工程计量和计价方法。能够正确运用装饰工程计量和计价方法对装饰工程进行计价。

12.1 楼地面工程计价

12.1.1 相关说明

（1）工程量清单项目设置。楼地面工程工程量清单分为整体面层、块料面层、橡胶面层、其他材料面层、踢脚线、楼梯装饰、扶手、栏杆、栏板、台阶装饰和零星项目装饰等清单项目，适用于楼地面、楼梯和台阶等装饰工程。

（2）本章所有项目报价时均应弄清楚该项目的项目特征和工程内容，除此之外，还应注意以下几点：

① 有填充层和隔离层的楼地面往往有两层找平层，应注意报价。

② 楼梯面层与楼地面相连时应注意区分，两侧的踢脚线应考虑在报价内。

③ 楼梯和台阶装饰应注意防滑条的报价。

④ 木质楼地面与踢脚线、栏杆等应注意油漆品种，涂刷遍数的价格。

12.1.2 常用楼地面工程清单量计算方法

（1）整体面层楼地面工程量清单项目设置及清单工程量计算规则如表 12.1 所示。

表 12.1 整体面层楼地面

项目编码	项目名称	项目特征	计量单位	工程量计算规则	工程内容
020101001	水泥砂浆楼地面	1．垫层材料种类、厚度 2．找平层厚度、砂浆配合比 3．防水层厚度、材料种类 4．面层厚度、砂浆配合比	m^2	按设计图示尺寸以面积计算。扣除凸出地面构筑物、设备基础、室内管道、地沟等所占面积，不扣除间壁墙和 0.3 m^2 以内的柱、垛、附墙烟囱及孔洞所占面积。门洞、空圈、暖气包槽、壁龛的开口部分不增加面积	1．基层清理 2．垫层铺设 3．抹找平层 4．防水层铺设 5．抹面层 6．材料运输
020101002	现浇水磨石楼地面	1．垫层材料种类、厚度 2．找平层厚度、砂浆配合比 3．防水层厚度、材料种类 4．面层厚度、水泥石子浆配合比 5．嵌条材料种类、规格 6．石子种类、规格、颜色 7．颜料种类、颜色 8．图案要求 9．磨光、酸洗、打蜡要求			1．基层清理 2．垫层铺设 3．抹找平层 4．防水层铺设 5．面层铺设 6．嵌缝条安装 7．磨光、酸洗打蜡 8．材料运输
020101003	细石混凝土楼地面	1．垫层材料种类、厚度 2．找平层厚度、砂浆配合比 3．防水层厚度、材料种类 4．面层厚度、混凝土强度等级			1．基层清理 2．垫层铺设 3．抹找平层 4．防水层铺设 5．抹面层 6．打蜡 7．材料运输

（2）块料面层楼地面工程量清单项目设置及清单工程量计算规则如表 12.2 所示。

表 12.2　块料面层楼地面

项目编码	项目名称	项目特征	计量单位	工程量计算规则	工程内容
020102001	石材楼地面	1. 垫层材料种类、厚度 2. 找平层厚度、砂浆配合比 3. 防水层厚度、材料种类 4. 填充材料种类、厚度 5. 结合层厚度、砂浆配合比 6. 面层材料品种、规格、品牌、颜色 7. 嵌缝材料种类	m^2	按设计图示尺寸以面积计算。扣除凸出地面构筑物、设备基础、室内管道、地沟等所占面积，不扣除间壁墙和 0.3 m^2 以内的柱、垛、附墙烟囱及孔洞所占面积。门洞、空圈、	1. 基层清理、垫层铺设、抹找平层 2. 防水层铺设、填充层铺设 3. 面层铺设 4. 嵌缝 5. 刷防护材料
020102002	块料楼地面				

（3）踢脚线工程量清单项目设置及清单工程量计算规则如表 12.3 所示。

表 12.3　踢脚线装饰

项目编码	项目名称	项目特征	计量单位	工程量计算规则	工程内容
020105001	水泥砂浆踢脚线	1. 踢脚线高度 2. 底层厚度、砂浆配合比 3. 面层厚度、砂浆配合比	m^2	按设计图示长度乘高度以面积计算	1. 基层清理 2. 底层抹灰 3. 面层铺贴 4. 勾缝 5. 磨光、酸洗、打蜡 6. 刷防护材料 7. 材料运输
020105002	石材踢脚线	1. 踢脚线高度 2. 底层厚度、砂浆配合比 3. 粘贴层厚度、材料种类 4. 面层材料品种、规格、品牌、颜色 5. 勾缝材料种类 6. 防护材料种类			
020105003	块料踢脚线				

（4）楼梯装饰工程量清单项目设置及清单工程量计算规则如表 12.4 所示。

表 12.4　楼梯装饰

项目编码	项目名称	项目特征	计量单位	工程量计算规则	工程内容
020106001	石材楼梯面层	1. 找平层厚度、砂浆配合比 2. 结合层厚度、材料种类 3. 面层材料品种、规格、品牌、颜色 4. 防滑条材料种类、规格 5. 勾缝材料种类 6. 防护层材料种类 7. 酸洗、打蜡要求	m^2	按设计图示尺寸以楼梯（包括踏步、休息平台及 500mm 以内的楼梯井）水平投影面积计算。楼梯与楼地面相连时，算至梯口梁内侧边沿；无梯口梁者，算至最上一层踏步边沿加 300mm	1. 基层清理 2. 底层抹灰 3. 面层铺贴 4. 贴嵌防滑条 5. 勾缝 6. 刷防护材料 7. 材料运输
020106002	块料楼梯面层				
020106003	水泥砂浆楼梯面	1. 找平层厚度、砂浆配合比 2. 面层厚度、砂浆配合比 3. 防滑条材料种类、规格			1. 基层清理 2. 抹找平层 3. 抹面层 4. 抹防滑条 5. 材料运输

（5）栏杆、扶手、栏板装饰工程量清单项目设置及清单工程量计算规则如表 12.5 所示。

表 12.5　栏杆、扶手、栏板装饰

项目编码	项目名称	项目特征	计量单位	工程量计算规则	工程内容
020107001	金属扶手带 栏杆、栏板	1．扶手材料种类、规格、品牌、颜色 2．栏杆材料种类、规格、品牌、颜色 3．栏板材料种类、规格、品牌、颜色 4．固定配件种类 5．防护材料种类 6．油漆品种、刷漆遍数	m	按设计图示以扶手中心线长度（包括弯头长度）计算	1．制作 2．运输 3．安装 4．刷防护材料、油漆
020107002	硬木扶手带 栏杆、栏板				
020107003	塑料扶手带 栏杆、栏板				
020107004	金属靠墙扶手	1．扶手材料种类、规格、品牌、颜色 2．固定配件种类 3．防护材料种类 4．油漆品种、刷漆遍数			
020107005	硬木靠墙扶手				

（6）台阶装饰工程量清单项目设置及清单工程量计算规则如表 12.6 所示。

表 12.6　台阶装饰

项目编码	项目名称	项目特征	计量单位	工程量计算规则	工程内容
020108001	石材台阶面	1．垫层材料种类、厚度 2．找平层厚度、砂浆配合比 3．粘结层材料种类 4．面层材料品种、规格、品牌、颜色 5．勾缝材料种类 6．防滑条材料种类、规格 7．防护材料种类	m^2	按设计图示尺寸以台阶（包括最上层踏步边沿加 300mm）水平投影面积计算	1．基层清理、抹找平层 2．铺设垫层 3．抹找平层 4．面层铺贴 5．贴嵌防滑条 6．勾缝 7．刷防护材料 8．材料运输
020108002	块料台阶面				
020108003	水泥砂浆台阶面	1.垫层材料种类、厚度 2.找平层厚度、砂浆配合比 3.面层厚度、砂浆配合比 4.防滑条材料种类			1．基层清理 2．铺设垫层 3．抹找平层 4．抹面层 5．抹防滑条 6．材料运输

例 12.1　建筑平面如图 12.1 所示，室内地面为面砖面层，面砖踢脚线高 150mm。M-1 尺寸为 1200mm×3000mm；M-2 尺寸为 800mm×2400mm。试计算面砖地面和踢脚线的清单工程量。

解：根据《建设工程工程量清单计价规范》面砖地面和踢脚线的清单工程量计算如下：

（1）面砖地面清单工程量：

$$(21.0-0.24\times3)\times(9.0-0.24)=177.65\ (m^2)$$

（2）面砖踢脚线清单工程量：

$$[(21.0-0.24\times3)\times2+(9.0-0.24)\times6-1.2-0.8\times4]\times0.15=13.31\ (m^2)$$

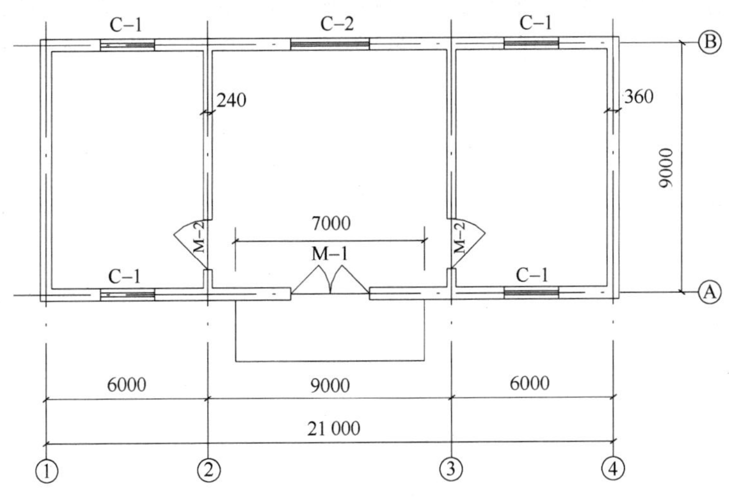

图 12.1　建筑平面示意图

例 12.2　计算如图 12.2 所示台阶及平台镶贴花岗岩面层清单工程量。

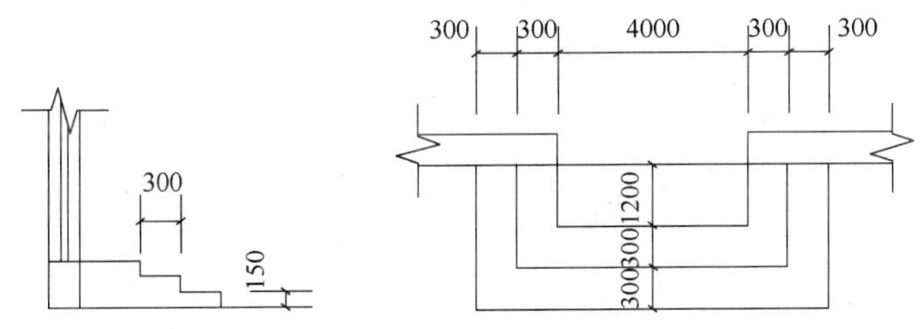

图 12.2　台阶示意图

解：根据《建设工程工程量清单计价规范》台阶和平台镶贴花岗岩面层清单工程量计算如下：

（1）平台镶贴花岗岩面层清单工程量：

$$(4.0-0.3\times2)\times(1.2-0.3)=3.06\ (\mathrm{m}^2)$$

（2）台阶镶贴花岗岩面层清单工程量：

$$(4.0+0.3\times4)\times(1.2+0.3\times2)-3.06=6.3\ (\mathrm{m}^2)$$

12.1.3　楼地面工程报价工程量的计算方法

（1）地面垫层按室内主墙间净空面积乘以设计厚度以立方米计算。应扣除凸出地面的构筑物、设备基础、室内管道、地沟等所占体积，不扣除柱、垛、间壁墙、附墙烟囱及面积在 0.3m^2 以内孔洞所占面积。

（2）整体面层、找平层均按主墙间净空面积以平方米计算。应扣除凸出地面构筑物，设备基础、室内管道、地沟等所占面积，不扣除柱、垛、间壁墙。附墙烟囱及面积在 0.3m^2 以内的孔洞所占面积，但门洞、空圈、暖气包槽、壁龛的开口部分的亦不增加。

（3）楼地面块料装饰面积按饰面的净面积计算，不扣除 0.1 m^2 以内的空洞所占面积。拼花部分按实贴面积计算。

（4）楼梯面层（包括踏步、休息平台以及小于 500mm 宽的楼梯井）按水平投影面积计算。

例 12.3 某五层非上人屋面建筑物楼梯平面图和剖面图如图 12.3 所示，已知 $C=300\text{mm}$，楼梯面层为花岗岩面层，试计算花岗岩楼梯面层预算工程量并计价。

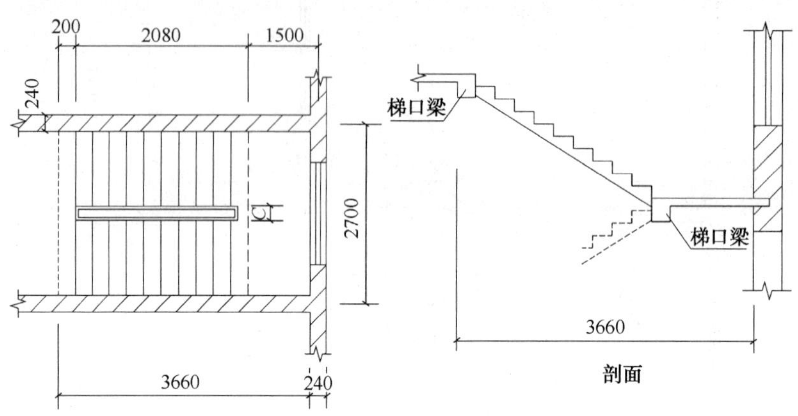

图 12.3 楼梯示意图

解：根据楼梯面层工程量计算规则计算如下：

$$3.66\times(2.7-0.24)\times4=36.01\ (\text{m}^2)$$

查定额 B1-103 得，花岗岩楼梯面定额基价为 30 764.09 元/100m^2，则该花岗岩楼梯面层定额合价为：

$$30\,764.09\times36.01\div100=11\,078.15\ (\text{元})$$

（5）台阶面层（包括踏步及最上一层踏步沿 300mm）按水平投影面积计算。

（6）其他。

①非块料踢脚线按延长米计算，洞口、空圈长度不予扣除，洞口、空圈、垛、附墙烟囱等侧壁长度亦不增加。块料踢脚线按实贴长乘高以平方米计算，成品踢脚线按实贴延长米计算。楼梯踢脚线按相应定额乘以 1. 15 系数。

例 12.4 计算图 12.1 中房间的面砖踢脚线的预算工程量。

解：根据面砖踢脚线的计价工程量计算规则计算如下：

面砖踢脚线工程量为：

$$[(21.0-0.24\times3)\times2+(9.0-0.24)\times6-1.2-0.8\times4]\times0.15=13.31\ (\text{m}^2)$$

查定额 B1-147 得，面砖踢脚线定额基价为 3507.12 元/100m^2，则该面砖踢脚线定额合价为：

$$3507.12\times13.31\div100=466.8\ (\text{元})$$

②点缀按个计算，计算主体铺贴地面面积时，不扣除点缀所占面积。

③栏杆、扶手包括弯头长度按延长米计算。

④弯头按个计算。

⑤零星项目按实铺面积计算。

⑥石材底面刷养护液按底面面积加 4 个侧面面积，以平方米计算。

例 12.5 计算图 12.3 中楼梯栏杆硬木扶手弯头的预算工程量并计价。

解：根据楼梯栏杆弯头的工程量计算规则计算如下：

楼梯栏杆弯头工程量：

$$7\times2+1=15\ (\text{个})$$

查定额 B1-339 得，硬木扶手弯头定额基价为 433. 08 元/10 个，则该硬木扶手弯头定额合价为：

$$433.08 \times 15 \div 10 = 649.62\text{（元）}$$

12.2　墙柱面工程计价

12.2.1　相关说明

（1）工程量清单项目设置。墙、柱面工程的工程量清单分为墙面抹灰、柱面抹灰、零星抹灰、墙面镶贴块料、柱面镶贴块料、零星镶贴块料、墙饰面、柱（梁）饰面、隔断、幕墙等清单项目。适用于一般抹灰，装饰抹灰工程。

（2）墙柱面工程工程量的计算为了提高计算效率，手工计算时通常要充分利用门窗表和房间表中的信息。

12.2.2　墙柱面工程清单量计算方法

（1）墙面抹灰工程量清单项目设置及清单工程量计算规则如表 12.7 所示。

表 12.7　墙面抹灰工程

项目编码	项目名称	项目特征	计量单位	工程量计算规则	工程内容
020201001	墙面一般抹灰	1. 墙体类型 2. 底层厚度、砂浆配合比 3. 面层厚度、砂浆配合比 4. 装饰面材料种类 5. 分格缝宽度、材料种类	m^2	按设计图示尺寸以面积计算。扣除墙裙、门窗洞口及单个 $0.3m^2$ 以外的孔洞面积，不扣除踢脚线、挂镜线和墙与构件交接处的面积，门窗洞口和孔洞的侧壁及顶面不增加面积。附墙柱、梁、垛、烟囱侧壁并入相应的墙面面积内 1．外墙抹灰面积按外墙垂直投影面积计算 2. 外墙裙抹灰面积按其长度乘高度计算 3. 内墙抹灰面积按主墙间的净长乘高度计算 （1）无墙裙的，高度按室内楼地面至天棚底面计算 （2）有墙裙的，高度按墙裙顶至天棚底面计算 4. 内墙裙抹灰面按内墙净长乘高度计算	1. 基层清理 2. 砂浆制作、运输 3. 底层抹灰 4. 抹面层 5. 抹装饰面 6. 勾分格缝
020201002	墙面装饰抹灰				
020201003	墙面勾缝	1. 墙体类型 2. 勾缝类型 3. 勾缝材料种			1. 基层清理 2. 砂浆制作、运输 3. 勾缝

（2）柱面抹灰工程量清单项目设置及清单工程量计算规则如表 12.8 所示。

表 12.8　柱面抹灰工程

项目编码	项目名称	项目特征	计量单位	工程量计算规则	工程内容
020202001	柱面一般抹灰	1. 柱体类型 2. 底层厚度、砂浆配合比 3. 面层厚度、砂浆配合比 4. 装饰面材料种类 5. 分格缝宽度、材料种类	m^2	按设计图示柱断面周长乘高度以面积计算	1. 基层清理 2. 砂浆制作、运输 3. 底层抹灰 4. 抹面层 5. 抹装饰面 6. 勾分格缝
020202002	柱面装饰抹灰				

续表

项目编码	项目名称	项目特征	计量单位	工程量计算规则	工程内容
020202003	柱面勾缝	1．柱体类型 2．勾缝类型 3．勾缝材料种类			1．基层清理 2．砂浆制作、运输 3．勾缝

（3）墙面镶贴块料工程量清单项目设置及清单工程量计算规则如表12.9所示。

表12.9　墙面镶贴块料

项目编码	项目名称	项目特征	计量单位	工程量计算规则	工程内容
020204001	石材墙面	1．墙体材料 2．底层厚度、砂浆配合比 3．贴结层厚度、材料种类 4．挂贴方式 5．干贴方式（膨胀螺栓、钢龙骨） 6．面层材料品种、规格、品牌、颜色 7．缝宽、嵌缝材料种类 8．防护材料种类 9．磨光、酸洗、打蜡要求	m^2	按设计图示尺寸以面积计算	1．基层清理 2．砂浆制作、运输 3．底层抹灰 4．结合层铺贴 5．面层铺贴 6．面层挂贴 7．面层干挂 8．嵌缝 9．刷防护材料 10．磨光、酸洗、打蜡
020204002	碎拼石材墙面				
020204003	块料墙面				

（4）柱面镶贴块料工程量清单项目设置及清单工程量计算规则如表12.10所示。

表12.10　柱面镶贴块料

项目编码	项目名称	项目特征	计量单位	工程量计算规则	工程内容
020205001	石材柱面	1．柱体材料 2．柱截面类型、尺寸 3．底层厚度、砂浆配合比 4．贴结层厚度、材料种类 5．挂贴方式 6．干贴方式 7．面层材料品种、规格、品牌、颜色 8．缝宽、嵌缝材料种类 9．防护材料种类 10．磨光、酸洗、打蜡要求	m^2	按设计图示尺寸以面积计算	1．基层清理 2．砂浆制作、运输 3．底层抹灰 4．结合层铺贴 5．面层铺贴 6．面层挂贴 7．面层干挂 8．嵌缝 9．刷防护材料 10．磨光、酸洗、打蜡
020205002	碎拼石材柱面				
020205003	块料柱面				

例12.6　某建筑物内有3间临时宿舍，房间开间和进深尺寸为3.0×4.5m，墙厚为240mm，室内净高为2.8m，每个房间有一樘尺寸为1.5m×1.5m的窗和一樘尺寸为0.9m×2.1m的门。试计算这3间宿舍的内墙混合砂浆抹面面刷两遍内墙乳胶漆的清单工程量。

解：根据《建设工程工程量清单计价规范》墙面抹灰和刷乳胶漆清单工程量计算规则计算如下：

（1）墙面抹混合砂浆清单工程量：

$(3.0-0.24+4.5-0.24)\times 2\times 2.8\times 3-1.5\times 1.5\times 3-0.9\times 2.1\times 3=105.52$（$m^2$）

（2）墙面刷乳胶漆两遍的清单工程量：与（1）相同，为$105.52m^2$。

12.2.3 墙柱面工程报价工程量计算方法

1. 内墙抹灰工程量计算规定

（1）内墙抹灰面积，应扣除门窗洞口和空圈所占的面积，不扣除踢脚板、挂镜线、0. 3m^2 以内的孔洞和墙与构件交接处的面积，洞口侧壁和顶面亦不增加，墙垛和附墙烟囱侧壁面积与内墙抹灰工程量合并计算。

（2）内墙面抹灰的长度，以主墙间的图示净长尺寸计算，其高度确定如下：

① 无墙裙的，其高度按室内地面或楼面至天棚底面之间距离计算。

② 有墙裙的，其高度按墙裙顶至天棚底面之间距离计算。

③ 钉板天棚的内墙面抹灰，其高度按室内地面或楼面至天棚底面另加 100mm 计算。

（3）内墙裙抹灰面积按内墙净长乘以高度计算，应扣除门窗洞口和空圈所占的面积，门窗洞口和空圈的侧壁面积不另增加，墙垛、附墙烟囱侧壁面积并入墙裙抹灰面积内计算。

2. 外墙抹灰工程量计算规定

（1）外墙抹灰面积，按外墙面的垂直投影面积以平方米计算，应扣除门窗洞口、外墙裙和大于 0.3m^2 孔洞所占面积，洞口侧壁和顶面面积不另增加。附墙垛、梁、柱侧面抹灰面积并入外墙面抹灰工程量内计算，栏板、栏杆、窗台线、门窗套、扶手、压顶、挑檐、遮阳板、突出墙外的腰线等，另按相应规定计算。

（2）外墙裙抹灰面积按其长度乘以高度计算，扣除门窗洞口和大于 0.3m^2 孔洞所占的面积，门窗洞口及孔洞的侧壁不增加。

（3）窗台线、门窗套、挑檐、腰线、遮阳板等展开宽度在 300mm 以内者按装饰线以延长米计算，如展开宽度超过 300mm 以上时，按图示尺寸以展开面积计算，套零星抹灰定额项目。

（4）栏板、栏杆（包括立柱、扶手或压顶等）抹灰按中心线的立面垂直投影面积乘以系数 2.20，以平方米计算，套用零星项目子目。外侧与内侧抹灰砂浆不同时，各按系数 1.10 计算。

（5）雨篷外边线按相应装饰或零星项目执行。

（6）墙面勾缝按垂直投影面计算，应扣除墙裙和墙面抹灰的面积，不扣除门窗洞口、门窗套、腰线等零星抹灰所占的面积，附墙柱和门窗洞口侧面的勾缝面积亦不增加。独立柱、房上烟囱勾缝，按图示尺寸以平方米计算。

3. 外墙装饰抹灰工程量计算规定

（1）外墙各种装饰抹灰均按图示尺寸以实抹面积计算，应扣除门窗洞口空圈的面积，其侧壁面积不另增加。

（2）女儿墙（包括泛水、挑砖）、阳台栏板（不扣除花格所占孔洞面积）内侧抹灰按垂直投影面积乘以系数 1. 10，带压顶者乘系数 1. 30 按墙面定额执行。

（3）柱抹灰按结构断面周长乘高计算。

（4）．“零星项目”按设计图尺寸以展开面积计算。

4. 块料面层工程量计算规定

（1）墙面贴块料面层，按实贴面积计算。

（2）墙面贴块料，饰面高度在 300mm 以内时，按踢脚板定额执行。

（3）柱饰面面积按外围饰面尺寸乘以高度计算。

（4）挂贴大理石、花岗岩中其他零星项目的花岗岩、大理石是按成品考虑的，花岗岩、大理石柱墩、柱帽按最大外径周长计算。

（5）除定额已列有柱帽、柱墩的项目外，其他项目的柱帽、柱墩工程量按设计图示尺寸以展开面积计算，并入相应柱面积内，每个柱帽或柱墩另增人工：抹灰 0. 25 工日，块料 0. 38 工日，饰面 0. 5 工日。

（6）隔断、隔墙、屏风按净长乘净高计算，扣除门窗洞口及 0. 3m^2 以上的孔洞所占面积。

（7）全玻隔断的不锈钢边框工程量按边框展开面积计算；全玻隔断工程量按其展开面积计算。

（8）装饰抹灰分格、嵌缝按装饰抹灰面面积计算。

例 12.7　已知某柱体如图 12.4 所示，试计算柱花岗岩面层工程量（花岗岩厚 20mm）。

解：根据柱面层工程量计算规则计算如下：

20 厚花岗岩柱面层　3.14× 0.4× 6=7.54（m^2）

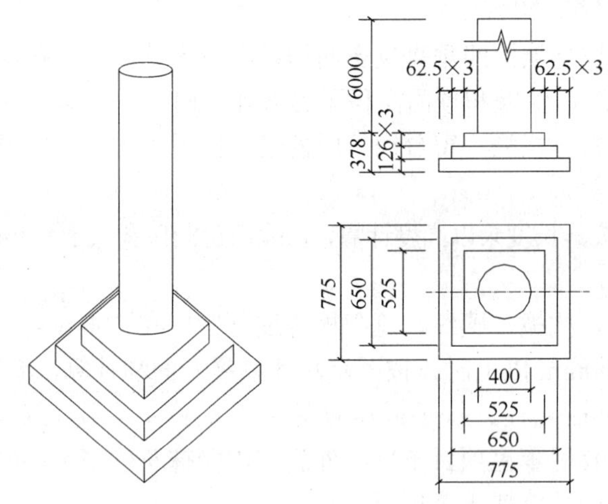

图 12.4　某柱体示意图

12.3　天棚工程计价

12.3.1　相关说明

（1）天棚工程的工程量清单分为天棚抹灰、天棚吊顶和天棚其他装饰等清单项目，适用于天棚装饰工程。

（2）因为有时天棚工程工程量和楼地面工程的工程量相同，计算天棚工程的工程量时应注意充分应用楼地面工程中有关工程量的计算结果以提高工作效率。

12.3.2　天棚工程清单量计算方法

（1）天棚抹灰清单项目设置及清单工程量计算规则如表 12.11 所示。

表 12.11　天棚抹灰

项目编码	项目名称	项目特征	计量单位	工程量计算规则	工程内容
020301001	天棚抹灰	1. 基层类型 2. 抹灰厚度、材料种类 3. 装饰线条道数 4. 砂浆配合比	m^2	按设计图示尺寸以水平投影面积计算。不扣除间壁墙、垛、柱、附墙烟囱、检查口和管道所占的面积，带梁天棚、梁两侧抹灰面积并入天棚面积内，板式楼梯底面抹灰按斜面积计算，锯齿形楼梯底板抹灰按展开面积计算	1. 基层清理 2. 底层抹灰 3. 抹面层 4. 抹装饰线条

（2）天棚吊顶清单项目设置及清单工程量计算规则如表 12.12 所示。

表 12.12　天棚吊顶

项目编码	项目名称	项目特征	计量单位	工程量计算规则	工程内容
020302001	天棚吊顶	1. 吊顶形式 2. 龙骨材料种类、规格、中距 3. 基层材料种类、规格 4. 面层材料品种、规格、品牌、颜色 5. 压条材料种类、规格 6. 嵌缝材料种类 7. 防护材料种类 8. 油漆品种、刷漆遍数	m^2	按设计图示尺寸以水平投影面积计算。天棚面中的灯槽及跌级、锯齿形、吊挂式、藻井式天棚面积不展开计算。不扣除间壁墙、检查口、附墙烟囱、柱垛和管道所占面积，扣除单个 $0.3m^2$ 以外的孔洞、独立柱及天棚相连的窗帘盒所占面积	1. 基层清理 2. 龙骨安装 3. 基层板铺贴 4. 面层铺贴 5. 嵌缝 6. 刷防护材料、油漆

12.3.3　天棚工程报价工程量计算方法

1. 天棚抹灰工程量计算规定

（1）天棚抹灰面积，按主墙间的净面积计算，不扣除间壁墙、垛、柱、附墙烟囱、检查口和管道所占的面积。带梁天棚，梁两侧抹灰面积，并入天棚抹灰工程量内计算。

（2）密肋梁和井字梁天棚抹灰面积，按展开面积计算。

（3）天棚抹灰如带有装饰线时，区别三道线以内或五道线以内按延长米计算，线角的道数以一个突出的棱角为一道线。

（4）檐口天棚的抹灰面积，并入相同的天棚抹灰工程量内计算。

（5）天棚中的折线、灯槽线、圆弧形线，拱形线等艺术形式的抹灰，按展开面积计算。

（6）楼梯底面抹灰，按楼梯水平投影面积（梯井宽超过 200mm 以上者，应扣除超过部分的投影面积）乘以系数 1.30，套用相应的天棚抹灰定额计算。

（7）阳台底面抹灰按水平投影面积以平方米计算，并入相应天棚抹灰面积内。阳台如带悬臂梁者，其工程量乘以系数 1.30。

（8）雨篷底面或顶面抹灰分别按水平投影面积以平方米计算，并入相应天棚抹灰面积内。雨篷顶面带反沿或反梁者，其工程量乘以系数 1.20；底面带悬臂梁者，其工程量乘以系数 1.20。

2. 吊顶天棚龙骨工程量计算规定

各种吊顶天棚龙骨按主墙间净空面积计算，不扣除间壁墙、检查洞、附墙烟囱、柱、垛和管道所占面积。

3. 天棚面装饰工程量计算规定

（1）天棚基层按展开面积计算。

（2）天棚装饰面层，按主墙间主墙间实铺面积以平方米计算，不扣除间壁墙、检查口、附墙烟囱、垛和管道所占面积，但应扣除 0.3m^2 以上的孔洞、独立柱、灯槽及与天棚相连的窗帘盒所占的面积。

（3）板式楼梯底面的装饰工程量按水平投影面积乘 1.15 系数计算，梁式楼梯底面按展开面积计算。

（4）灯光槽按延长米计算。

（5）保温层按实铺面积计算。

（6）网架按水平投影面积计算。

（7）嵌缝按延长米计算。

4. 石膏装饰工程量计算规定

（1）石膏装饰角线、平线工程量以延长米计算。

（2）石膏灯座花饰工程量以实际面积按个计算。

（3）石膏装饰配花，平面外型不规则的按外围矩形面积以个计算。

例 12.8 对如图 12.5 所示房间进行吊顶，采用不上人轻钢龙骨纸面石膏板吊顶。窗帘盒不与顶棚相连，面层贴壁纸，与墙面交接处四周压石膏线。试计算吊顶工程清单工程量以及定额工程量。

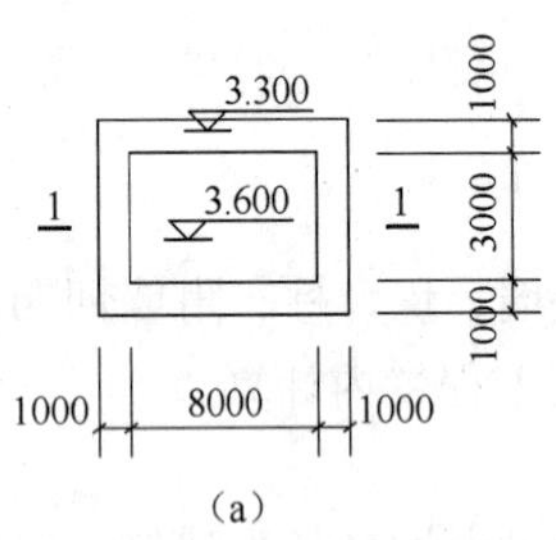

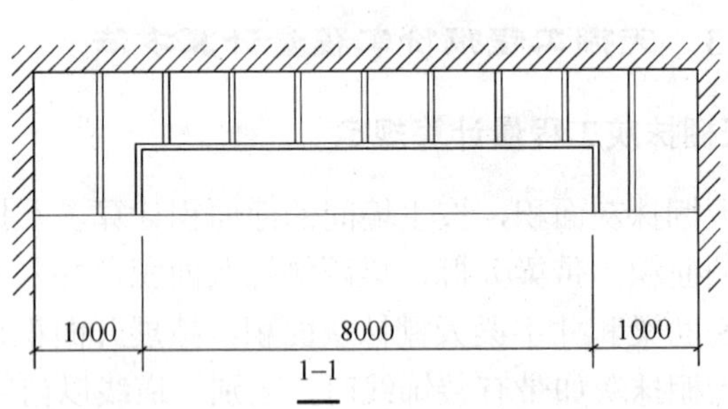

图 12.5 房间示意图

解：（1）根据《建设工程工程量清单计价规范》吊顶清单工程量计算规则计算吊顶的清单工程量如下：

$$S=10\times 5=50m^2$$

（2）根据消耗量定额的工程量计算规则，吊顶的定额工程量计算如下：

① 吊顶顶棚龙骨按主墙间净空面积计算：

同“清单量”：50m^2

② 顶棚装饰面积，按主墙间实钉（胶）面积以平方米计算：

$$S=10\times 5+(8+3)\times 2\times(3.6-3.3)=56.6m^2$$

（3）面层贴壁纸面积：

$$S=56.6\text{m}^2$$

（4）石膏线长：

$$L=(10+5)\times 2=30\text{m}$$

12.4 门窗工程计价

12.4.1 相关说明

（1）门窗工程的工程量清单分木门、金属门、金属卷帘门、其他门、木窗、金属窗、门窗套、窗帘盒、窗帘轨、窗台板等清单项目，适用于门窗工程。

（2）门窗工程的工程量手工计算要注意充分利用门窗表里的信息，以提高工作效率。

12.4.2 门窗工程清单量计算方法

（1）木门工程清单项目设置及清单工程量计算规则如表 12.13 所示。

表 12.13 木门工程

项目编码	项目名称	项目特征	计量单位	工程量计算规则	工程内容
020401001	镶板木门	1. 门类型 2. 框截面尺寸、单扇面积 3. 骨架材料种类 4. 面层材料品种、规格、品牌、颜色 5. 玻璃品种、厚度、五金特殊要求 6. 防护层材料种类 7. 油漆品种、刷漆遍数	樘	按设计图示数量计算	1. 门制作、运输、安装 2. 五金、玻璃安装 3. 刷防护材料、油漆
020401004	胶合板门				

（2）金属工程清单项目设置及清单工程量计算规则如表 12.14 所示。

表 12.14 金属门工程

项目编码	项目名称	项目特征	计量单位	工程量计算规则	工程内容
020402001	金属平开门	1. 门类型 2. 框材质、外围尺寸 3. 扇材质、外围尺寸 4. 玻璃品种、厚度、五金材料、品种、规格 5. 防护材料种类 6. 油漆品种、刷漆遍数	樘	按设计图示数量计算	1. 门制作、运输、安装 2. 五金、玻璃安装 3. 刷防护材料、油漆
020402002	金属推拉门				
020402003	金属地弹门				
020402005	塑钢门				

（3）金属窗工程清单项目设置及清单工程量计算规则如表 12.15 所示。

例 12.9 计算例 12.6 中门窗工程清单工程量。

解：根据《建设工程工程量清单计价规范》门窗清单工程量计算如下：

门（0.9m× 2.1m）：3 樘

窗（1.5m× 1.5m）：3 樘

表 12.15　金属窗工程

项目编码	项目名称	项目特征	计量单位	工程量计算规则	工程内容
020406001	金属推拉窗	1．窗类型 2．框材质、外围尺寸 3．扇材质、外围尺寸 4．玻璃品种、厚度、五金特殊要求 5．防护材料种类 6．油漆品种、刷漆遍数	樘	按设计图示数量计算	1．窗制作、运输、安装 2．五金、玻璃安装 3．刷防护材料、油漆
020406002	金属平开窗				
020406003	金属固定窗				
020406007	塑钢窗				
020406008	金属防盗窗				
020406009	金属格栅窗				

12.4.3　门窗工程报价工程量计算方法

（1）普通木门、普通木窗框扇制作、安装工程量均按门窗洞口面积计算。

例 12.10　计算例 12.6 中门窗工程预算工程量。

解：根据门窗工程量计算规则计算如下：

门（0.9m× 2.1m）：0.9× 2.1× 3＝5.67（m^2）

窗（1.5m× 1.5m）：1.5× 1.5× 3＝6.75（m^2）

① 普通窗上部带有半圆窗的工程量应分别按半圆窗和普通窗计算，其分界线以普通窗和半圆窗之间的横框上裁口线为分界线。

②纱扇制作安装按扇外围面积计算。

（2）铝合金门窗制作、安装，铝合金、不锈钢门窗（成品）安装，彩板组角钢门窗安装，塑料门窗安装，塑钢门窗安装，橱窗制作安装均按设计门窗洞口面积计算。

（3）卷闸门、防火卷帘门安装按洞口高度增加 600mm 乘以门实际宽度以平方米计算。

（4）防盗门窗安装按框外围面积以平方米计算。

（5）成品豪华装饰门安装子目均指工厂预制品（含门框及门扇）工程量按设计门洞面积计算。

（6）不锈钢板包门框按框外表面面积以平方米计算；彩板组角钢门窗附框安装按延长米计算；无框玻璃门安装按设计门洞口以平方米计算。

（7）电子感应门及旋转门安装按樘计算。

（8）不锈钢电动伸缩门按樘计算。电动伸缩门含量不同其伸缩门及钢轨允许换算。

（9）包橱窗框以橱窗洞口面积计算。

（10）门窗套及包门框按展开面积以平方米计算；包门扇及木门扇镶贴饰面板以门扇垂直投影面积计算。

（11）窗台板、筒子板及门、窗洞口上部装饰按实铺面积以平方米计算，饰面板设计选用不同时，可另行调整，其含量不变。

（12）实木门框制作安装以延长米计算；硬木刻花玻璃门按门扇面积以平方米计算。

（13）豪华拉手安装按副计算。

（14）金属防盗网制作、安装按阳台、窗户洞口面积以平方米计算。

（15）闭门器按套计算。

（16）门窗贴脸按延长米计算。

（17）窗帘盒、窗帘轨、钢筋窗帘杆均以延长米计算。

（18）门、窗洞口安装玻璃按洞口面积计算。

（19）铝合金踢脚板安装按实铺面积计算；门锁安装按“把”计算。

（20）玻璃黑板按连框外围尺寸以垂直投影面积计算。

（21）玻璃加工，划圆孔、划线按平方米计算，钻孔按个计算。

（22）木门窗运输，单层门窗按洞口面积以平方米计算，双层门窗按洞口面积乘以 1.36（包括双层门窗或一玻一纱门窗）以平方米计算。

12.5　油漆、涂料、裱糊工程计价

12.5.1　相关说明

（1）工程量清单项目设置。油漆、涂料、裱糊工程分门油漆、窗油漆、扶手、板条面、线条面、木材面油漆、金属面油漆、抹灰面油漆、喷刷涂料、裱糊等清单项目，适用于门窗油漆、金属面油漆工程。

（2）油漆、涂料、裱糊工程计价要注意油漆的品种和涂刷的遍数，木材面油漆要注意木材面油漆系数表里的相关系数的应用。

12.5.2　油漆、涂料、裱糊工程清单量计算方法

（1）油漆工程清单项目设置及清单工程量计算规则如表 12.16 所示。

表 12.16　油漆工程

项目编码	项目名称	项目特征	计量单位	工程量计算规则	工程内容
020501001	门油漆	1. 门、窗类型 2. 腻子种类 3. 刮腻子要求 4. 防护材料种类 5. 油漆品种、刷漆遍数	樘/m^2	按设计图示数量 或设计图示单面洞口面积计算	1.基层清理 2.刮腻子 3.刷防护材料、油漆
020502001	窗油漆				
020503001	木扶手油漆	1. 腻子种类 2. 刮腻子要求 3. 油漆体单位展开面积 4. 油漆体长度 5. 防护材料种类 6. 油漆品种、刷漆遍数	m	按设计图示尺寸 以长度计算	1.基层清理 2.刮腻子 3.刷防护材料、油漆
020503002	窗帘盒油漆				
020503003	封檐板、顺水板油漆				
020503004	挂衣板、黑板框油漆				
020503005	挂镜线、窗帘棍、单独木线油漆				
020504001	木板、纤维板、胶合板油漆	1. 腻子种类 2. 刮腻子要求 3. 防护材料种类 4. 油漆品种、刷漆遍数	m^2	按设计图示尺寸以面积计算	1. 基层清理 2. 刮腻子 3. 刷防护材料、油漆
020505001	金属面油漆		t	按设计图示尺寸以质量计算	
020506001	抹灰面油漆	1. 基层类型 2. 线条宽度、道数 3. 腻子种类 4. 刮腻子要求 5. 防护材料种 6. 油漆品种、刷漆遍数	m^2	按设计图示尺寸以面积计算	

（2）涂料、裱糊工程清单项目设置及清单工程量计算规则如表 12.17 所示。

表 12.17　喷刷涂料、裱糊工程

项目编码	项目名称	项目特征	计量单位	工程量计算规则	工程内容
020507001	刷喷涂料	1．基层类型 2．腻子种类 3．刮腻子要求 4．涂料品种、刷喷遍数	m^2	按设计图示尺寸以面积计算	1．基层清理 2．刮腻子 3．刷、喷涂料
020509001	墙纸裱糊	1．基层类型 2．裱糊构件部位 3．腻子种类 4．刮腻子要求 5．粘结材料种类 6．防护材料种类 7．面层材料品种、规格、品牌、颜色			1．基层清理 2．刮腻子 3．面层铺贴 4．刷防护材料

12.5.3　油漆、涂料、裱糊工程报价工程量计算方法

（1）楼地面、天棚、墙、柱、梁面的喷（刷）涂料、抹灰面油漆及裱糊工程，均按附表（见表 12.18～表 12.23）相应的计算规则计算。

（2）木材面的工程量分别按附表（见表 12.18～表 12.23）相应的计算规则计算。

（3）金属构件油漆工程量按构件涂刷面积计算。

（4）定额中的隔墙、护壁、柱、天棚木龙骨、木地板中木龙骨、毛地板，刷防火涂料工程量计算规则如下：

① 隔墙、护壁木龙骨按其面层正立面投影面积计算。

② 柱木龙骨按其面层外围面积计算。

③ 天棚木龙骨按其水平投影面积计算。

④ 木地板中木龙骨、毛地板按地板面积计算。

（5）隔墙、护壁、柱、天棚面层及木地板刷防火涂料，执行其他木材面刷防火涂料相应子目。

（6）木楼梯（不包括底面）油漆，按水平投影面积乘以 2. 3 系数，执行木地板相应子目。

表 12.18　单层木门工程量系数表

项　目　名　称	系　数	工程量计算方法
单层木门	1.00	按单面洞口面积计算
双层（一板一纱）木门	1.36	
双层（单裁口）木门	2.00	
单层全玻门	0.83	
木百页门	1.25	
厂库大门	1.10	
木地板	1.00	长×宽
木楼梯（不包括底面）	2.30	水平投影面积

表 12.19　单层木窗工程量系数表

项 目 名 称	系 数	工程量计算方法
单层玻璃窗	1.00	按单面洞口面积计算
双层（一玻一纱）木窗	1.36	
双层（单裁口）术窗	2.00	
三层（二玻一纱）木窗	2.60	
单层组合窗	0.83	
双层组合窗	1.13	
木百页窗	1.50	

表 12.20　木扶手（无托板）工程量系数表

项 目 名 称	系 数	工程量计算方法
木扶手（不带托板）	1.00	按延长米计算
木扶手（带托板）	2.60	
窗帘盒	2.04	
封檐板、顺水板	1.74	
挂衣板、黑板框、单独木线条 100mm 以外	0.52	
挂镜线、窗帘棍、单独木线条 100mm 以内	0.35	

表 12.21　其他木材面工程量系数表

项 目 名 称	系 数	工程量计算方法
木板、纤维板、胶合板天棚、檐口	1.00	长×宽
清水板条天棚、檐口	1.07	
木方格吊顶天棚	1.20	
吸音板墙面、天棚面	0.87	
鱼鳞板墙	2.48	
木护墙、墙裙	1.00	
窗台板、筒子板、盖板、门窗套、踢脚线	1.00	
暖气罩	1.28	
屋面板（带檩条）	1.11	斜长×宽
木间壁、木隔断	1.90	单面外围面积
玻璃间壁露明墙筋	1.65	
木栅栏、木栏杆（带扶手）	1.82	
木屋架	1.79	跨度（长）×中高×1/2
衣柜、壁柜	1.00	按实刷展开面积
零星木装修	1.10	展开面积
梁柱饰面	1.00	

表 12.22　单层钢门窗工程量系数表

项　目　名　称	系　数	工程量计算方法
单层钢门窗	1.00	洞口面积
双层（一玻一纱）钢门窗	1.48	
钢百页钢门	2.74	洞口面积
半截百页钢门	2.22	
满钢门或包铁皮门	1.63	
钢折叠门	2.30	
射线防护门	2.96	框（扇）外围面积
厂库房平开、推拉门	1.70	
铁丝网大门	0.81	
间壁	1.85	长×宽
平板屋面	0.74	斜长×宽
瓦垄板屋面	0.89	
排水、伸缩缝盖板	0.78	展开面积
吸气罩	1.63	水平投影面积

表 12.23　平板屋面涂刷磷化、锌黄底漆工程量系数表

项 目 名 称	系　数	工程量计算方法
平板屋面	1.00	斜长×宽
瓦垄板屋面	1.20	
排水、伸缩缝盖板	1.05	展开面积
吸气罩	2.20	水平投影面积
包镀锌铁皮门	2.20	洞口面积

12.6　装饰工程计价案例

（1）本教材案例中的装饰工程清单工程量计算表如表 12.24 所示。

表 12.24　装饰工程清单工程量计算表

序号	项目编码	项目名称	工程量计算式	单位	数量
B1.楼地面工程					
1	020101001001	水泥砂浆楼地面 （水箱底 1:2 防水砂浆抹面）	底面：3.1×2.7＝8.37m^2	m^2	8.37
2	020101001002	水泥砂浆楼地面（水箱顶盖外 1：2 水泥砂浆抹面）	（3.1＋0.24）×（2.7＋0.24）−0.6×0.6＝9.82m^2	m^2	9.82

续表

序号	项目编码	项目名称	工程量计算式	单位	数量
3	020102001001	石材楼地面（一层展厅）一层展厅石材楼地面 详 98ZJ001　20/6 ［项目特征］ 1．20 厚大理石铺实拍平，水泥砂浆擦缝 2．30 厚 1∶4 干硬性水泥砂浆，面上撒素水泥 3．素水泥浆结合层一道 4．80 厚 C10 混凝土 5．素土夯实 ［工作内容］ 1.基层清理、铺设 垫层、抹找平层 2．面层铺设 3．擦缝、清理净面	11.46×6.86=78.62m^2	m^2	78.62
4	020102002001	陶瓷地砖地面（接待室、办公室、楼梯间、走道） 详见 98ZJ001　19/6 1．8～10 厚地砖铺实拍平，水泥浆擦缝 2．25 厚 1:4 干硬性水泥砂浆，面上撒素水泥 3．素水泥浆结合层一遍 4．100 厚 C10 砼 5．素土夯实	1、办公室、接待室：3.06×4.96×2=30.36m^2 2、楼梯间：3.84×2.46=9.45m^2 3、走道：1.12×4.86=5.44m^2 小计：45.25m^2	m^2	45.25
5	020102002002	陶瓷地砖卫生间地面　详见 98ZJ001 50/11 1．8～10 厚地砖铺实拍平，水泥浆擦缝或 1:1 水泥砂浆填缝 2．25 厚 1:4 干硬性水泥砂浆，面上撒素水泥 3．1.5 厚聚氨酯防水涂料，面上撒黄沙，四周沿墙上翻 150 高 4．刷基层处理剂一遍 5．15 厚 1:2 水泥砂浆找平 6．50 厚 C20 细石砼找 0.5%～1%坡，最薄处不小于 20 厚 7．80 厚 C10 砼 8．素土夯实	卫生间:2.16×3.6=7.78m^2	m^2	7.78

续表

序号	项目编码	项目名称	工程量计算式	单位	数量
6	020102002003	陶瓷地砖楼面（陈列室、办公室、走道、卧室、客厅、阳台） 详见 98ZJ001 10/15 1. 8～10 厚地砖铺实拍平，水泥浆擦缝 2. 25 厚 1:4 干硬性水泥砂浆，面上撒素水泥 3. 素水泥浆结合层一遍 4. 钢筋砼楼板	1. 陈列室（二层）（同一层展厅）：78.62m² 2. 办公室：二层：同一层办公室和接待室：30.36m² 三层：3.66×6.86＝25.11m² 小计：55.47 m² 3. 走廊（同一层走道）：5.44 ×2=10.88m² 4. 卧室：3.66×5.36×2＝39.24m² 5. 客厅：6.36×4.96＝31.55m2 6. 阳台：7.56×1.26＝9.53m² 合计：225.29	m²	225.29
7	020105002001	石材踢脚线（展厅）	（11.7－0.24＋7.1－0.24）×2＝36.64m 石材踢脚线高 120m 石材踢脚线面积＝36.64×0.12＝4.4m²	m²	4.4
8	020105003001	陶瓷面砖踢脚线	一层：办公室、接待室：（3.06＋4.96）× 2 × 2＝32.08 m 楼梯间：3.84×2＋2.46＝10.14m 走廊：（1.12＋4.86）× 2－2.46＝9.5m 一层小计：51.72m 二层：陈列室（同一层展厅）：36.64m 办公室（同一层办公室、接待室）：32.08m 走廊（同一层走廊）：9.5m 楼梯间：10.14＋0.61×2（斜段增加长度）＝11.36m 二层小计：89.58m 三层：办公室：（3.66＋6.86）×2＝21.04m 阳台：（7.56＋1.26）×2＝17.64m 卧室：（3.66＋5.36）×2×2＝36.08m 客厅：（6.36＋4.96）×2＝22.64m 走廊（同一层走廊）：9.5m 楼梯间：10.14＋0.61×2（斜段增加长度）＝11.36m 三层小计：118.26m 一、二、三层合计：259.56m 陶瓷面砖踢脚线高 150m 陶瓷面砖踢脚线面积＝259.56 × 0.15＝38.93m²	m²	38.93

续表

序号	项目编码	项目名称	工程量计算式	单位	数量
9	020106002001	楼梯面砖面层 详见 98ZJ001 10/15 1. 8-10 厚地砖铺实拍平，水泥浆擦缝； 2. 25 厚 1:4 干硬性水泥砂浆，面上撒素水泥； 3. 素水泥浆结合层一遍； 4. 钢筋砼楼板；	(3.84－0.12)×(2.7－0.24)×2＝18.3m^2	m^2	18.3
10	020107001001	不锈钢管栏杆 详见 98ZJ401W/14	2.93×4×1.17（系数）＋2.46÷2＝14.94m	m	14.94
11	020102001002	大理石台阶平台面	1.2×(11.94－0.3×4)=12.89m^2	m^2	12.89
12	020108001001	大理石台阶面	11.94×1.8－12.89=8.6m^2	m^2	8.6
B2.墙柱面工程					
13	020201001001	墙面一般抹灰(水箱内壁 1:2 防水砂浆抹面)	(3.1+2/.7) × 2× 0.9=10.44	m^2	10.44
14	020201001002	墙面一般抹灰(水箱外壁 1:2 水泥砂浆抹面)	(3.1＋0.24＋2.7＋0.24)×(0.9＋0.15×2)＝7.54m^2	m^2	7.54
15	020201001003	墙面一般抹灰 详见 98ZJ0014/30 1. 15 厚 1:1:6 水泥石灰砂浆 2. 5 厚 1:0.5:3 水泥石灰砂浆	一层：展厅：(11.7－0.24＋7.1－0.24)×2×2.88(一)＝105.52m^2 扣：(M-1) 3×2.7＋(M-2) 1.0×2.1＝10.2m^2 扣：(C-1) 3×2.3×2＝13.8m^2 展厅小计：81.52m^2 同样方法计算办公室、接待室：95.44m^2 走廊：24.96m^2 梯间：30.87m^2 盥洗室：15.77m^2 厕所：16.87m^2 一层小计：265.43m^2 同样方法计算二层内墙抹灰面积：272.58m^2 同样方法计算三层内墙抹灰面积：321.27m^2 一、二、三层合计：859.28m^2	m^2	859.28
16	020201001004	外墙面水泥砂浆抹灰 详见 98ZJ001 22/45 1. 12 厚 1:3 水泥砂浆 ； 2. 8 厚 1:2.5 水泥砂浆木抹搓平；	外墙面：(11.7＋0.24＋12.3＋0.24)× 2×(11.66＋0.45－0.06)＝589.97m^2 扣窗：3× 2.3× 2＋1.8× 1.5× 6＋0.6× 1.5× 6＋3× 1.5× 2＋3× 1.5× 4 1.5× 1.5× 2＝66.9m^2 扣门：3× 2.7＋1.0× 2.1＝10.2m^2 扣雨篷与墙交接处：11.94×0.12＝1.43m^2 小计：511.44	m^2	511.44

续表

序号	项目编码	项目名称	工程量计算式	单位	数量
17	020201001005	女儿墙内侧抹灰1∶2水泥砂浆	（11.7－0.24＋12.3－0.24）×2×（10.66－10.5-0.06）＝51.74m^2	m^2	51.74
18	020201001006	水箱内抹灰抹灰（立面）1∶2水泥砂浆	立面：［（2.7－0.14×2）＋（3.1－0.14×2）］×2×0.95＝9.96m^2	m^2	9.96
19	020204003001	卫生间面砖墙裙详见98ZJ001 5/37 1．17厚1:3水泥砂浆； 2．刷素水泥浆； 3. 3-4厚1:1水泥砂浆加水重20%801胶镶贴； 4．4-5厚釉面砖，白水泥擦缝；	一层：盥洗室：（2.4－0.24＋2.34－0.06－0.12）×2×1.5－0.8×1.5×3＝9.36m^2 厕所：［(1.2－0.06－0.12＋1.5－0.12－0.06)×2×1.5－0.6×0.6－0.8×1.5］×2＝10.92m^2 一层卫生间墙裙小计：20.28m^2 二层同一层：20.28m^2 三层：盥洗室：（2.4－0.24＋3.84－0.24）×2×1.5－0.8×1.5×2－0.6×0.6＝14.52m^2 厕所：（1.2－0.06－0.12＋1.5－0.12－0.06）×2×1.5－0.6×0.6－0.8×1.5＝5.46m^2 三层卫生间墙裙小计：19.98m^2 一、二、三层合计：60.54m^2	m^2	60.54
B3.天棚工程					
20	020301001001	天棚抹灰（水箱顶1:2防水砂浆抹面）	(3.1＋0.24)×(2.7＋0.24)-0.6×0.6＝9.82m^2	m^2	9.82
21	020301001002	天棚抹灰 详见98ZJ001 3/47 1．钢筋砼板底面清理干净 2．7厚1:1:4水泥石灰砂浆 3．5厚1:0.5:3水泥石灰砂浆	一层：办公室、接待室、走廊、楼梯、卫生间（同一层楼地面工程量） 15.18×2＋5.44＋7.78＋3.83×2.46×1.3＝55.87m^2 二层：办公室、走廊、楼梯间、卫生间（同相应楼面工程量） 15.18＋15.18＋5.44＋7.78＋3.83×2.46×1.3＝55.83m^2 三层：办公室、阳台、卧室、走廊、梯间、客厅、卫生间（同相应楼面工程量） 25.11＋9.53＋19.62×2＋5.44＋7.78＋31.55＋3.83×2.46＝128.07m^2 小计：239.77m^2	m^2	239.77
22	020301001003	雨棚抹灰 20厚1∶2水泥砂浆	雨篷板面 YP-1：11.94×1.5×1.2（系数）＝21.49m^2 YP-2：1.5×0.9＝1.35m^2 雨篷板底 YP-1：11.94×1.5＝17.91m^2 YP-2：1.5×0.9＝1.35m^2 小计：42.1m^2	m^2	42.1

续表

序号	项目编码	项目名称	工程量计算式	单位	数量
23	020302001001	轻钢龙骨石膏板吊顶天棚 详见 98ZJ001 12/49 1．轻钢龙骨标准骨架：主龙骨中距 900-1000，次龙骨中距 500 或 600，横撑中距 500～600 2．600×600 石膏装饰板，自攻螺丝拧紧，孔眼用腻子填平	展厅、陈列室（同相应楼面工程量） 78.62×2＝157.24m^2	m^2	157.24
		B4.门窗工程			
24	020401001001	装饰镶板门	M-2：1m×2.1m	樘	11
25	020402003001	全玻地弹门	M-1：3m×2.7m	樘	1
26	020402005001	塑钢门	M-3：0.8m×2.1m	樘	8
27	020402006001	钢防盗门	M-4：1m×2.1m	樘	1
28	020403001001	铝合金卷闸门	M-5：3m×2.7m	樘	1
29	020406001001	塑钢推拉窗	C-2：1.8m×1.5m	樘	6
30	020406001002	塑钢推拉窗	C-4：3m×1.5m	樘	2
31	020406001003	塑钢推拉窗	C-5：1.5m×1.5m	樘	4
32	020406002001	塑钢单扇平开窗	C-3：0.6m×1.5m	樘	6
33	020406003001	塑钢固定窗	C-1：3m×2.3m	樘	2
34	020406009001	不锈钢防盗栅	C-2：1.8m×1.5m	樘	2
35	020406009002	不锈钢防盗栅	C-3：0.6m×1.5m	樘	2
		B4.油漆、涂料、裱糊工程			
36	020506001001	抹灰面乳胶漆（内墙、天棚面）	内墙乳胶漆：同抹灰面积：859.28m^2 天棚面胶漆：同抹灰面积．239.77m^2 雨篷底面胶漆：同抹灰面积：19.26m^2 小计：1118.31 m^2	m^2	1118.31
37	020507001001	涂料外墙面 刷墙面抗碱封底涂料一遍，钙塑涂料一遍	同外墙抹灰面积：511.44 增雨篷侧面涂料面积： YP-1: 0.4×（11.7+0.24+1.15×2+0.35×2）=5.98 YP-2: （0.9+0.9）×0.08＝0.14 小计：517.56 m^2	m^2	517.56

（2）本教材案例中的装饰工程报价工程量计算表如表 12.25 所示。

表 12.25　装饰工程报价工程量计算表

序号	项目编码	工程项目名称	单位	数量	计算式
1	020101001003	水泥砂浆楼地面（水箱底） 1.面层厚度、砂浆配合比:1:2 防水水泥砂浆厚 20	m^2	8.37	
	B1-27 换	水泥砂浆楼地面	100m^2	0.0837	同清单量
2	020101001004	水泥砂浆楼地面（水箱顶盖表面） 1.面层厚度、砂浆配合比:1:2 防水水泥砂浆 厚 20	m^2	9.82	

续表

序号	项目编码	工程项目名称	单位	数量	计算式
	B1-27 换	水泥砂浆楼地面	$100m^2$	0.0982	同清单量
3	020102001001	石材楼地面　详见 98ZJ001　20/6 1．20 厚大理石铺实拍平，水泥砂浆擦缝 2．30 厚 1∶4 干硬性水泥砂浆，面上撒素水泥 3．素水泥浆结合层一道 4．80 厚 C10 混凝土 5．素土夯实	m^2	78.62	
	B1-17	C10 混凝土垫层	$10m^3$	0.62896	78.62×0.08
	B1-70	大理石楼地面	$100m^2$	0.7862	同清单量
4	020102001002	大理石台阶平台面	m^2	12.89	
	B1-70	大理石楼地面	$100m^2$	0.1289	同清单量
5	020102002001	陶瓷地砖地面（接待室、办公室、楼梯间、走道） 详见 98ZJ001　19/6 1．8-10 厚地砖铺实拍平，水泥浆擦缝 2．25 厚 1:4 干硬性水泥砂浆，面上撒素水泥 3．素水泥浆结合层一遍 4．100 厚 C10 砼 5．素土夯实	m^2	45.25	
	B1-17	C10 混凝土垫层	$10m^3$	0.4525	45.25×0.1
	B1-141	陶瓷地砖 地面	$100m^2$	0.4525	同清单量
6	020102002002	陶瓷地砖卫生间地面　详见 98ZJ001　50/11 1．8～10 厚地砖铺实拍平，水泥浆擦缝或 1:1 水泥砂浆填缝 2．25 厚 1:4 干硬性水泥砂浆，面上撒素水泥 3．1.5 厚聚氨酯防水涂料，面上撒黄沙，四周沿墙上翻 150 高 4．刷基层处理剂一遍 5．15 厚 1:2 水泥砂浆找平 6．50 厚 C20 细石砼找 0.5%～1%坡，最薄处不小于 20 厚 7．80 厚 C10 砼 8．素土夯实	m^2	7.78	
	B1-17	C10 混凝土垫层	$10m^3$	0.06224	7.78×0.08
	B1-25	细石混凝土找坡层 厚度 30mm	$100m^2$	0.0778	同清单量
	B1-26	细石混凝土找坡层 厚度每增减 5mm	$100m^2$	0.3112	QDL×4
	B1-19	水泥砂浆找平层厚度 20mm	$100m^2$	0.09508	QDL+(2.16+3.6)×2×0.15
	B1-21	水泥砂浆找平层厚度每增减 5mm	$100m^2$	−0.09508	−(QDL+(2.16+3.6)×2×0.15)
	A6-197	聚氨脂防水涂料	$100m^2$	0.09508	QDL+(2.16+3.6)×2×0.15
	B1-138	陶瓷地砖地面	$100m^2$	0.0778	

续表

序号	项目编码	工程项目名称	单位	数量	计算式
7	020102002003	陶瓷地砖楼面（陈列室、办公室、走道、卧室、客厅、阳台） 详见 98ZJ001　10/15 1．8～10 厚地砖铺实拍平，水泥浆擦缝 2．25 厚 1:4 干硬性水泥砂浆，面上撒素水泥 3．素水泥浆结合层一遍 4．钢筋砼楼板	m^2	225.29	
	B1-141	陶瓷地砖楼面	$100m^2$	2.2529	同清单量
8	020105002001	石材踢脚线（展厅）	m^2	4.4	
	B1-89	大理石踢脚线	$100m^2$	0.044	同清单量
9	020105003001	陶瓷面砖踢脚线	m^2	38.93	
	B1-147	陶瓷地砖踢脚线	$100m^2$	0.3893	同清单量
10	020106002001	楼梯面砖面层 详见 98ZJ001　10/15 1．8～10 厚地砖铺实拍平，水泥浆擦缝 2．25 厚 1:4 干硬性水泥砂浆，面上撒素水泥 3．素水泥浆结合层一遍 4．钢筋砼楼板	m^2	18.3	
	B1-149	陶瓷地砖楼梯面	$100m^2$	0.183	同清单量
11	020107001001	不锈钢管栏杆 详见 98ZJ401 W/14	m	14.94	
	B1-311	不锈钢扶手	100m	0.1494	同清单量
	B1-332	不锈钢弯头	10 个	0.7	7
	B1-279	不锈钢栏杆	100m	0.1494	同清单量
12	020108001001	大理石台阶面	m^2	8.6	
	B1-83	台阶 大理石面	$100m^2$	0.086	同清单量
13	020201001001	墙面一般抹灰(水箱内壁) 1.面层厚度、砂浆配合比:1:2 防水水泥砂浆 20 厚	m^2	10.44	
	B2-2 换	水箱内壁 1:2 防水水泥砂浆抹面	$100m^2$	0.1044	同清单量
14	020201001002	墙面一般抹灰(水箱外壁) 1.面层厚度、砂浆配合比:1:2 水泥砂浆 20 厚	m^2	7.54	
	B2-2 换	水箱内壁 1:2 防水水泥砂浆抹面	$100m^2$	0.0754	同清单量
15	020201001003	墙面一般抹灰 详见 98ZJ0014/30 1．15 厚 1:1:6 水泥石灰砂浆 2．5 厚 1:0.5:3 水泥石灰砂浆	m^2	859.28	
	B2-36	混合砂浆内墙面	$100m^2$	8.5928	同清单量
16	020201001004	外墙面水泥砂浆抹灰 详见 98ZJ001 22/45 1．12 厚 1:3 水泥砂浆 2．8 厚 1:2.5 水泥砂浆木抹搓平	m^2	511.44	
	B2-25	外墙面水泥砂浆抹灰	$100m^2$	5.1144	同清单量

续表

序号	项目编码	工程项目名称	单位	数量	计算式
17	020201001005	女儿墙内侧抹灰 1∶2 水泥砂浆	m^2	51.74	
	B2-25 换	女儿墙内侧抹灰 1∶2 水泥砂浆	$100m^2$	0.5174	同清单量
18	020201001006	水箱内抹灰抹灰（立面）1∶2 水泥砂浆	m^2	9.96	
	B2-26 换	水箱内抹灰抹灰（立面）1∶2 水泥砂浆	$100m^2$	0.0996	同清单量
19	020204003001	卫生间面砖墙裙 详见 98ZJ001 5/37 1．17 厚 1:3 水泥砂浆 2．刷素水泥浆 3．3-4 厚 1:1 水泥砂浆加水重 20%801 胶镶贴 4．4-5 厚釉面砖，白水泥擦缝	m^2	60.54	
	B2-283	卫生间面砖墙裙	$100m^2$	0.6054	同清单量
20	020301001001	天棚抹灰（水箱顶 1:2 防水砂浆抹面）	m^2	9.82	
	B4-2 换	水箱顶 1:2 防水砂浆抹面	$100m^2$	0.0982	同清单量
21	020301001002	天棚抹灰 详见 98ZJ001 3/47 1．钢筋砼板底面清理干净 2．7 厚 1:1:4 水泥石灰砂浆 3．5 厚 1:0.5:3 水泥石灰砂浆	m^2	239.77	
	B4-3	混凝土面天棚 混合砂浆	$100m^2$	2.3977	同清单量
22	020301001003	雨棚抹灰 20 厚 1∶2 水泥砂浆	m^2	42.1	
	B4-2 换	混凝土面天棚 水泥砂浆	$100m^2$	0.421	同清单量
23	020302001001	轻钢龙骨石膏板吊顶天棚 详见 98ZJ001 12/49 1．轻钢龙骨标准骨架：主龙骨中距 900-1000，次龙骨中距 600，横撑中距 600 2．600×600 石膏装饰板，自攻螺丝拧紧，孔眼用腻子填平	m^2	157.24	
	B4-43	天棚装配式 U 型轻钢龙骨 不上人型 面层规格 600×600 一级	$100m^2$	1.5724	同清单量
	B4-134	天棚面层 石膏板天棚面层 安在 U 型轻钢龙骨上	$100m^2$	1.5724	同清单量
24	020401001001	装饰镶板门 M-2：1m×2.1m	樘	11	
	B5-223	成品豪华装饰门安装 镶板门	$100m^2$	0.231	1.0×2.1×11
	B6-97	门油漆	$100m^2$	0.231	1.0×2.1×11
	B5-364	门锁安装 执手锁	10 把	0.1	1
	B5-371	特殊五金安装 门磁吸	10 套	0.1	1
25	020402003001	全玻地弹门 M-1：3m×2.7m	樘	1	
	H2-8	全玻地弹门	$100m^2$	0.081	3.0×2.7×1
	B5-374	特殊五金安装 地弹筑安装	10 个	0.4	4

续表

序号	项目编码	工程项目名称	单位	数量	计算式
26	020402005001	塑钢门 M-3：0.8m×2.1m	樘	8	
	B5-170	塑钢 平开门	100m^2	0.1344	0.8×2.1×8
	B5-364	门锁安装 执手锁	10 把	0.1	1
27	020402006001	钢防盗门 M-4：1m×2.1m	樘	1	
	B5-182	钢防盗门	100m^2	0.021	1.0×2.1×1
28	020403001001	铝合金卷闸门 M-5：3m×2.7m	樘	1	
	B5-158	铝合金卷闸门安装 铝合金	100m^2	0.081	3.0×2.7×1
	B5-161	铝合金卷闸门安装 电动装置	10 套	0.1	1
29	020406001001	塑钢推拉窗 C-2：1.8m×1.5m	樘	6	
	B5-173	塑钢 推拉窗	100m^2	0.162	1.8×1.5×6
30	020406001002	塑钢推拉窗 C-4：3m×1.5m	樘	2	
	B5-173	塑钢 推拉窗	100m^2	0.09	3.0×1.5×2
31	020406001003	塑钢推拉窗 C-5：1.5m×1.5m	樘	4	
	B5-173	塑钢 推拉窗	100m^2	0.09	1.5×1.5×4
32	020406002001	塑钢单扇平开窗 C-3：0.6m×1.5m	樘	6	
	B5-174	塑钢 平开窗	100m^2	0.054	0.6×1.5×6
33	020406003001	塑钢固定窗 C-1：3m×2.3m	樘	2	
	B5-175	塑钢 固定窗	100m^2	0.138	3.0×2.3×2
34	020406009001	不锈钢防盗栅 C-2：1.8m×1.5m	樘	2	
	B5-191	防盗栅 不锈钢	100m^2	0.054	1.8×1.5×2
35	020406009002	金属格栅窗 C-3：0.6m×1.5m	樘	2	
	B5-191	防盗栅 不锈钢	100m^2	0.018	0.6×1.5×2
36	020506001001	抹灰面乳胶漆（内墙、天棚面）	m^2	1118.31	
	B6-305	抹灰面乳胶漆　二遍	100m^2	11.1831	同清单量
37	020507001001	涂料外墙面 刷墙面抗碱封底涂料一遍，钙塑涂料一遍	m^2	517.56	
	B6-345	墙面钙塑涂料 外墙面	100m^2	5.1756	同清单量
	B6-346	墙面抗碱封底涂料	100m^2	5.1756	同清单量

（3）本教材案例中的装饰工程综合单价计算表如表 12.26 所示。

表12.26 装饰工程综合单价计算表

序号	项目编码	工程项目名称	单位	数量	综合单价（元）					
					人工费	材料费	机械使用费	管理费	利润	小计
1	020101001003	水泥砂浆楼地面（水箱底） 1.面层厚度、砂浆配合比:1：2防水水泥砂浆 厚20	m^2	8.37	4.73	8.05	0.29	0.65	0.7	14.41
	B1-27换	水泥砂浆楼地面	$100m^2$	0.0837	472.62	804.62	29.43	64.68	69.91	1441.26
2	020101001004	水泥砂浆楼地面（水箱顶盖表面） 1.面层厚度、砂浆配合比:1：2防水水泥砂浆 厚20	m^2	9.82	4.73	8.05	0.29	0.65	0.7	14.41
	B1-27换	水泥砂浆楼地面	$100m^2$	0.0982	472.62	804.62	29.43	64.68	69.91	1441.26
3	020102001001	石材楼地面 详见98ZJ001 20/6 1.20厚大理石铺实拍平，水泥砂浆擦缝 2.30厚1：4干硬性水泥砂浆，面上撒素水泥 3．素水泥浆结合层一道 4．80厚C10混凝土 5．素土夯实	m^2	78.62	15.97	125.52	1.92	7.1	7.67	158.17
	B1-17	C10混凝土垫层	$10m^3$	0.62896	563.76	1667.3	159.66	118.34	127.9	2636.96
	B1-70	大理石楼地面	$100m^2$	0.7862	1145.88	11217.66	64.12	615.17	664.88	13707.71
4	020102001002	大理石台阶平台面	m^2	12.89	11.46	112.18	0.64	6.15	6.65	137.08
	B1-70	大理石楼地面	$100m^2$	0.1289	1145.88	11217.66	64.12	615.17	664.88	13707.71
5	020102002001	陶瓷地砖地面（接待室、办公室、楼梯间、走道）详见98ZJ001 19/6 1．8～10厚地砖铺实拍平，水泥浆擦缝 2．25厚1:4干硬性水泥砂浆，面上撒素水泥 3．素水泥浆结合层一遍 4．100厚C10砼 5．素土夯实	m^2	45.25	18.48	154.98	2.07	8.69	9.39	193.61
	B1-17	C10混凝土垫层	$10m^3$	0.4525	563.76	1667.3	159.66	118.34	127.9	2636.96
	B1-141	陶瓷地砖 地面	$100m^2$	0.4525	1284.42	13830.85	47.47	750.56	811.21	16724.51

续表

序号	项目编码	工程项目名称	单位	数量	综合单价（元）					
					人工费	材料费	机械使用费	管理费	利润	小计
6	020102002002	陶瓷地砖卫生间地面 详见 98ZJ001 50/11 1．8～10 厚地砖铺实拍平，水泥浆擦缝或 1:1 水泥砂浆填缝 2．25 厚 1:4 干硬性水泥砂浆，面上撒素水泥 3．1.5 厚聚氨酯防水涂料，面上撒黄沙，四周沿墙上翻 150 高 4．刷基层处理剂一遍 5．15 厚 1:2 水泥砂浆找平 6．50 厚 C20 细石砼找 0.5%～1%坡，最薄处不小于 20 厚 7．80 厚 C10 砼 8．素土夯实	m^2	7.78	31.29	114.94	2.81	7.38	7.97	164.39
	B1-17	C10 混凝土垫层	$10m^3$	0.06224	563.76	1667.3	159.66	118.34	127.9	2636.96
	B1-25	细石混凝土找坡层 厚度 30mm	$100m^2$	0.0778	373.68	649.32	47.5	52.99	57.27	1180.76
	B1-26	细石混凝土找坡层 厚度每增减 5mm	$100m^2$	0.3112	64.86	100.96	7.92	8.6	9.3	191.64
	B1-19	水泥砂浆找平层厚度 20mm	$100m^2$	0.09508	358.98	454.82	29.43	41.74	45.11	930.08
	B1-21	水泥砂浆找平层厚度每增减 5mm	$100m^2$	-0.09508	64.86	102.34	7.79	8.66	9.36	193.01
	A6-197	聚氨脂防水涂料	$100m^2$	0.09508	303.72	3226.65		174.75	188.87	3893.99
	B1-138	陶瓷地砖地面	$100m^2$	0.0778	1314.78	4732.95	47.47	301.71	326.09	6723
7	020102002003	陶瓷地砖楼面（陈列室、办公室、走道、卧室、客厅、阳台） 详见 98ZJ001 10/15 1．8～10 厚地砖铺实拍平，水泥浆擦缝 2．25 厚 1:4 干硬性水泥砂浆，面上撒素水泥 3．素水泥浆结合层一遍 4．钢筋砼楼板	m^2	225.29	12.84	138.31	0.47	7.51	8.11	167.25

续表

序号	项目编码	工程项目名称	单位	数量	综合单价（元）					
					人工费	材料费	机械使用费	管理费	利润	小计
	B1-141	陶瓷地砖楼面	100m²	2.2529	1284.42	13830.85	47.47	750.56	811.21	16724.51
8	020105002001	石材踢脚线（展厅）	m²	4.4	20.39	109.18	0.38	6.43	6.95	143.34
	B1-89	大理石踢脚线	100m²	0.044	2038.68	10918.29	38.15	643.26	695.24	14333.62
9	020105003001	陶瓷面砖踢脚线	m²	38.93	19.7	15.04	0.33	1.74	1.88	38.68
	B1-147	陶瓷地砖踢脚线	100m²	0.3893	1969.68	1504.07	33.37	173.6	187.63	3868.35
10	020106002001	楼梯面砖面层 详见 98ZJ001 10/15 1．8～10 厚地砖铺实拍平，水泥浆擦缝 2．25 厚 1:4 干硬性水泥砂浆，面上撒素水泥； 3．素水泥浆结合层一遍 4．钢筋砼楼板	m²	18.3	27.38	24.39	0.61	2.59	2.8	57.78
	B1-149	陶瓷地砖楼梯面	100m²	0.183	2738.16	2438.97	60.88	259.28	280.23	5777.52
11	020107001001	不锈钢管栏杆 详见 98ZJ401 W/14	m	14.94	67.08	312.83	25.28	4.57	21.68	431.43
	B1-311	不锈钢扶手	100m	0.1494	540.36	6941.11	235.01	38.38	412.83	8167.69
	B1-332	不锈钢弯头	10 个	0.7	99.72	511.26	257.06	17.66	46.44	932.14
	B1-279	不锈钢栏杆	100m	0.1494	5700	21946.65	1088.17	336.01	1537.31	30608.14
12	020108001001	大理石台阶面	m²	8.6	23.52	170.08	1.22	9.64	10.42	214.87
	B1-83	台阶 大理石面	100m²	0.086	2351.64	17007.52	121.54	964.29	1042.22	21487.21
13	020201001001	墙面一般抹灰(水箱内壁) 1.面层厚度、砂浆配合比:1:2 防水水泥砂浆 20 厚	m²	10.44	7.11	7.5	0.3	0.74	0.8	16.45
	B2-2 换	水箱内壁 1:2 防水水泥砂浆抹面	100m²	0.1044	711	749.75	30.3	73.81	79.77	1644.63
14	020201001002	墙面一般抹灰(水箱外壁) 1.面层厚度、砂浆配合比:1:2 水泥砂浆 20 厚	m²	7.54	7.11	6.07	0.3	0.67	0.72	14.88
	B2-2 换	水箱内壁 1:2 防水水泥砂浆抹面	100m²	0.0754	711	607.35	30.3	66.76	72.15	1487.56

续表

序号	项目编码	工程项目名称	单位	数量	综合单价（元）					
					人工费	材料费	机械使用费	管理费	利润	小计
15	020201001003	墙面一般抹灰 详见 98ZJ0014/30 1．15 厚 1:1:6 水泥石灰砂浆 2．5 厚 1:0.5:3 水泥石灰砂浆	m^2	859.28	6.47	3.85	0.34	0.53	0.57	11.75
	B2-36	混合砂浆内墙面	$100m^2$	8.5928	646.56	384.74	33.76	52.72	56.98	1174.76
16	020201001004	外墙面水泥砂浆抹灰 详见 98ZJ001 22/45 1．12 厚 1:3 水泥砂浆 2．8 厚 1:2.5 水泥砂浆木抹搓平	m^2	511.44	6.99	4.95	0.34	0.61	0.66	13.55
	B2-25	外墙面水泥砂浆抹灰	$100m^2$	5.1144	699.48	495.13	33.76	60.8	65.72	1354.89
17	020201001005	女儿墙内侧抹灰 1∶2 水泥砂浆	m^2	51.74	6.99	5.85	0.34	0.65	0.71	14.54
	B2-25 换	女儿墙内侧抹灰 1∶2 水泥砂浆	$100m^2$	0.5174	699.48	584.9	33.76	65.25	70.52	1453.91
18	020201001006	水箱内抹灰抹灰（立面）1∶2 水泥砂浆	m^2	9.96	7.55	6.44	0.34	0.71	0.77	15.8
	B2-26 换	水箱内抹灰抹灰（立面）1∶2 水泥砂浆	$100m^2$	0.0996	754.74	644.36	33.76	70.93	76.66	1580.45
19	020204003001	卫生间面砖墙裙 详见 98ZJ001 5/37 1．17 厚 1:3 水泥砂浆 2．刷素水泥浆 3．3～4 厚 1:1 水泥砂浆加水重 20%801 胶镶贴 4．4～5 厚釉面砖，白水泥擦缝	m^2	60.54	20.46	48.8	0.49	3.45	3.73	76.94
	B2-283	卫生间面砖墙裙	$100m^2$	0.6054	2045.58	4880.41	49.09	345.27	373.17	7693.52
20	020301001001	天棚抹灰（水箱顶 1:2 防水砂浆抹面）	m^2	9.82	6.74	4.89	0.25	0.59	0.64	13.11
	B4-2 换	水箱顶 1:2 防水砂浆抹面	$100m^2$	0.0982	673.74	489.38	25.11	58.82	63.57	1310.62
21	020301001002	天棚抹灰 详见 98ZJ001 3/47 1．钢筋砼板底面清理干净 2．7 厚 1:1:4 水泥石灰砂浆 3．5 厚 1:0.5:3 水泥石灰砂浆	m^2	239.77	5.43	3.49	0.16	0.45	0.49	10.01

续表

序号	项目编码	工程项目名称	单位	数量	综合单价（元）					
					人工费	材料费	机械使用费	管理费	利润	小计
	B4-3	混凝土面天棚 混合砂浆	100m²	2.3977	542.58	348.67	16.45	44.93	48.56	1001.19
22	020301001003	雨棚抹灰 20厚1∶2水泥砂浆	m²	42.1	6.74	3.84	0.25	0.54	0.58	11.95
	B4-2 换	混凝土面天棚 水泥砂浆	100m²	0.421	673.74	384.3	25.11	53.62	57.95	1194.72
23	020302001001	轻钢龙骨石膏板吊顶天棚 详见98ZJ001 12/49 1．轻钢龙骨标准骨架：主龙骨中距900-1000，次龙骨中距600，横撑中距600 2．600×600石膏装饰板，自攻螺丝拧紧，孔眼用腻子填平	m²	157.24	14.58	50.23		3.21	3.47	71.48
	B4-43	天棚装配式 U型轻钢龙骨 不上人型 面层规格600×600一级	100m²	1.5724	888.48	3935.62		238.79	258.09	5320.98
	B4-134	天棚面层 石膏板天棚面层 安在U型轻钢龙骨上	100m²	1.5724	569.52	1086.91		81.99	88.62	1827.04
24	020401001001	装饰镶板门 M-2：1m×2.1m	樘	11	177.04	827.8		49.74	53.76	1108.34
	B5-223	成品豪华装饰门安装 镶板门	100m²	0.231	1957.74	30171		1590.37	1718.89	35438
	B6-97	门油漆	100m²	0.231	6394.02	8854.81		754.82	815.81	16819.46
	B5-364	门锁安装 执手锁	10把	0.1	87.36	807.99		44.32	47.9	987.57
	B5-371	特殊五金安装 门磁吸	10套	0.1	94.92	100		9.65	10.43	215
25	020402003001	全玻地弹门 M-1：3m×2.7m	樘	1	311.25	2671.63		147.65	159.58	3290.12
	H2-8	全玻地弹门	100m²	0.081	2443.26	27858.17		1499.92	1621.13	33422.48
	B5-374	特殊五金安装 地弹筑安装	10个	0.4	283.38	1037.8		65.4	70.68	1457.26
26	020402005001	塑钢门 M-3：0.8m×2.1m	樘	8	45.34	509.51	12.75	28.1	30.37	626.07
	B5-170	塑钢 平开门	100m²	0.1344	2634	29876.96	759.15	1646.87	1779.95	36696.93
	B5-364	门锁安装 执手锁	10把	0.1	87.36	605.99		34.32	37.09	764.76

续表

序号	项目编码	工程项目名称	单位	数量	综合单价（元）					
					人工费	材料费	机械使用费	管理费	利润	小计
27	020402006001	钢防盗门 M-4：1m×2.1m	樘	1	27.51	608.71		31.49	34.04	701.74
	B5-182	钢防盗门	100m2	0.021	1309.92	28985.96		1499.65	1620.83	33416.36
28	020403001001	铝合金卷闸门 M-5：3m×2.7m	樘	1	303.49	4079.47	15.03	217.7	235.29	4850.98
	借 B5-158	铝合金卷闸门安装 铝合金	$100m^2$	0.081	3160.86	24437.91	185.54	1375.32	1486.46	30646.09
	借 B5-161	铝合金卷闸门安装 电动装置	10 套	0.1	474.6	21000		1062.99	1148.89	23686.48
29	020406001001	塑钢推拉窗 C-2：1.8m×1.5m	樘	6	72.76	651.44	18.37	36.76	39.73	819.05
	B5-173	塑钢 推拉窗	$100m^2$	0.162	2694.72	24127.47	680.37	1361.38	1471.39	30335.33
30	020406001002	塑钢推拉窗 C-4：3m×1.5m	樘	2	121.26	1085.74	30.62	61.26	66.22	1365.09
	B5-173	塑钢 推拉窗	$100m^2$	0.09	2694.72	24127.47	680.37	1361.38	1471.39	30335.33
31	020406001003	塑钢推拉窗 C-5：1.5m×1.5m	樘	4	60.63	542.87	15.31	30.63	33.11	682.55
	B5-173	塑钢 推拉窗	$100m^2$	0.09	2694.72	24127.47	680.37	1361.38	1471.39	30335.33
32	020406002001	塑钢单扇平开窗 C-3：0.6m×1.5m	樘	6	24.35	252.26	7.22	14.05	15.19	313.06
	B5-174	塑钢 平开窗	$100m^2$	0.054	2705.22	28028.4	802.12	1561.02	1687.16	34783.92
33	020406003001	塑钢固定窗 C-1：3m×2.3m	樘	2	68.25	1755.19		90.26	97.56	2011.25
	B5-175	塑钢 固定窗	$100m^2$	0.138	989.1	25437.53		1308.12	1413.82	29148.57
34	020406009001	不锈钢防盗栅 C-2：1.8m×1.5m	樘	2	32.04	918.56	60.52	50.05	54.1	1115.26
	B5-191	防盗栅 不锈钢	$100m^2$	0.054	1186.5	34020.71	2241.3	1853.7	2003.5	41305.71
35	020406009002	金属格栅窗 C-3：0.6m×1.5m	樘	2	10.68	306.19	20.17	16.69	18.03	371.75
	B5-191	防盗栅 不锈钢	$100m^2$	0.018	1186.5	34020.71	2241.3	1853.7	2003.5	41305.71

续表

序号	项目编码	工程项目名称	单位	数量	综合单价（元）					
					人工费	材料费	机械使用费	管理费	利润	小计
36	020506001001	抹灰面乳胶漆（内墙、天棚面）	m^2	1118.31	5.26	3.09		0.41	0.45	9.22
	B6-305	抹灰面乳胶漆　二遍	$100m^2$	11.1831	526.14	309.34		41.36	44.7	921.54
37	020507001001	涂料外墙面 刷墙面抗碱封底涂料一遍，钙塑涂料一遍	m^2	517.56	2.73	24.25		1.33	1.44	29.75
	B6-345	墙面钙塑涂料 外墙面	$100m^2$	5.1756	140.94	1637.94		88.05	95.17	1962.1
	B6-346	墙面抗碱封底涂料	$100m^2$	5.1756	131.58	786.6		45.45	49.12	1012.75

（4）本教材案例中的装饰工程清单计价表如表12.27所示。

表12.27　装饰工程清单计价表

序号	项目编码	项目名称	计量单位	工程数量	金额（元）	
					综合单价	合价
		楼地面工程				
1	020101001003	水泥砂浆楼地面（水箱底） 1.面层厚度、砂浆配合比:1：2防水水泥砂浆 厚20	m^2	8.37	14.41	120.61
2	020101001004	水泥砂浆楼地面（水箱顶盖表面） 1.面层厚度、砂浆配合比:1：2防水水泥砂浆 厚20	m^2	9.82	14.41	141.51
3	020102001001	石材楼地面　详见98ZJ001　20/6 1．20厚大理石铺实拍平，水泥砂浆擦缝 2．30厚1∶4干硬性水泥砂浆，面上撒素水泥 3．素水泥浆结合层一道 4．80厚C10混凝土 5．素土夯实	m^2	78.62	158.17	12435.33
4	020102001002	大理石台阶平台面	m^2	12.89	137.08	1766.96
5	020102002001	陶瓷地砖地面（接待室、办公室、楼梯间、走道） 详见98ZJ001　19/6 1．8-10厚地砖铺实拍平，水泥浆擦缝 2．25厚1:4干硬性水泥砂浆，面上撒素水泥 3．素水泥浆结合层一遍 4．100厚C10砼 5．素土夯实	m^2	45.25	193.61	8760.85
6	020102002002	陶瓷地砖卫生间地面　详见98ZJ001　50/11 1．8～10厚地砖铺实拍平，水泥浆擦缝或1:1水泥砂浆填缝 2．25厚1:4干硬性水泥砂浆，面上撒素水泥 3．1.5厚聚氨酯防水涂料，面上撒黄沙，四周沿墙上翻150高 4．刷基层处理剂一遍 5．15厚1:2水泥砂浆找平 6．50厚C20细石砼找0.5%～1%坡，最薄处不小于20厚 7．80厚C10砼 8．素土夯实	m^2	7.78	164.39	1278.95

续表

序号	项目编码	项目名称	计量单位	工程数量	金额（元）	
					综合单价	合价
7	020102002003	陶瓷地砖楼面（陈列室、办公室、走道、卧室、客厅、阳台） 详见 98ZJ001　10/15 1．8～10 厚地砖铺实拍平，水泥浆擦缝 2．25 厚 1:4 干硬性水泥砂浆，面上撒素水泥 3．素水泥浆结合层一遍 4．钢筋砼楼板	m^2	225.29	167.25	37679.75
8	020105002001	石材踢脚线（展厅）	m^2	4.4	143.34	630.7
9	020105003001	陶瓷面砖踢脚线	m^2	38.93	38.68	1505.81
10	020106002001	楼梯面砖面层 详见 98ZJ001　10/15 1．8～10 厚地砖铺实拍平，水泥浆擦缝 2．25 厚 1:4 干硬性水泥砂浆，面上撒素水泥 3．素水泥浆结合层一遍 4．钢筋砼楼板	m^2	18.3	57.78	1057.37
11	020107001001	不锈钢管栏杆 详见 98ZJ401 W/14	m	14.94	431.43	6445.56
12	020108001001	大理石台阶面	m^2	8.6	214.87	1847.88
		墙柱面工程				
13	020201001001	墙面一般抹灰(水箱内壁) 1.面层厚度、砂浆配合比:1:2 防水水泥砂浆 20 厚	m^2	10.44	16.45	171.74
14	020201001002	墙面一般抹灰(水箱外壁) 1.面层厚度、砂浆配合比:1:2 水泥砂浆 20 厚	m^2	7.54	14.88	112.2
15	020201001003	墙面一般抹灰 详见 98ZJ0014/30 1．15 厚 1:1:6 水泥石灰砂浆 2．5 厚 1:0.5:3 水泥石灰砂浆	m^2	859.28	11.75	10096.54
16	020201001004	外墙面水泥砂浆抹灰 详见 98ZJ001 22/45 1．12 厚 1:3 水泥砂浆 2．8 厚 1:2.5 水泥砂浆木抹搓平	m^2	511.44	13.55	6930.01
17	020201001005	女儿墙内侧抹灰 1∶2 水泥砂浆	m^2	51.74	14.54	752.3
18	020201001006	水箱内抹灰抹灰（立面）1∶2 水泥砂浆	m^2	9.96	15.8	157.37
19	020204003001	卫生间面砖墙裙 详见 98ZJ001 5/37 1．17 厚 1:3 水泥砂浆 2．刷素水泥浆 3．3-4 厚 1:1 水泥砂浆加水重 20%801 胶镶贴 4．4-5 厚釉面砖，白水泥擦缝	m^2	60.54	76.94	4657.95
		天棚工程				
20	020301001001	天棚抹灰（水箱顶 1:2 防水砂浆抹面）	m^2	9.82	13.11	128.74
21	020301001002	天棚抹灰 详见 98ZJ001 3/47 1．钢筋砼板底面清理干净 2．7 厚 1:1:4 水泥石灰砂浆 3．5 厚 1:0.5:3 水泥石灰砂浆	m^2	239.77	10.01	2400.1

续表

序号	项目编码	项目名称	计量单位	工程数量	金额（元）	
					综合单价	合价
22	020301001003	雨棚抹灰 20厚1∶2水泥砂浆	m^2	42.1	11.95	503.1
23	020302001001	轻钢龙骨石膏板吊顶天棚 详见98ZJ001 12/49 1．轻钢龙骨标准骨架：主龙骨中距900-1000，次龙骨中距600，横撑中距600 2．600×600石膏装饰板，自攻螺丝拧紧，孔眼用腻子填平	m^2	157.24	71.48	11239.52
		门窗工程				
24	020401001001	装饰镶板门 M-2：1m×2.1m	樘	11	1108.34	12191.74
25	020402003001	全玻地弹门 M-1：3m×2.7m	樘	1	3290.12	3290.12
26	020402005001	塑钢门 M-3：0.8m×2.1m	樘	8	626.07	5008.56
27	020402006001	钢防盗门 M-4：1m×2.1m	樘	1	701.74	701.74
28	020403001001	铝合金卷闸门 M-5：3m×2.7m	樘	1	4850.98	4850.98
29	020406001001	塑钢推拉窗 C-2：1.8m×1.5m	樘	6	819.05	4914.3
30	020406001002	塑钢推拉窗 C-4：3m×1.5m	樘	2	1365.09	2730.18
31	020406001003	塑钢推拉窗 C-5：1.5m×1.5m	樘	4	682.55	2730.2
32	020406002001	塑钢单扇平开窗 C-3：0.6m×1.5m	樘	6	313.06	1878.36
33	020406003001	塑钢固定窗 C-1：3m×2.3m	樘	2	2011.25	4022.5
34	020406009001	不锈钢防盗栅 C-2：1.8m×1.5m	樘	2	1115.26	2230.52
35	020406009002	金属格栅窗 C-3：0.6m×1.5m	樘	2	371.75	743.5
		油漆、涂料、裱糊工程				
36	020506001001	抹灰面乳胶漆（内墙、天棚面）	m^2	1118.31	9.22	10310.82
37	020507001001	涂料外墙面 刷墙面抗碱封底涂料一遍，钙塑涂料一遍	m^2	517.56	29.75	15397.41

本章小结

本章主要介绍工程清单项目设置、清单工程量的计算方法和装饰工程的综合单价计算。涉及的内容主要有楼地面工程、墙柱面工程、天棚工程、门窗工程和油漆、涂料、裱糊工程五个部分。最后通过案例进行相关规则和计算方法的应用。

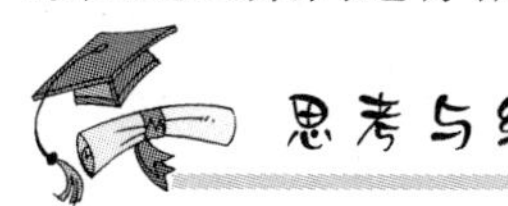

思考与练习

1．踢脚线的清单工程量和预算工程量的计算方法是否相同？如果不相同，分别是如何计算的？

2．门窗的清单工程量和预算工程量计算方法是否相同？如果不同，分别是如何计算工程量的？

3．计算如图 12.6 所示水磨石台阶面及平台面的清单工程量并计价。

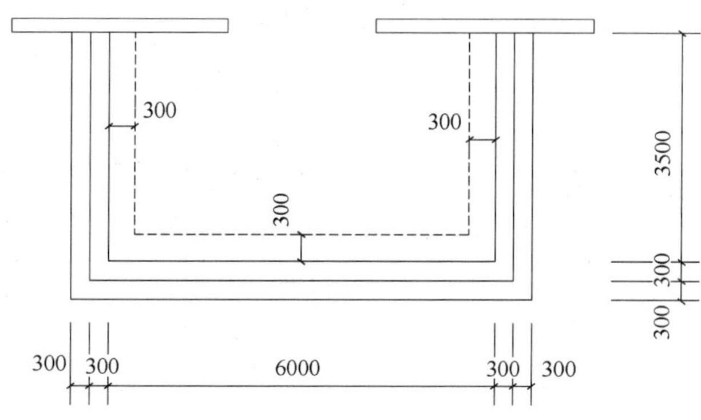

图 12.6　台阶示意图

4．如图 12.7 所示为某单层建筑物吊顶，采用不上人 U 形轻钢龙骨及 600×600 的石膏板面层，其中小房间为一级吊顶，大房间为二级吊顶，大房间剖面如图所示。请根据《清单计价规范》列项计算相应项目的工程量及综合单价。

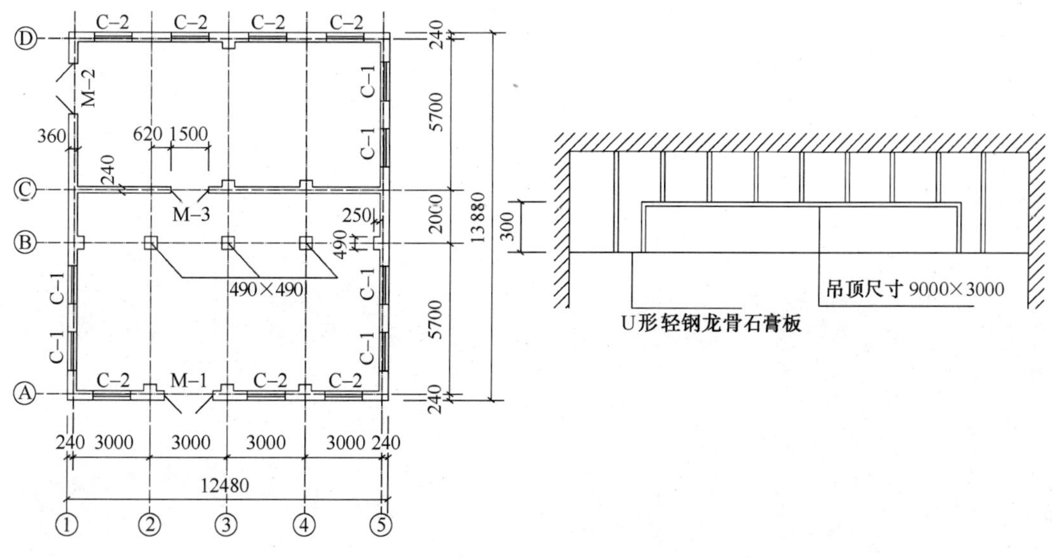

图 12.7　单层建筑物吊顶

5．计算如图12.8所示吊顶棚的清单工程量并计价。

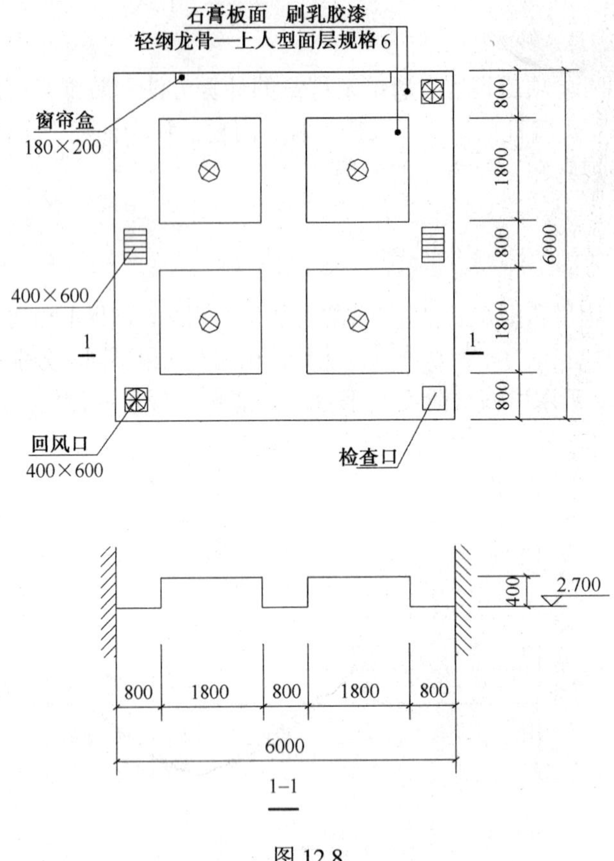

图12.8

6．某办公楼有等高的10跑楼梯，不锈钢扶手带刻花玻璃拦板，每跑楼梯的高为1.8m，每跑楼梯扶手的水平长度为 2.34m，扶手转弯处宽 0.10m，顶层最后一跑楼梯的水平安全栏板长为1.18m。求楼梯扶手、栏板的工程量。

第 13 章　建筑工程措施费

【能力点描述】

通过本章的学习，学生应熟悉建筑工程施工措施项目费的计算方法。能正确运用施工措施费的计算方法计算施工措施费。

13.1　相关说明

13.1.1　措施项目的定义

措施项目是指为完成工程项目施工，发生于该工程施工准备和施工过程中的技术、生活、安全、环境保护等方 面的非工程实体项目。

措施项目虽然不是直接凝固到产品上的直接资源消耗项目，但都是为了完成分部分项工程而必须发生的生产活动和资源耗用的保障项目，由于不是直接凝固于产品的劳动，因此称其为非工程实体项目。

13.1.2　措施项目清单

《建设工程工程量清单计价规范》（GB50500—2008）第 4.1.4 条规定：措施项目清单计价应根据拟建工程的施工组织设计，可以计算工程量的措施项目，应按分部分项工程量清单的方式采用综合单价计价；其余的措施项目可以"项"为单位的方式计价，应包括除规费、税金外的全部费用。第 4.1.5 条规定：措施项目清单中的安全文明施工费应按照国家或省级、行业建设主管部门的规定计价，不得作为竞争性费用。

措施项目清单应根据拟建工程的实际情况列项。通用措施项目可按表 13.1 选择列项，专业工程的措施项目可按附录中规定的项目选择列项。若出现表 13.1 中未列的项目，可根据工程实际情况补充。

措施项目中可以计算工程量的项目清单宜采用分部分项工程量清单的方式编制，列出项目编码、项目名称、项目特征、计量单位和工程量计算规则；不能计算工程量的项目清单，以"项"为计量单位。

表 13.1 通用措施项目一览表

序　号	项　目　名　称
1.	安全文明施工（包含环境保护、文明施工、安全施工、临时设施）
2.	夜间施工
3.	二次搬运
4.	冬雨季施工

续表

序号	项目名称
5.	大型机械设备进出场及安拆
6.	施工排水
7.	施工降水
8.	地上、地下设施，建筑物的临时保护设施
9.	已完工程及设备保护

13.1.3 措施项目费用的计算方法

不能计算工程量的措施费是以计算基数乘以费率的形式进行计算，而可以计算工程量的措施费可采用消耗量定额组价，本章主要针对可以计算工程量的措施费计算方法展开讲解。可以计算工程量的措施项目包括脚手架、垂直运输机械、混凝土、钢筋混凝土模板及支架等。

按消耗量定额组价是指按照当地的消耗量定额及统一基价表，先计算出各种工料消耗，再根据相应的工料机单价计算出人工费、材料费、机械费，再在此基础上计算管理费和利润。或者直接根据当地的消耗量定额及统一基价表计算直接费，再按一定的费率计算管理费与利润。

例 13.1 某四层宿舍楼工程，每层层高均为 3.0m，建筑面积为 1264m^2。试计算施工技术措施项目中的“垂直运输费用”。

解：根据定额规定，建筑工程的垂直运输工程费用按建筑面积综合计算。本工程套用湖北省 2008 年建筑工程消耗量定额及统一基价表“建筑物垂直运输 20m（6 层以内）”定额子目 A11-1 得定额基价为 793.5 元/100m^2。根据定额“建筑物垂直运输”措施费计算如下（管理费按直接费 4.95%计取，利润按直接费的 5.35%计取）：

直接费：793.5×1264/100＝10 029.84（元）

管理费：10 029.84×4.95%＝496.48（元）

利润：10 029.84×5.35%＝536.6（元）

合计：10 029.84＋496.48＋536.6＝11 062.92（元）

施工技术措施费计价表和施工技术措施费清单费用分析表如表 13.2、表 13.3 所示。

表 13.2 施工技术措施项目清单计价表

工程名称：某宿舍楼

序号	项目名称	金额（元）
1	建筑工程	
1.1	垂直运输	11 062.92

表 13.3 施工技术措施项目清单费用分析表

序号	措施项目名称	单位	数量	金额（元）					小计
				人工费	材料费	机械费	管理费	利润	
1	垂直运输费	100 m^2	12.64	0	0	10 029.84	496.48	536.6	11 062.92

13.2　可计量措施项目清单的基本格式

可计量措施项目属于整个工程措施项目中的一部分，包含在措施项目清单中，具体格式如表 13.4 所示。

表 13.4　可计量措施项目清单

序　号	项 目 名 称	单　位	工 程 数 量
1	混凝土模板及支撑		
AB001	现浇矩形柱模板	m^2	
AB002	现浇矩形梁模板	m^2	
……	……	……	
2	脚手架		
AB001	综合脚手架	m^2	
……	……	……	
3	垂直运输		
AB001	建筑物垂直运输	m^2	
……	……		
n	……		

13.3　可计量措施项目报价工程量计算方法

13.3.1　脚手架工程量计算

1. 综合脚手架面积的计算方法

（1）多层建筑物的综合脚手架，应自建筑物室外地坪以上的自然层为准。高度超过 2.2m（包括 2.2m）的管道层亦应计算层数和面积（但走廊部分的局部管道层不计算层数，只计算面积）。地下室不作层数计算，但应计算建筑面积。多层建筑物其层高等于 2.2 时，可按一层建筑面积计算综合脚手架及垂直运输费。

例 13.2　如图 13.1 所示为某办公楼示意图，求该办公楼综合脚手架工程量。

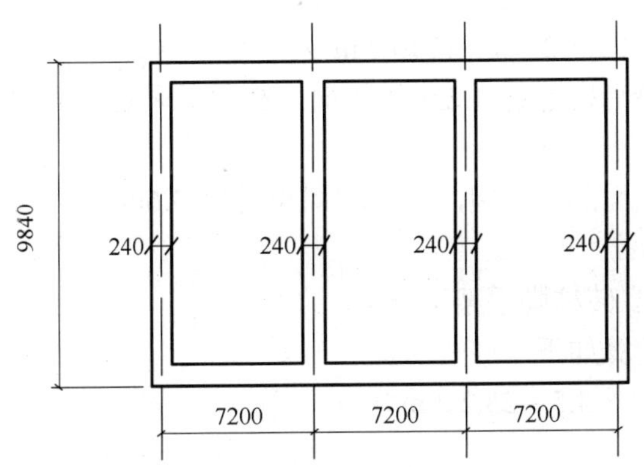

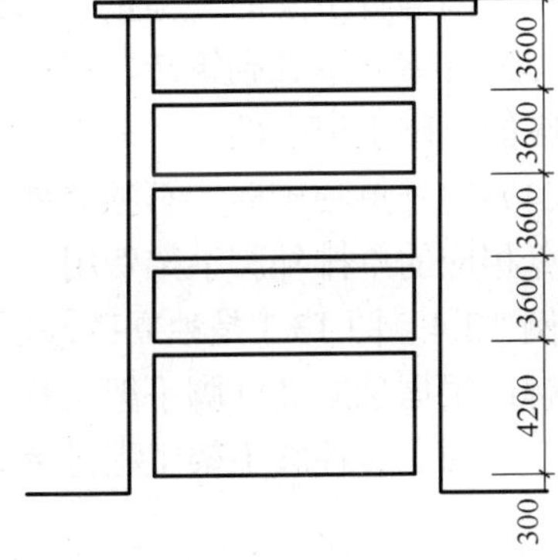

图 13.1　某办公楼示意图

解：根据综合脚手架的工程量计算规则计算如下：

综合脚手架工程量＝9.84×21.84×5＝1 074.53（m^2）

（2）单层建筑物的高度，应自室外地坪至檐口滴水的高度为准。多跨建筑物如高度不同时，应分别按照不同的高度计算。单层建筑物以6m高为准，超过6m者，每超过1m再计算一个增加层，增加高度若不足0.6m时（包括0.6m），舍去不计，超过0.6m，按一个增加层计算。如某单层建筑物檐高为7.2m，则增加层数为：7.2－6＝1m，余0.2m＜0.6m，故舍去不计，即按一个增加层计算。又如某单层建筑物檐高为8.8m，则增加层数为：8.8－6＝2m，余0.8m＞0.6m，按一个增加层计算，最后应计算的增加层数为2＋1＝3层。

（3）内浇外砌建筑物，按综合脚手架费用乘以0.9计算。大板、大模板建筑，按综合脚手架费用乘以0.5计算。

2. 单项脚手架

（1）凡捣制梁（除圈梁、过梁）、柱、墙，每立方米混凝土需计算13m^2的3.6m以内钢管里脚手架；施工高度在6～10m内应另增加计算26m^2的单排9m内钢管外脚手架；施工高度在10m以上按施工组织设计方案计算。

（2）围墙脚手架，按相应的脚手架定额计算。其高度应以自然地坪至围墙顶，如围墙顶上装金属网者，其高度应算至金属网顶，长度按围墙的中心线，以平方米计算。不扣除围墙门所占的面积，但独立门柱砌筑用的脚手架也不增加。

例13.3 已知围墙如图13.2所示，求围墙砌筑脚手架工程量。

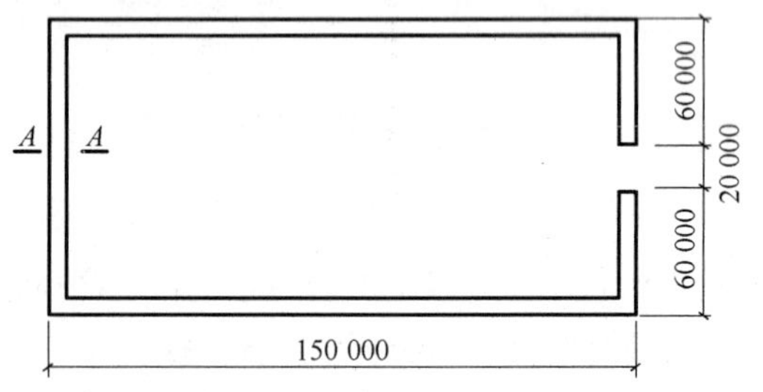

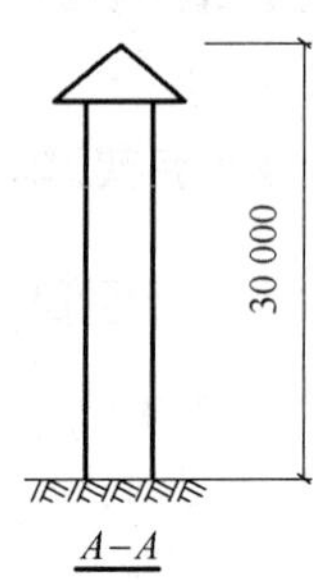

图13.2 围墙示意图

解：根据围墙脚手架工程量计算规则计算围墙脚手架的工程量如下：

围墙脚手架的工程量＝(150＋60×2＋20)×2×3＝1740（m^2）

（3）凡室外单独砌筑砖、石挡土墙、沟道墙高度超过1.2m以上时，按单面垂直墙面面积套用相应的里脚手架定额。

（4）室外单独砌砖、石独立柱、墩及突出屋面的砖烟囱，按外围周长另加3.6m乘以实砌高度计算相应的单排外脚手架费用。

例13.4 图13.3是独立砖柱示意图，求独立砖柱脚手架工程量。

解：根据独立砖柱脚手架工程量计算规则计算如下：

独立砖柱脚手架工程量＝(0.5×4＋3.6)×4.5＝25.2（m^2）

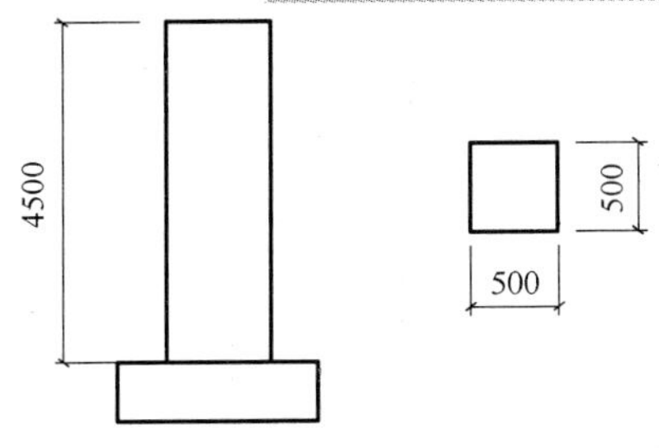

图 13.3　独立砖柱示意图

（5）砌二砖及二砖以上的砖墙，除按综合脚手架计算外，另按单面垂直砖墙面面积增计单排外脚手架。

例 13.5　如图 13.4（a）和 13.4（b）所示是某单层建筑物立面和平面示意图，该建筑物的墙体为二砖厚的砖墙，计算该建筑物脚手架工程量。

解：根据脚手架工程的工程量计算规则，该建筑物的脚手架工程量需列两项进行计算。

① 综合脚手架工程量＝24×32＝768（m^2）

② 单排外脚手架工程＝（24＋32）×2×4.8＝537.6（m^2）

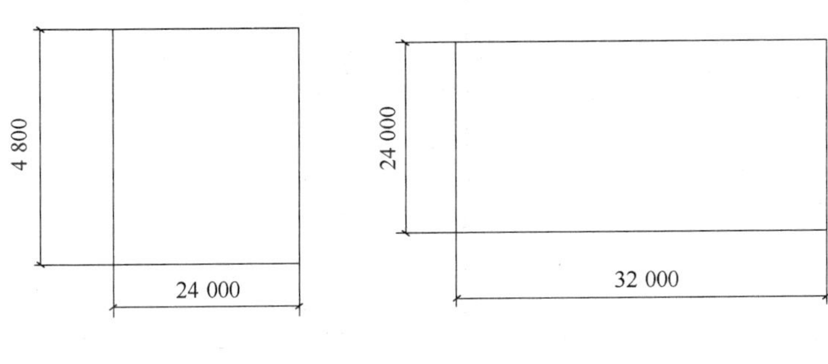

（a）建筑物立面示意图　（b）建筑物平面示意图

图 13.4　某单层建筑物示意图

（6）砖、石砌基础，深度超过 1.5m 时（室外自然地面以下），应按相应的里脚手架定额计算脚手架，其面积为基础底至室外地面的垂直面积。

（7）混凝土、钢筋混凝土带形基础同时满足底宽超过 1.2m（包括工作面的宽度），深度超过 1.5m；满堂基础、独立柱基础同时满足底面积超过 4m^2，深度超过 1.5m，均按水平投影面积套用基础满堂脚手架计算。

（8）高颈杯形钢筋混凝土基础，其基础底面至自然地面的高度超过 3m 时，应按基础底周边长度乘高度计算脚手架，套用相应的单排外脚手架定额。

（9）储水（油）池及矩形储仓按外围周长加 3.6m 乘以壁高套用相应的双排外脚手架定额。

（10）砖砌、砼化粪池，深度超过 1.5m 时，按池内空的投影面积套用基础满堂脚手架计算。其内外池壁脚手架按本条第 6 款规定计算。

（11）室外管道脚手架，高度从自然地面算至管道下皮（多层排列管道时，至最上一层管道下皮为准），长度按管道的中心线，乘以垂直高度计算面积。

3. 其他

（1）悬空吊篮脚手架以墙面垂直投影面积计算，高度应以设计室外地坪至墙顶的高度计算，长度应以墙的外围长度计算。

（2）外脚手架安全围护网按实挂面积计算。

13.3.2 垂直运输工程量计算

（1）计算建（构）筑垂直运输工程量的一般规则。

① 建筑物按建筑面积计算（包括计算建筑面积范围和层高 2.2m 设备管道层等面积）。

例 13.6 如图 13.1 所示为某办公楼示意图，求该办公楼垂直运输工程量。

解：根据《湖北省建筑工程消耗量定额及统一基价表（2008 年）》建筑物垂直运输工程量的计算规则，该办公楼垂直运输工程量计算如下：

A11-2 建筑物垂直运输 20m（6 层）以内，垂直运输工程量＝9.84×21.84×5＝1074.53m^2，同综合脚手架的工程量。

② 烟囱、水塔、筒仓等构筑物以“座”计算。

（2）建筑物垂直运输（1～6 层）。凡建筑物层数在 6 层及其以下或檐高在 20m 以下时，按 6 层及其以下建筑面积计算，包括地下室和屋顶楼梯间等建筑面积。

（3）高层建筑垂直运输及增加费。

①凡建筑物在 6 层以上或檐高在 20m 以上者，均可计取垂直运输及增加费。檐高在 20m 以上时，以建筑物檐高与 20m 之差，除以 3.3m（余数不计）为超高折算层层数（除本条第 5、6 款外），乘以按本条（3）款计算的折算层面积，计算工程量。

例 13.7 如图 13.1 所示为某办公楼示意图，如果该办公楼增加层高为 3.6m 的四层。求该办公楼垂直运输及增加费工程量。

解：该办公楼增加四层后层数为 9 层，檐高为：3.6×8＋4.2＋0.3＝33.3m＞20m，且在木条第⑤、⑥款外。超过高度为：33.3－20＝13.3m，超高的层数为：13.3÷3.3＝4 层，余数 0.03 不计。

根据《湖北省建筑工程消耗量定额及统一基价表（2008 年）》，该办公楼增加四层后的垂直运输工程量计算如下：

A11-5 高层建筑 9～12 层，檐高（40m 以内）垂直运输及增加费

工程量＝9.84×21.84×4＝859.62（m^2）

② 当上层建筑面积小于下层建筑面积的 50%时，应垂直分割为两部分计算。层数（或檐高）高的范围与层数（或檐高）低的范围分别按本条①款规则计算。

例 13.8 如图 13.5 所示为某建筑物立面示意图，1～8 层每层建筑面积为 600m^2，9～11 层每层建筑面积为 270 m^2。计算该建筑物的垂直运输及增加费的工程量。

解：首先确定建筑物两个不同标高的建筑面积是否应垂直分割。

檐口高度 24～33m 间：270÷600＝0.45＜50%，故应垂直分割成两部分。则建筑物垂直运输及超高增加费的计算如下：

7～11 层，檐高 33m

折算层数＝（33－20）÷3.3＝3.94

因此折算层数取为 3 层。套定额 A11-5 得建筑物垂直运输及超高增加费工程量为：

S＝270×3＝810（m^2）。

7～8 层，折算层数＝（24.00-20.00）÷3.30＝1.21。取 1 层计算，套定额 A11-3 得

S＝（600-270）＝330（m^2）。

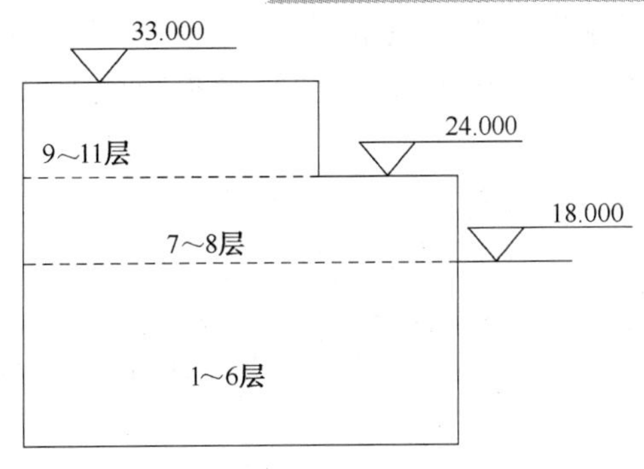

图 13.5 某建筑物立面示意图

③ 当建筑物在 6 层（或檐高在 20m）以上每层建筑面积不同，又不符合垂直分割计算条件，则按本条款①款规定计算层数，乘以建筑物檐高 20m 以上实际层数建筑面积的算术平均值，计算工程量。

例 13.9 如图 13.5 所示为某建筑物立面示意图，1～8 层每层建筑面积为 600m²，9～11 层每层建筑面积为 350 m²。计算该建筑物的垂直运输及增加费的工程量。

解：首先确定建筑物两个不同标高的建筑面积是否应垂直分割。

檐口高度在 24～33m 之间：350÷600＝0.58＞50%，故不应垂直分割成两部分。则建筑物垂直运输及超高增加费的计算如下：

7～11 层，檐高 33m

折算层数＝（33－18）÷3.3＝3.94（因此折算层数取为 3 层）

每折算层的面积＝（350×3＋600×2）÷5＝450.00（m²）

套定额 A11-5 得建筑物垂直运输及超高增加费工程量为：

$$S=450.00\times 3=1350.00\ (\mathrm{m}^2)$$

④ 当建筑物檐高在 20m 以下、层数在 6 层以上时，以 6 层以上建筑面积套 7～8 层子目，6 层及其以下建筑面积套 1～6 层子目。

⑤ 当建筑物檐高超过 20m，但未达到 23.3m 时，无论层数多少，均以最高一层建筑面积套用 7～8 层子目。余下建筑面积套用 1～6 层子目。

例 13.10 如图 13.1 所示某办公楼示意图，如果该办公楼增加层高为 3.6m 的一层。计算该办公楼垂直运输工程量。

解：该办公楼增加一层后层数为 6 层，檐高为：3.6×5＋4.2＋0.3＝22.5m＜23.3m。则根据《湖北省建筑工程消耗量定额及统一基价表（2008 年）》，该办公楼增加一层后的垂直运输工程量计算如下：

定额项目 A11-1 建筑物 20m（6 层）以内垂直运输

工程量＝9.84×21.84×5＝1074.53（m²）

定额项目 A11-3 高层建筑 7～8 层檐高（20～28m 以内）垂直运输及增加费

工程量＝9.84×21.84＝214.91（m²）

⑥ 当建筑物檐高在 28m 以上，但未超过 29.9m 时，按 3 个折算超高层计算建筑面积，套用 9～12 层子目，余下建筑面积不计算。

例 13.11 如图 13.1 所示某办公楼示意图，如果该办公楼增加层高为 3.6m 的三层，计算该办公楼垂直运输工程量。

解：该办公楼增加三层后层数为 8 层，檐高为 3.6×7＋4.2＋0.3＝29.7m＜29.9m，则根据《湖北省建筑工程消耗量定额及统一基价表（2008 年）》，该办公楼增加三层后的垂直运输工程量计算如下：

定额项目 A11-5 高层建筑 9～12 层，檐高（40m 以内）垂直运输及增加费

工程量＝9.84×21.84×3＝644.72（m^2）

（4）凡套用了 7～8 层子目者，余下建筑面积还应套用 1～6 层子目。

（5）地下室及垂直分割后的高层范围外的 1～6 层（20m 以内）裙房面积，套用 1～6 层子目。

13.3.3 现浇混凝土及钢筋混凝土模板工程量计算

（1）现浇混凝土及钢筋混凝土模板工程量，除另有规定者外，均应区别模板的不同材质，按混凝土与模板接触面的面积，以平方米计算。

例 13.12 求图 13.6 所示现浇 C25 混凝土柱基的模板工程量。

解：根据现浇混凝土模板工程量计算规则，按接触面积计算过程如下：

构件与模板接触面积＝1.5×4×0.3＋1.0×4×1.2＝6.6（m^2）

（2）现浇钢筋混凝土柱、梁、板、墙的支模高度（即室外地坪或地面至板底之间的高度）以 3.6m 以内为准，高度超过 3.6m 以上部分，按超过部分计算增加支撑工程量。

（3）现浇钢筋混凝土墙、板上单孔面积在 0.3m^2 以内的孔洞，不予扣除，洞侧壁模板亦不增加，但突出墙、板面的混凝土模板应相应增加；单孔面积在 0.3m^2 以外时，应予扣除，洞侧壁模板并入墙、板模板工程量内计算。

（4）杯形基础的颈高大于 1.2m 时（基础扩大顶面至杯口底面），按柱定额执行，其杯口部分和基础合并按杯形基础计算。

（5）柱与梁、柱与墙、梁与梁等连接的重叠部分以及伸入墙内的梁头、板头部分，均不计算模板面积。

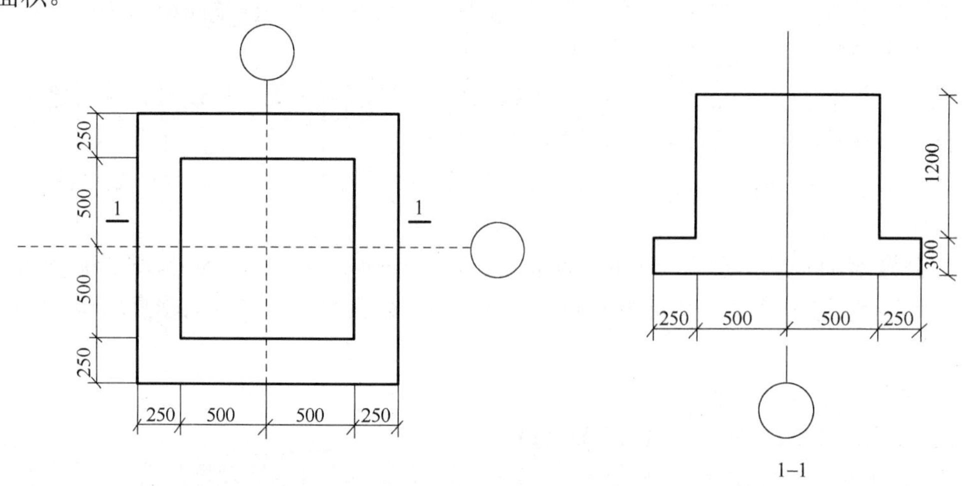

图 13.6 独立柱示意图

例 13.13 求图 13.7 所示现浇有梁板模板工程量，已知板厚 80mm。

解：根据现浇有梁板模板工程量计算规则，按接触面积计算过程如下：

KL1 的模板工程量＝［0.3＋（0.7－0.08）×2］×（7.2－0.4）×4＝1.54×6.8×4＝41.89（m^2）

LL1 的模板工程量＝［0.25＋（0.7－0.08）×2］×（5.4－0.4）×6＝1.49×5.0×6＝44.7（m^2）

梁的模板工程量合计：41.89＋44.7＝86.59（m^2）

现浇板的模板工程量＝（5.4×3＋0.4）×（7.2＋0.4）＋[（5.4×3＋0.4）＋（7.2＋0.4）]×2×0.08＝16.6×7.6＋（16.6＋7.6）×2×0.08＝126.16＋3.87＝130.03（m^2）

扣板与柱的接触面积＝0.4×0.4×8＝1.28（m^2）

扣板与 KL1 的接触面积＝0.3×（7.2－0.4）×4＝8.16（m^2）

扣板与 LL1 的接触面积＝0.25×（5.4－0.4）×6＝7.5（m^2）

现浇板的模板工程量应扣除的工程量小计为：1.28＋8.16＋7.5＝16.94（m^2）

现浇板的模板工程量＝130.03－16.94＝113.09（m^2）

有梁板的模板工程量为梁板模板量之和，即：

现浇有梁板模板工程量＝86.59＋113.09＝199.68（m^2）

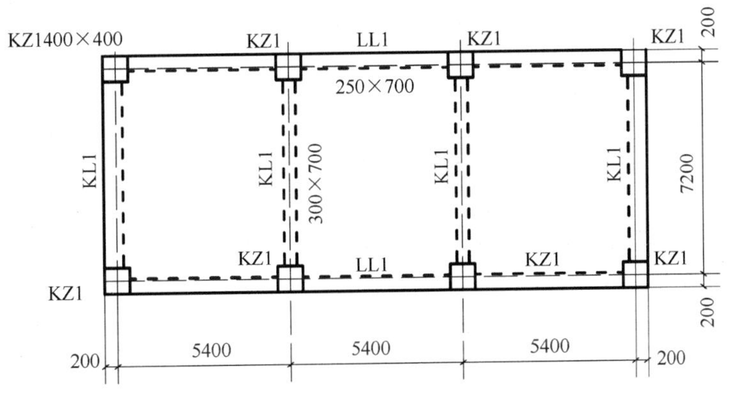

图 13.7　有梁板示意图

（6）构造柱均按图示外露部分计算模板面积。留马牙槎的按最宽面计算模板宽度。构造柱与墙接触面不计算模板面积。

构造柱模板。

a．两面有墙拐角柱，如图 13.8（a）所示，模板面积为：

S＝（a＋b＋0.06×4）×柱高－柱外露面与梁、板接触面积

b．两面有墙构造柱，如图 13.8（b）所示，模板面积为：

S＝（a＋0.06×2）×2×柱高－柱外露面与梁、板接触面积

c．三面有墙构造柱，如图 13.9（c）所示，模板面积为：

S＝（a＋0.06×6）×柱高－柱外露面与梁、板接触面积

d．四面有墙构造柱，如图 13.9（d）所示，模板面积为：

S＝0.06×8×柱高

（7）现浇钢筋混凝土阳台、雨篷，按图示外挑部分尺寸的水平投影面积计算。挑出墙外的悬臂梁及板边模板不另计算。雨篷翻边突出板面高度在 200mm 以内时，按翻边的外边线长度乘以突出板面高度，并入雨篷内计算；雨篷翻边突出板面高度在 600mm 以内时，翻边按天沟计算；雨篷翻边突出板面高度在 1200mm 以内时，翻边按栏板计算；雨篷翻边突出板面高度超过 1200mm 时，翻边按墙计算。

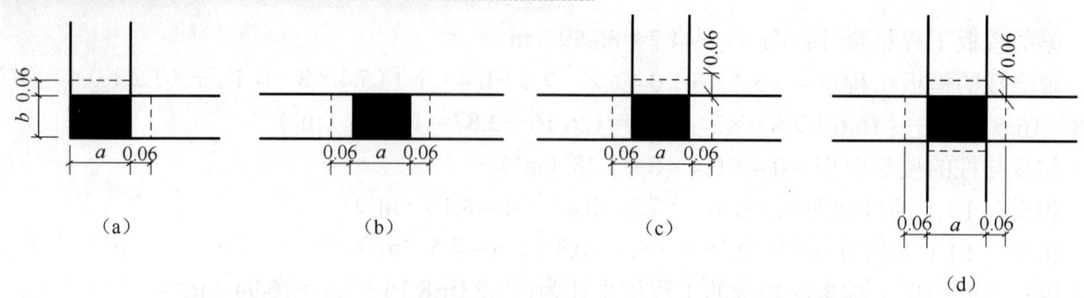

图 13.8 构造柱断面示意图

例 13.14 求图 13.9 所示现浇钢筋混凝土雨篷模板工程量。

解：根据现浇钢筋混凝土雨篷模板工程量计算规则计算如下：

现浇雨篷模板工程量＝2.4×0.9＋0.12×[2.4＋0.9×2＋（2.4－0.08×2）＋（0.9－0.08）×2]

＝2.16＋0.12×（2.4＋1.8＋2.24＋0.82×2）＝2.16＋0.97＝3.13（m^2）

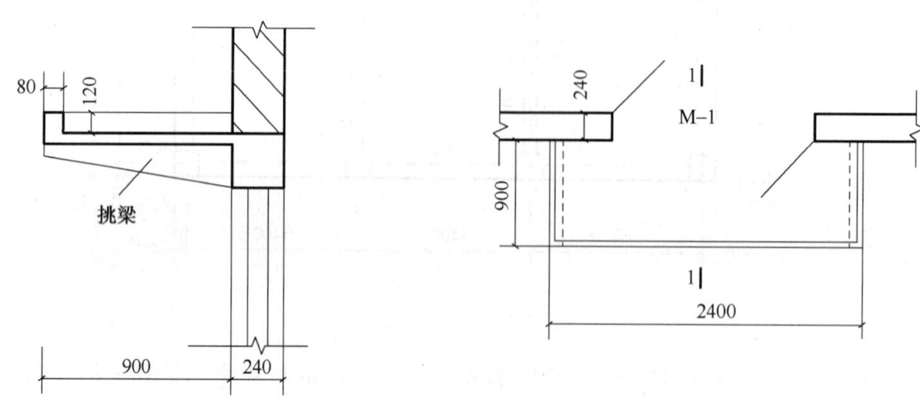

图 13.9 现浇钢筋混凝土雨篷示意图

（8）楼梯包括楼梯间两端的休息平台，梯井斜梁、楼梯板及支承梁及斜梁的梯口梁或平台梁，以图示露明面尺寸的水平投影面积计算。不扣除宽度小于 300mm 的楼梯井，楼梯的踏步、踏步板、平台梁等侧面模板不另计算；当梯井宽度大于 300mm 时，应扣除梯井面积，以图示露明面尺寸的水平投影面积乘以系数 1.08 计算。圆弧形楼梯按图示露明尺寸的水平的投影面积计算，不扣除小于 500mm 直径的梯井。

（9）混凝土台阶，按图示台阶尺寸的水平投影面积计算，台阶端头两侧不另计算模板面积。

（10）现浇混凝土明沟以接触面积按电缆沟子目计算；现浇混凝土散水按散水坡实际面积，以平方米计算。

（11）混凝土扶手按延长米计算。

（12）带形桩承台按带形基础定额执行。

（13）小立柱、二次浇灌模板按零星构件，以实际接触面积计算。

（14）以下构件按接触面积计算模板。

① 砼墙按直形墙、电梯井壁、短肢剪力墙、圆弧墙，划分不分厚度，均分别计算。

② 挡土墙、地下室墙是直形的，按直形墙计；是圆弧形时按圆弧墙计；既有直形又有圆弧形时应分别计算。

13.3.4　预制钢筋混凝土构件模板工程量计算

（1）预制钢筋混凝土模板工程量除另有规定外，均按预制钢筋混凝土工程量计算规则，以立方米计算。

例 13.15　某建筑物内有 L=6.0m，截面尺寸为 300mm×500mm 的钢筋混凝土预制梁 12 根，求梁的模板工程量。

解：根据预制钢筋混凝土构件模板工程量计算规则计算如下。

预制钢筋混凝土梁模板工程量=0.3×0.5×6.0×12=10.8（m^3）

（2）小型池槽按外型体积以立方米计算。

例 13.16　某建筑物内有外形尺寸为 450mm×450mm×500mm 的预制钢筋混凝土污水池 6 个，求该污水池的模板工程量。

解：根据湖北省 2008 建筑工程预算定额预制钢筋混凝土构件模板工程量计算规则计算如下。

A9-212 预制钢筋混凝土污水池模板工程量=0.45×0.45×0.5×6=0.61(m^3)

（3）钢筋混凝土构件灌缝模板工程量同构件灌缝工程量以立方米计算。

13.4　可计量措施项目费计算案例

本教材可计量措施项目费计算如下。

1. 可计量措施费清单项目表

可计量措施费清单项目表如表 13.5 所示。

表 13.5　可计量措施项目清单表

序　号	项目编码	项目名称	计量单位	工程量	金额（元）	
					综合单价	合价
1	AB001	地梁模板	m^2	60.86		
2	AB002	独立承台模板	m^2	18.36		
3	AB003	基础垫层模板	m^2	17.95		
4	AB004	矩形柱模板	m^2	81.86		
5	AB005	构造柱模板	m^2	71.81		
6	AB006	单梁、连续梁模板	m^2	44.75		
7	AB007	圈梁模板	m^2	64.74		
8	AB008	有梁板模板	m^2	313.94		
9	AB009	平板模板	m^2	15.2		
10	AB010	雨篷模板	m^2	25.91		
11	AB011	楼梯模板	m^2	12.74		
12	AB012	压顶模板	m^2	36.48		
13	AB013	台阶模板	m^2	21.49		

续表

序　号	项目编码	项目名称	计量单位	工程量	金额（元）	
					综合单价	合价
14	AB014	桩尖模板	m^2	30.5		
15	AB015	空心板模板	m^2	10.23		
16	AB016	水箱池底模板	m^2	1.47		
17	AB017	水箱池壁模板	m^2	1.57		
18	AB018	水箱池顶盖模板	m^2	1.3		
19	AB019	综合脚手架	m^2	449.2		
20	AB020	装饰用满堂脚手架	m^2	157.2		
21	AB021	建筑物垂直运输	m^2	449.2		

2. 可计量措施项目清单工程量计算表

可计量措施项目清单工程量计算表如表13.6所示。

表13.6　可计量措施项目清单工程量计算表

序号	项目编码	项目名称	工程量计算式	单位	数量
1	AB001	地梁	DL-1、DL-2：0.45×2×（23.2+42.6）=59.22m^2 DL-3：0.25×2×（1.5−0.3−0.075）=0.56m^2 DL-4：0.3×2×（2.4−0.6）=1.08m^2 小计：60.86m^2	m^2	60.86
2	AB002	独立承台	J-1：0.45×1.5×4×4=10.8m^2 J-2：0.45×（1.5+0.6）×2×4=7.56m^2 小计：18.36m^2	m^2	18.36
3	AB003	基础垫层	0.1×2×(22.2+41.4+0.93+1.6)+0.1×1.7×4×4+0.1×(0.8+1.7)×2×4=17.95m^2	m^2	17.95
4	AB004	矩形柱	(0.3+0.4)×2×11.0×4+0.3×4×4.22×4=81.86m^2	m^2	81.86
5	AB005	构造柱	两边留槎：模板面积： 1轴交G轴：1根　7轴交A、G轴：2根　（−0.65m～11.6m） F=（0.24+0.24+0.06×4）×（11.6+0.65）×3=26.46m^2 1轴交A轴：1根　2轴交C轴：1根　（−0.65m～10.37m） F=（0.24+0.24+0.06×4）×（10.37+0.65）×2=15.87mm^2 1轴交D轴：1根　7轴交D轴：1根　（10.37m～11.6m） F=（0.24+0.24+0.06×4）×（11.6～10.37）×2=1.77m^2 6轴交A轴：1根（7.17m～11.6m） F=（0.24+0.24+0.06×4）×（11.6−7.17）×1=3.19m^2 两边留槎小计：47.29m^2 三边留槎：构造柱断面积：（0.24+0.06×6）=0.6	m^2	71.81

续表

序号	项目编码	项目名称	工程量计算式	单位	数量
5	AB005	构造柱	1 轴交 D 轴：1 根　7 轴交 D 轴：1 根　（−0.65m～10.37m） F=（0.24+0.06×6）×（10.37+0.65）×2=13.22m^2 6 轴交 A 轴：1 根（-0.65m～7.17m） F=（0.24+0.06×6）×（7.17+0.65）×1=4.69m^2 2 轴交 A 轴：1 根（−0.65m～10.37m） F=（0.24+0.06×6）×（10.37+0.65）×1=6.61m^2 三边留槎小计：24.52m^2 两边留槎与三边留槎合计：71.81m^2		
6	AB006	单梁、连续梁	KL-1：（0.25+0.6×2）×（7.1−0.25）×2=1.45×13.7=19.87m^2 LL-1（三层）：（0.25+0.35×2）×（11.7−0.24−0.3×2）=10.32m^2 LL-3（三层）：（0.25+0.35×2）×（7.8−0.25−0.125+0.12）×1=7.17m^2 LL-2a（二层）：（0.25+0.35×2）×（2.7−0.24）×1=2.34m^2 小计：39.7m^2 LL-1a（三层）：（0.25+0.4×2）×（11.7−0.25×2−0.3×2）×2=22.26m^2 小计：1.06m^2 L-3（二层）：（0.25+0.3×2）×（1.36−0.24）×1=0.95m^2 L-3a（二层）：（0.25+0.3×2）×（2.7−0.24）×1=2.09m^2 L-3（三层）：（0.25+0.3×2）×（1.36−0.24）×1=0.95m^2 小计：3.99 m^2	m^2	44.75
7	AB007	圈梁	L=26.19（一层）+39.91（二层）+50.33（三层）=116.43m F=0.24×2×116.43=55.89 m^2 L=5.16（二层 2 轴交 A-C 轴、C 轴交 2-4 轴）+6.77（三层 2 轴交 A-C 轴、C 轴交 2-4 轴、A 轴交 2-3 轴）=12.53m F=（0.24+0.2）×12.53=5.51 m^2 L=2.4（二层 A 轴交 2-4 轴）+1.4（三层 A 轴交 3-4 轴）=3.8m F=（0.24+0.64）×3.8=3.34 m^2 小计：64.74 m^2	m^2	64.74
8	AB008	有梁板	二层：B3　（11.7+0.25）×（7.1+0.25）=87.8 m^2 LL-1a:（0.4−0.1）×2×（11.7−0.25−0.3×2）=0.6×10.85=6.51 m^2 LL-1b:（0.35−0.1）×2×（11.7−0.18×2−0.25×2）×2=0.5×10.84×2=10.84 m^2 LL-1:（0.35−0.1）×2×（11.7−0.25−0.3×2）=0.5×10.85=5.42 m^2 LL-2:（0.35−0.1）×2×（7.1−0.25−0.3×2）×2=0.5×6.25×2=6.25 m^2 KL-1:（0.6−0.1）×2×（7.1−0.25）×2=0.5×6.85×2=6.85 m^2 小计：123.67 m^2 二层：B1:（2.4−0.24）×（1.5+2.34−0.24）=7.75 m^2 L-1:（0.4−0.08）×2×（1.5−0.075−0.12）=0.32×2×1.305=0.84 m^2 L-2:（0.4−0.08）×2×（2.4−0.24）=0.32×2×2.16=1.38 m^2	m^2	313.94

续表

序号	项目编码	项目名称	工程量计算式	单位	数量
8	AB008	有梁板	三层：B2 同 B1：7.75 m^2 L-1 同二层：0.84 m^2 L-2 同二层：1.38 m^2 小计：19.94 m^2 屋面：（11.70+0.24）×（12.3+0.125+0.12）=149.75 m^2 LL-1：（0.35−0.12）×2×（11.7−0.24−0.3×2）=0.23×2×10.86 =0.62 m^2 LL-1c：（0.35−0.12）×2×（11.7−0.24−0.3×2）=0.23×2×10.86 =0.62 m^2 L-5：（0.3−0.12）×2×（2.7−0.24）=0.23×2×10.86=5.0 m^2 KL-2：(0.6−0.12)×2×(7.1−0.25)×2=0.18×2×6.85×2=4.93 m^2 L-4：(0.45−0.12)×2×(5.2−0.12−0.125)=0.33×2×4.96=3.27 m^2 SL1：0.3×2×（2.7−0.24）×2=0.6×2×2.56×2=6.14 m^2 小计：170.33 m^2 合计：313.94 m^2	m^2	
9	AB009	平板	二层：6、7 轴交 A-D 轴：(5.2−0.12−0.125)×（3.30−0.24）=15.2 m^2	m^2	15.2
10	AB010	雨篷	YP-1：1.15×11.35+0.4×2×14.35=24.53 m^2 YP-2：1.5×0.9=1.38 m^2 小计：25.91 m^2	m^2	25.91
11	AB011	楼梯	同楼梯砼工程量	m^2	12.74
12	AB012	压顶	(0.06+0.32)×2×48=36.48 m^2	m^2	36.48
13	AB013	台阶	同台阶砼工程量	m^2	21.49
14	AB014	桩尖	0.51×61=30.5 m^3	m^3	30.5
15	AB015	空心板	同砼工程量	m^3	10.23
16	AB016	水箱池底模板	同砼工程量	m^3	1.47
17	AB017	水箱池壁模板	同砼工程量	m^3	1.57
18	AB018	水箱池顶盖模板	同砼工程量	m^3	1.3
19	AB019	综合脚手架	11.94×12.54×3=449.19 m^2	m^2	449.2
20	AB020	装饰用满堂脚手架	同“表 12.24”中“23”项	m^2	157.2
		垂直运输			
21	AB021	建筑物垂直运输	同建筑面积	m^2	449.2

3. 可计量措施项目报价费用计算表

可计量措施项目费用计算表如表 13.7 所示。

表 13.7　可计量措施项目费用计算表

序　　号	项目编码	项目名称	计量单位	工程量	金　　额（元）	
					综合单价	合价
1	AB001	地梁模板	m^2	60.86	37.53	2284.08
2	AB002	独立承台模板	m^2	18.36	28.2	517.75
3	AB003	基础垫层模板	m^2	17.95	35.91	644.58
4	AB004	矩形柱模板	m^2	81.86	37.24	3048.47
5	AB005	构造柱模板	m^2	71.81	61.75	4434.27
6	AB006	单梁、连续梁模板	m^2	44.75	39.39	1762.7
7	AB007	圈梁模板	m^2	64.74	28.62	1852.86
8	AB008	有梁板模板	m^2	313.94	35.45	11129.17
9	AB009	平板模板	m^2	15.2	29.39	446.73
10	AB010	雨篷模板	m^2	25.91	106.91	2770.04
11	AB011	楼梯模板	m^2	12.74	127.3	1621.8
12	AB012	压顶模板	m^2	36.48	28.62	1044.06
13	AB013	台阶模板	m^2	21.49	28.54	613.32
14	AB014	桩尖模板	m^3	30.5	150.09	4577.75
15	AB015	空心板模板	m^3	10.23	215.86	2208.25
16	AB016	水箱池底模板	m^3	1.47	8.53	12.54
17	AB017	水箱池壁模板	m^3	1.57	309.52	485.95
18	AB018	水箱池顶盖模板	m^3	1.3	120.84	157.09
19	AB019	综合脚手架	m^2	449.2	17.57	7892.44
20	AB020	装饰用满堂脚手架	m^2	157.2	12.19	1916.27
21	AB021	建筑物垂直运输	m^2	449.2	8.75	3930.5
本页小计						53350.62
合　　计						53350.62

4. 可计量措施项目费分析表

可计量措施项目费分析表如表 13.8 所示。

表 13.8　可计量措施项目费分析表

序　　号	名　　称	单位	综合单价（元）					
			人工费	材料费	机械费	管理费	利润	小计
AB001	地梁模板	m^2	820.77	1203.2	46.56	102.24	110.77	2284.08
A9-63	基础梁 九夹板模板 木支撑	$100m^2$	820.77	1203.2	46.56	102.49	110.77	2283.8

续表

序　号	名　称	单位	综合单价（元）					
			人工费	材料费	机械费	管理费	利润	小计
AB002	独立承台模板	m^2	248.53	208.63	12.29	23.32	25.15	517.75
A9-29	独立式桩承台 九夹板模板 木支撑	$100m^2$	248.53	208.63	12.29	23.24	25.12	517.81
AB003	基础垫层模板	m^2	110.09	464.96	9.31	28.9	31.23	644.58
A9-30	混凝土基础垫层 木模板 木支撑	$100m^2$	110.09	464.96	9.31	28.92	31.26	644.54
AB004	矩形柱模板	m^2	1201.52	1492.53	69.48	136.71	148.17	3048.47
A9-51	矩形柱 九夹板模板 木支撑	$100m^2$	1201.52	1492.53	69.48	136.8	147.85	3048.18
AB005	构造柱模板	m^2	1535.93	2380.88	103.53	198.91	215.43	4434.27
A9-58	构造柱 木模板 木支撑	$100m^2$	1535.93	2380.88	103.53	199.01	215.09	4434.43
AB006	单梁、连续梁模板	m^2	832.22	640.56	125.48	79.21	85.47	1762.7
A9-67	单梁、连续梁 九夹板模板 钢支撑	$100m^2$	832.22	640.56	125.48	79.11	85.51	1762.88
AB007	圈梁模板	m^2	912.25	733.98	33.77	82.87	89.99	1852.86
A9-77	圈梁、压顶 直形 九夹板模板 木支撑	$100m^2$	912.25	733.98	33.77	83.16	89.88	1853.03
AB008	有梁板模板	m^2	4812.32	4575.36	702.63	499.16	539.98	11129.17
A9-100	有梁板 九夹板模板 钢支撑	$100m^2$	4812.32	4575.36	702.63	499.48	539.82	11129.61
AB009	平板模板	m^2	190.92	187.74	26.41	20.06	21.74	446.73
A9-108	平板 九夹板模板 钢支撑	$100m^2$	190.92	187.74	26.41	20.05	21.67	446.8
AB010	雨篷模板	m^2	920.48	1495.24	95.61	124.37	134.21	2770.04
A9-125	雨篷 模板	$10m^2$	920.48	1495.24	95.61	124.32	134.34	2769.99
AB011	楼梯模板	m^2	647.06	777.23	46.07	72.75	78.73	1621.8
A9-123	楼梯 直形 木模板木支撑	$10m^2$	647.06	777.23	46.07	72.78	78.67	1621.81
AB012	压顶模板	m^2	514.04	413.58	19.03	46.69	50.71	1044.06
A9-77	压顶 模板	$100m^2$	514.04	413.58	19.03	46.86	50.65	1044.16
AB013	台阶模板	m^2	264.97	279.93	11.11	27.51	29.66	613.32
A9-127	台阶 木模板木支撑	$10m^2$	264.97	279.93	11.11	27.53	29.74	613.28
AB014	桩尖模板	m^3	1389.7	2665.67	94.86	205.57	222.04	4577.75
A9-139	预制砼模板 桩 虚体积桩尖	$10m^3$	1389.7	2665.67	94.86	205.45	222.04	4577.71
AB015	空心板模板	m^3	1391.36	423.94	186.78	99.13	107.11	2208.25
A9-159	预制砼模板 板 定型钢模板空心板 厚120mm以内	$10m^3$	1391.36	423.94	186.78	99.1	107.11	2208.29
AB016	水箱池底模板	m^3	6.07	4.47	0.83	0.56	0.6	12.54
A9-260	池底平底	$10m^3$	6.07	4.47	0.83	0.56	0.61	12.54

续表

序　号	名　称	单位	综合单价（元）					
			人工费	材料费	机械费	管理费	利润	小计
AB017	水箱池壁模板	m^3	264.92	145.49	30.16	21.81	23.57	485.95
A9-261	矩形壁	$10m^3$	264.92	145.49	30.16	21.81	23.57	485.95
AB018	水箱池顶盖模板	m^3	75.15	55.77	11.5	7.05	7.62	157.09
A9-262	池盖	$10m^3$	75.15	55.77	11.5	7.05	7.62	157.09
AB019	综合脚手架	m^2	2034.88	5001.98	119.22	354.87	381.82	7892.44
A10-1	综合脚手架 建筑面积	$100m^2$	2034.88	5001.98	119.22	354.24	382.85	7893.16
AB020	装饰用满堂脚手架	m^2	639.4	933.72	135.6	116.33	91.18	1916.27
借 B8-6	满堂脚手架 满堂脚手架基本层 3.6m 高	$100m^2$	639.4	933.72	135.6	116.25	91.41	1916.38
AB021	建筑物垂直运输	m^2			3564.4	175.19	188.66	3930.5
A11-1	20m（且 6 层）以内建筑物垂直运输 卷扬机施工	$100m^2$			3564.4	176.45	190.69	3931.53

5. 组织措施项目清单计价表格式

组织措施项目清单计价表如表 13.9 所示。

表 13.9　组织措施项目清单计价表

序　号	项目名称	基数说明	费 率（%）	金额（元）
	组织措施项目			
1	安全防护费	分部分项合计＋技术措施项目合计		
2	文明施工与环境保护费	分部分项合计＋技术措施项目合计		
3	临时设施费	分部分项合计＋技术措施项目合计		
4	夜间施工	分部分项合计＋技术措施项目合计		
5	二次搬运费	分部分项合计＋技术措施项目合计		
6	冬雨季施工增加费	分部分项合计＋技术措施项目合计		
7	生产工具用具使用费	分部分项合计＋技术措施项目合计		
8	工程定位、点交、场地清理	分部分项合计＋技术措施项目合计		

本章小结

本章主要介绍了施工技术措施项目的概念、设置、计量与计价方法结合本教材案例进行了系统如介绍。

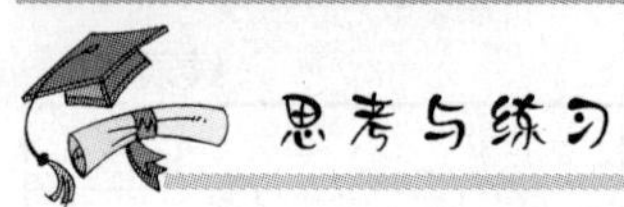

1．什么是措施项目？通用的措施项目有哪些？

2．施工技术措施费的清单工程量和定额工程量的计算方法是否相同？如不同，请说明它们的不同之处。

3．综合脚手架的定额工程量是如何计算的？

4．建筑物的垂直运输运输工程量是如何计算的？

5．现浇混凝土构件和预制混凝土构件的模板工程量的计算方法是否相同？如果不同，请指出它们的不同之处。

6．某建筑物 6 层，檐口高度 20.5m，每层建筑面积为 2300m^2，采用卷扬机施工，试计算该工程垂直运输费用。

7．某建筑物 9 层，檐口高度 38m，每层建筑面积为 600m^2，试计算该工程脚手架超高增加费。

8.某建筑物 20 层部分檐口高度为 63m；18 层部分檐口高度为 50m；15 层部分檐口高度为 36m；6 层部分檐口高度为 20m。建筑面积分别为：7～15 层每层 1000m^2；1～6 层每层 1000m^2； 16～18 层每层 800m^2；19～20 层每层 300m^2。试计算该工程垂直运输及增加费。

9．计算图 10.10 所示 C20 条形基础的模板工程量。

第 14 章　建设工程价款结算

【能力点描述】

通过本章的学习，学生应熟悉建设工程价款结算的相关概念和相关规定，掌握实际工程中工程价款结算的依据和程序，能正确应用工程价款的结算的方法进行工程价款的结算。

14.1　建设工程价款结算概述

14.1.1　建设工程价款结算的概念及意义

1. 建设工程价款结算的概念

所谓工程价款结算是指承包商在工程实施过程中，依据承包合同中关于付款条款的规定和已经完成的工程量，并按照规定的程序向建设单位（业主）收取工程价款的一项经济活动。

2. 建设工程价款结算的意义

工程价款结算是工程项目承包中一项十分重要的工作，主要表现在：

（1）工程价款结算是反映工程进度的主要指标。

（2）工程价款结算是加速资金周转的重要环节。

（3）工程价款结算是考核经济效益的重要指标。

进行工程价款结算，可以补偿建筑安装企业施工过程中的资金耗费，同时可以反映工程进度，还可以考核企业成本计划的执行情况，对于建筑安装企业来说进行工程结算意味着企业盈利的实现完成了惊险一跳。

14.1.2　建设工程价款结算的主要方式

1. 按月结算

实行旬末或月中预支，月终结算，竣工后清算的方法。跨年度竣工的工程，在年终进行工程盘点，办理年度结算。我国现行建筑安装工程价款结算中，相当一部分是实行这种按月结算的。

2. 竣工后一次结算

建设项目或单项工程全部建筑安装工程建设期在 12 个月以内，或者工程承包合同价值在 100 万元以下的，可以实行工程价款每月月中预支，竣工后一次结算。

3. 分段结算

即当年开工、当年不能竣工的单项工程或单位工程按照工程进度，划分不同阶段进行结算。分段结算可以按月预支工程款。分段的划分标准，由各部门、自治区、直辖市、计划单列市规定。

对于以上三种主要结算方式的收支确认，国家财政部在 1999 年 1 月 1 日起实行的《企业会计准则——建造合同》讲解中作了如下规定：

（1）实行旬末或月中预支，月终结算，竣工后清算办法的工程合同，应分期确认合同价款收入的实现，即：各月份终了，与发包单位进行已完工程价款结算时，确认为承包合同已完工部分的工程收入实现，本期收入额为月终结算的已完工程价款金额。

（2）实行合同完成后一次结算工程价款办法的工程合同，应于合同完成，施工企业与发包单位进行工程合同价款结算时，确认为收入实现，实现的收入额为承发包双方结算的合同价款总额。

（3）实行按工程进度划分不同阶段、分段结算工程价款办法的工程合同，应按合同规定的进度分次确认已完阶段工程收益实现。即：应于完成合同规定的工程进度或工程阶段，与发包单位进行工程价款结算时，确认为工程收入的实现。

4. 目标结款方式

即在工程合同中，将承包工程的内容分解成不同的控制界面，以业主验收控制界面作为支付工程价款的前提条件。也就是说，将合同中的工程内容分解成不同的验收单元，当承包商完成单元工程内容并经业主（或其委托人）验收后，业主支付构成单元工程内容的工程价款。目标结款方式实质上是运用合同手段、财务手段对工程的完成进行主动控制。

14.1.3 建设工程价款结算的原则和依据

1. 建设工程价款结算的原则

从事工程价款结算活动，应当遵循合法、平等、诚信的原则，并符合国家有关法律、法规和政策。

2. 建设工程价款结算的依据

工程价款结算应按合同约定办理。所以在合同里，发包人、承包人应当约定好合同价款的方式。发包人、承包人在签订合同时对于工程价款的约定，可选用下列一种约定方式：

（1）固定总价。合同工期较短且工程合同总价较低的工程，可以采用固定总价合同方式。

（2）固定单价。双方在合同中约定综合单价包含的风险范围和风险费用的计算方法，在约定的风险范围内综合单价不再调整。风险范围以外的综合单价调整方法，应当在合同中约定。

（3）可调价格。可调价格包括可调综合单价和措施费等，双方应在合同中约定综合单价和措施费的调整方法，调整因素包括：

（1）法律、行政法规和国家有关政策变化影响合同价款；

（2）工程造价管理机构的价格调整；

（3）经批准的设计变更；

（4）发包人更改经审定批准的的施工组织设计（修正错误除外）造成费用增加；

（5）双方约定的其他因素。

发包人、承包人应当在合同条款中对涉及工程价款结算的下列事项进行约定：

（1）预付工程款的数额、支付时限及抵扣方式；

（2）工程进度款的支付方式、数额及时限；

（3）工程施工中发生变更时，工程价款的调整方法、索赔方式、时限要求及金额支付方式；

（4）发生工程价款纠纷的解决方法；

（5）约定承担风险的范围及幅度以及超出约定范围和幅度的调整办法；

（6）工程竣工价款的结算与支付方式、数额及时限；

（7）工程质量保证（保修）金的数额、预扣方式及时限；

（8）安全措施和意外伤害保险费用；

（9）工期及工期提前或延后的奖惩办法；

（10）与履行合同、支付价款相关的担保事项。

合同未作约定或约定不明的，发、承包双方应依照下列规定与文件协商处理：

（1）国家有关法律、法规和规章制度；

（2）国务院建设行政主管部门、省、自治区、直辖市或有关部门发布的工程造价计价标准、计价办法等有关规定；

（3）建设项目的合同、补充协议、变更签证和现场签证，以及经发、承包人认可的其他有效文件；

（4）其他可依据的材料。

14.2　建设工程预付款与质量保证金

14.2.1　工程预付款的概念及相关规定

1. 工程预付款的概念

施工企业承包工程，一般都实行包工包料的承包方式，而建设工程的投资额非常大，这就需要有一定数量的备料周转资金。工程预付款是建设工程施工合同订立后由发包人按照合同的约定，在正式开工前预先支付给承包人的工程款。它是施工准备和所需要材料、结构构件等流动资金的主要来源，国内习惯上称为预付备料款。工程预付款的具体事宜由发承包双方根据建设行政主管部门的规定，结合工程款、建设工期和包工包料情况在合同中约定。在《建设工程施工合同（示范文本）》中，对有关工程预付款作了如下约定："实行工程预付款的，双方应当在专用条款内约定发包人向承包人预付工程款的时间和数额，开工后按约定的时间和比例逐次扣回。预付时间应不迟于约定的开工日期前 7 天。发包人不按约定预付，承包人在约定预付时间 7 天后向发包人发出要求预付的通知，发包人收到通知后仍不能按要求预付，承包人可在发出通知后 7 天停止施工，发包人应从约定应付之日起向承包人支付应付款的贷款利息，并承担违约责任。"

工程预付款仅用于承包方支付施工开始时与本工程有关的动员费用。如承包方滥用此款，发包方有权立即收回。在承包方向发包方提交金额等于预付款数额的银行保函后，发包方按规定的金额和规定的时间向承包方支付预付款，在发包方全部扣回预付款之前，该银行保函将一直有效。当预付款被发包方扣回时，银行保函金额相应递减。

2. 预付备料款的限额

工程预付款额度，各地区、各部门的规定不完全相同，主要是保证施工所需材料和构件的正常储备。一般是根据施工工期、建安工作量、主要材料和构件费用占建安工作量的比例以及材料储备周期等因素经测算来确定。发包人根据工程的特点、工期长短、市场行情、供求规律等因素，招标时在合同条件中约定工程预付款的百分比。

预付备料款限额由下列主要因素决定：主要材料（包括外购构件）占工程造价的比重；材料储备期；施工工期。

对于施工企业备料款限额，可按下列规定执行：

一般建筑工程不应超过当年建筑工作量（包括水、电、暖）的 30%；安装工程按年安装工作量的 10%；材料占比重较多的安装工程按年计划产值的 15%左右拨付。

3. 备料款的扣回

发包单位拨付给承包单位的备料属于预支性质，到了工程实施后，应以抵充工程价款的方式陆续扣回。扣款的方法有两种：

（1）可以从未施工工程尚需的主要材料及构件的价值相当于备料款数额时起扣，从每次结算工程价款中，按材料比重扣抵工程价格，竣工前全部扣清。其基本表达式如下：

$$T=P-\frac{M}{N}$$

式中 T——起扣点，即预付备料款开始扣回时的累计完成工作量金额；

M——预付备料款限额；

N——主要材料所占比重；

P——承包工程价款总额。

（2）建设部《招标文件范本》中规定，在承包方完成金额累计达到合同总价的 10%后，由承包方开始向发包方还款，发包方从每次应付给承包方的金额中扣回工程预付款，发包方至少在合同规定的完工期前三个月将工程预付款的总计金额按逐次分摊的办法扣回。当发包人一次付给承包人的余额少于规定扣回的金额时，其差额应转入下一次支付中作为债务结转。

在实际经济活动中，情况比较复杂，有些工程工期较短，就无须分期扣回。有些工程工期较长，如跨年度施工，工程预付款可以不扣，并于次年按应付工程预付款调整，多退少补。具体地说，跨年度工程，预计次年承包工程价值大于或相当于当年承包工程价值时，可以不扣回当年的工程预付款，如小于当年承包工程价值时，应按实际承包工程价值进行调整，在当年扣回部分工程预付款，并将扣回部分转入次年，直到竣工年度，再按上述办法扣回。

14.2.2 建设工程质量保证金

建设工程质量保证金（保修金）（以下简称保证金）是指发包人与承包人在建设工程承包合同中约定，从应付的工程款中预留，用以保证承包人在缺陷责任期内对建设工程出现的缺陷进行维修的资金。缺陷是指建设工程质量不符合工程建设强制性标准、设计文件，以及承包合同的约定。缺陷责任期一般为六个月、十二个月或二十四个月，具体可由发、承包双方在合同中约定。

发包人应当在招标文件中明确保证金预留、返还等内容，并与承包人在合同条款中对涉及保证金的下列事项进行约定：

（1）保证金预留、返还方式；

（2）保证金预留比例、期限；

（3）保证金是否计付利息，如计付利息，利息的计算方式；

（4）缺陷责任期的期限及计算方式；

（5）保证金预留、返还及工程维修质量、费用等争议的处理程序；

（6）缺陷责任期内出现缺陷的索赔方式。

缺陷责任期内，实行国库集中支付的政府投资项目，保证金的管理应按国库集中支付的有关规定执行。其他政府投资项目，保证金可以预留在财政部门或发包方。缺陷责任期内，如发包方被撤销，保证金随交付使用资产一并移交使用单位管理，由使用单位代行发包人职责。

社会投资项目采用预留保证金方式的，发、承包双方可以约定将保证金交由金融机构托管；采用工程质量保证担保、工程质量保险等其他保证方式的，发包人不得再预留保证金，并按照有关规定执行。

缺陷责任期从工程通过竣（交）工验收之日起计。由于承包人原因导致工程无法按规定期限进行竣（交）工验收的，缺陷责任期从实际通过竣（交）工验收之日起计。由于发包人原因导致工程无法按规定期限进行竣（交）工验收的，在承包人提交竣（交）工验收报告 90 天后，工程自动进入缺陷责任期。

建设工程竣工结算后，发包人应按照合同约定及时向承包人支付工程结算价款并预留保证金。

全部或者部分使用政府投资的建设项目，按工程价款结算总额 5%左右的比例预留保证。社会投资项目采用预留保证金方式的，预留保证金的比例可参照执行。

缺陷责任期内，由承包人原因造成的缺陷，承包人应负责维修，并承担鉴定及维修费用。如承包人不维修也不承担费用，发包人可按合同约定扣除保证金，并由承包人承担违约责任。承包人维修并承担相应费用后，不免除对工程的一般损失赔偿责任。

由他人原因造成的缺陷，发包人负责组织维修，承包人不承担费用，且发包人不得从保证金中扣除费用。

缺陷责任期内，承包人认真履行合同约定的责任，到期后，承包人向发包人申请返还保证金。

发包人和承包人对保证金预留、返还以及工程维修质量、费用有争议，按承包合同约定的争议和纠纷解决程序处理。

14.3　建设工程进度款结算与工程竣工结算

14.3.1　建设工程进度款结算

施工企业在施工过程中，按逐月（或形象进度）完成的工程数量计算各项费用，向发包人办理工程进度款的支付（即中间结算）。

办理工程进度款的结算应按照一定的程序和规定进行。以按月结算为例，工程进度款的支付程序为：

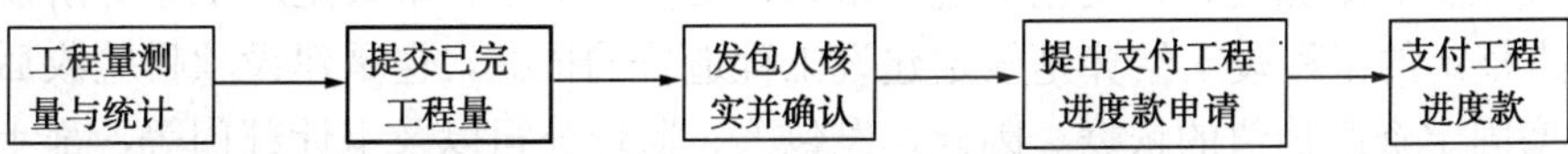

1. 工程量计算

（1）承包人应当按照合同约定的方法和时间，向发包人提交已完工程量的报告。发包人接到报告后 14 天内核实已完工程量，并在核实前 1 天通知承包人，承包人应提供条件并派人参加核实，承包人收到通知后不参加核实，以发包人核实的工程量作为工程价款支付的依据。发包人不按约定时间通知承包人，致使承包人未能参加核实，核实结果无效。

（2）发包人收到承包人报告后 14 天内未核实完工程量，从第 15 天起，承包人报告的工程量即视为被确认，作为工程价款支付的依据，双方合同另有约定的，按合同执行。

（3）对承包人超出设计图纸（含设计变更）范围和因承包人原因造成返工的工程量，发包人不予计量。

2. 工程进度款支付

（1）根据确定的工程计量结果，承包人向发包人提出支付工程进度款申请，14天内，发包人应按不低于工程价款的60%，不高于工程价款的90%向承包人支付工程进度款。按约定时间发包人应扣回的预付款，与工程进度款同期结算抵扣。

（2）发包人超过约定的支付时间不支付工程进度款，承包人应及时向发包人发出要求付款的通知，发包人收到承包人通知后仍不能按要求付款，可与承包人协商签订延期付款协议，经承包人同意后可延期支付，协议应明确延期支付的时间和从工程计量结果确认后第15天起计算应付款的利息（利率按同期银行贷款利率计）。

（3）发包人不按合同约定支付工程进度款，双方又未达成延期付款协议，导致施工无法进行，承包人可停止施工，由发包人承担违约责任。

14.3.2 工程竣工结算及其审查

1. 工程竣工结算的概念

工程竣工结算是指施工企业按照合同规定的内容完成所承包工程，经验收质量合格，并符合同要求之后，向发包单位进行的最终工程价款结算。工程竣工结算分为单位工程结算、单项工程竣工结算和建设项目竣工总结算。

2. 工程竣工结算的编审

（1）单位工程竣工结算由承包人编制，发包人审查；实行总承包的工程，由具体承包人编制，在总包人审查的基础上，发包人审查。

（2）单项工程竣工结算或建设项目竣工总结算由总（承）包人编制，发包人可直接进行审查，也可以委托具有相应资质的工程造价咨询机构进行审查。政府投资项目，由同级财政部门审查。单项工程竣工结算或建设项目竣工总结算经发、承包人签字盖章后有效。

承包人应在合同约定期限内完成项目竣工结算编制工作，未在规定期限内完成的并且不能提出正当理由延期的，责任自负。

（3）工程竣工结算审查。单项工程竣工后，承包人应在提交竣工验收报告的同时，向发包人递交竣工结算报告及完整的结算资料，发包人进行审查，工程竣工结算审查是竣工结算阶段的一项重要工作。经审查核定的工程竣工结算是核定建设工程造价的依据，也是建设项目验收后编制竣工决算和核定新增固定资产价值的依据。因此，发包人、监理公司以及审计部门等，都十分关注竣工结算的审核把关。一般从以下几方面入手：

① 核对合同条款。首先，应该对竣工工程内容是否符合合同条件要求，工程是否竣工验收合格，只有按合同要求完成全部工程并验收合格才能列入竣工结算。其次，应按合同约定的结算方法、计价定额、取费标准、主材价格和优惠条款等，对工程竣工结算进行审核，若发现合同开口或有漏洞，应请求发包人与承包人认真研究，明确结算要求。

② 检查隐蔽验收记录。所有隐蔽工程均需进行验收，两人以上签证；实行工程监理的项目

应经监理工程师签证确认。审核竣工结算时应该对隐蔽工程施工记录和验收签证。手续完整，工程量与竣工图一致方可列入结算。

③ 落实设计变更签证。设计修改变更应由原设计单位出具变更通知单和修改图纸，设计、校审人员签字并加盖公章，经建设单位和监理工程师审查同意、签证；重大设计变更应经原审批部门审批，否则不应列入结算。

④ 按图核实工程数量。竣工结算的工程量应依据竣工图、设计变更和现场签证等进行核算，并按规定的计算规则计算工程量。

⑤ 认真核实单价。结算单价应按现行的计价原则和计价方法确定，不得违背。

⑥ 注意各项费用计取。建安工程的取费标准应按合同要求或项目建设期间与计价定额配套使用的建安工程费用定额及有关规定执行，先审核各项费率、价格指数或换算系数是否正确，价差调整计算是否符合要求，再核实特殊费用和计算程序。

⑦ 防止各种计算误差。工程竣工结算子目多、篇幅大，往往有计算误差，应认真核算，防止因计算误差多计或者少算。

发包人应按表 14.1 中规定的时限进行核对（审查），并提出审查意见。建设项目竣工总结算在最后一个单项工程竣工结算审查确认后 15 天内汇总，送发包人后 30 天内审查完成。

表 14.1 工程竣工结算审查时限

工程竣工结算报告金额	审 查 时 间
500 万元以下	从接到竣工结算报告和完整的竣工结算资料之日起 20 天
500 万元～2000 万元	从接到竣工结算报告和完整的竣工结算资料之日起 30 天
2000 万元～5000 万元	从接到竣工结算报告和完整的竣工结算资料之日起 45 天
5000 万元以上	从接到竣工结算报告和完整的竣工结算资料之日起 60 天

3. 工程竣工价款结算

（1）工程竣工价款结算的过程。工程竣工价款结算遵循以下过程：

① 发包人收到竣工结算报告及完整的结算资料后，按表 14.1 中规定的时限（合同约定有期限的,从其约定）对结算报告及资料没有提出意见,则视同认可。

② 承包人如未在规定时间内提供完整的工程竣工结算资料，经发包人催促后 14 天内仍未提供或没有明确答复，发包人有权根据已有资料进行审查，责任由承包人自负。

③ 根据确认的竣工结算报告，承包人向发包人申请支付工程竣工结算款。发包人应在收到申请后 15 天内支付结算款，到期没有支付的应承担违约责任。承包人可以催告发包人支付结算价款，如达成延期支付协议，发包人应按同期银行贷款利率支付拖欠工程价款的利息。如未达成延期支付协议，承包人可以与发包人协商将该工程折价，或申请人民法院将该工程依法拍卖，承包人就该工程折价或者拍卖的价款优先受偿。

（2）索赔价款结算。发、承包人未能按合同约定履行自己的各项义务或发生错误，给另一方造成经济损失的，由受损方按合同约定提出索赔，索赔金额按合同约定支付。

（3）合同以外零星项目工程价款结算。发包人要求承包人完成合同以外零星项目，承包人应在接受发包人要求的 7 天内就用工数量和单价、机械台班和单价、使用材料和金额等向发包人提出施工签证，发包人签证后施工，如发包人未签证，承包人施工后发生争议的，责任由承包人自负。

工程竣工价款结算的金额可用公式表示为：

竣工结算工程价款＝合同价款＋施工过程中合同价款调整数额－预付及已结算工程价款－保修金

4. 工程价款结算管理

工程价款结算管理应遵循以下原则：

（1）工程竣工后，发、承包双方应及时办清工程竣工结算，否则，工程不得交付使用，有关部门不予办理权属登记。

（2）发包人与中标的承包人不按照招标文件和中标的承包人的投标文件订立合同的，或者发包人、中标的承包人背离合同实质性内容另行订立协议，造成工程价款结算纠纷的，另行订立的协议无效，由建设行政主管部门责令改正，并按《中华人民共和国招标投标法》第五十九条（招标人与中标人不按照招标文件和中标人的投标文件订立合同的，或者招标人、中标人订立背离合同实质性内容的协议的，责令改正；可处以中标项目金额5‰以上、10‰以下的罚款）进行处罚。

14.3.3 工程价款动态结算的主要方法

建安工程价款的动态结算就是要把各种动态因素渗透到结算过程中，使结算大体能反映实际的消耗费用。下面介绍几种常用的动态结算办法。

1. 按实际价格结算法

在我国，由于建筑材料需市场采购的范围越来越大，有些地区规定对钢材、木材、水泥等三大主材的价格采取按实际价格结算的方法，工程承包人可凭发票按实报销。这种方法方便、正确。但由于是实报实销，因而承包商对降低成本不感兴趣，为了避免副作用，地方主管部门要定期发布最高限价，同时合同文件中应规定发包人或工程师有权要求承包人选择更廉价的供应来源。

2. 工程造价指数调整法

这种方法是发、承双方采用当时的预算（或）定额单价计算出承包合同价，待竣工时，根据合理的工期及当地工程造价管理部门所公布的月度（或季度）的工程造价指数，对原承包合同价予以调整，重点调整那些由于实际人工费、材料费、施工机械费等费用上涨及工程变更因素造成的价差，并对承包人给以调价补偿。

结算价款＝工程合同价×竣工时工程造价指数/签订合同时工程造价指数

3. 调价文件计算法

这种方法是发、承包双方采取按当时的预算价格承包，在合同工期内，按照造价管理部门调价文件的规定，进行抽料补差（在同一价格期内按所完成的材料用量乘以价差）。也有的地方定期发布主要材料供应价格和管理价格，对这一时期的工程进行抽料补差。

4. 调值公式法

调值公式法又称动态结算公式法。根据国际惯例，对建设项目工程价款的动态结算，一般是采用此法。事实上，在绝大多数国际工程项目中，发、承包双方在签定合同时就明确列出这一调值公式，并以此作为价差调整的计算依据。

价格调整的计算工作比较复杂，其程序如下：

（1）确定计算物价指数的品种，一般地说，品种不宜太多，只确立那些对项目投资影响较大的因素，如设备、水泥、钢材、木材和工资等。这样便于计算。

（2）要明确以下两个问题：一是合同价格条款中，应写明经双方商定的调整因素，在签订合同时要写明考核几种物价波动到何种程度才进行调整。一般都在±10%左右。二是考核的地点和时点：地点一般在工程所在地，或指定的某地市场价格；时点指的是某月某日的市场价格。

（3）确定各成本要素的系数和固定系数，各成本要素的系数要根据各成本要素对总造价的影响程度而定。各成本要素系数之和加上固定系数应该等于 1。

建筑安装工程费用的价格调值公式：

建筑安装工程费用价格调值公式包括固定部分、材料部分和人工部分三项。但因建筑安装工程的规模和复杂性增大，公式也变得更长更复杂。典型的材料成本要素有钢筋、水泥、木材、钢构件、沥青制品等，同样，人工可包括普通工和技术工。调值公式一般为：

$$P=P_0\left(\alpha_0+\alpha_1 A/A_0+\alpha_2 B/B_0+\alpha_3 C/C_0+\alpha_4 D/D_0\right)$$

式中　P——调值后合同价款或工程实际结算款；

P_0——合同价款中工程预算进度款；

α_0——固定要素，代表合同支付中不能调整的部分；

α_1、α_2、α_3、α_4——代表有关成本要素（如人工费用、钢材费用、水泥费用、运输费等），在合同总价中所占的比重$\alpha_0+\alpha_1+\alpha_2+\alpha_3+\alpha_4=1$；

A_0、B_0、C_0、D_0——基准日期与α_1、α_2、α_3、α_4对应的各项费用的基期价格指数或价格；

A、B、C、D——与特定付款证书有关的期间最后一天的 49 天前与α_1、α_2、α_3、α_4对应的各成本要素的现行价格指数或价格。

运用调值公式进行工程价款价差调整时要注意以下几点：

（1）固定要素通常的取值范围在 0.15～0.35 左右。固定要素对调价的结果影响很大，它与调价余额成反比关系。固定要素相当微小的变化，隐含着在实际调价时很大的费用变动，所以，承包人在调值公式中采用固定要素要尽可能偏小。

（2）调值公式中有关的各项费用，按一般国际惯例，只选择用量大、价格高且具有代表性的一些典型人工费和材料费，通常是大宗的水泥、砂石料、钢材、木材、沥青等，并用它们的价格指数变化综合代表材料费的价格变化，以便尽量与实际情况接近。

（3）各部分成本的比重系数，在许多招标文件中要求承包人在投标中提出，并在价格分析中予以论证。但也有的是由发包人在招标文件中规定一个允许范围，由投标人在此范围内选定。

（4）调整有关各项费用要与合同条款规定相一致。签订合同时，发、承包双方一般应商定调整的有关费用和因素，以及物价波动到何种程度才进行调整。在国际工程中，一般在±5%以上才进行调整。

（5）调整有关各项费用时应注意地点与时点。地点一般指工程所在地或指定的某地市场价格，时点指的是某月某日的市场价格。这里要确定两个时点价格，即签订合同时间某个时点的市场价格（基础价格）和每次支付前的一定时间的时点价格。这两个时点就是计算调值的依据。

（6）确定每个品种的系数和固定要素系数，品种的系数要根据该品种价格对总造价的影响程度而定。各品种系数之和加上固定要素系数应该等于 1。

例 14.1　某城市某土建工程，合同规定结算款为 100 万元，合同原始报价日期为 2005 年 3 月，工程于 2006 年 2 月建成交付使用。根据表 14.2 中所列工程人工费、材料费构成比例以及有关造价指数，计算工程实际结算款。

表 14.2　工程人工费、材料费构成比例及有关造价指数

项目	人工费	钢材	水泥	集料	一级红砖	砂	木材	不调值费用
比例	45%	11%	11%	5%	6%	3%	4%	15%
2005 年 3 月指数	100	100.8	102.0	93.6	100.2	95.4	93.4	—
2006 年 2 月指数	110.1	98.0	112.9	95.9	98.9	91.1	117.9	—

解：实际结算价款＝100［0.15＋0.45×110.1/100＋0.11×98.0/100.08＋0.11×112.9/102.0
＋0.05×95.9/93.6＋0.06×98.9/100.2＋0.03×91.1/95.4＋0.04×117.9/93.4］
＝100×1.064＝106.4（万元）

即：2006 年实际结算的工程价款为 106.4 万元，比原始合同价多结 6.4 万元。

14.4　建设工程价款结算实例

实例 1　某施工单位承包某内资工程项目，甲、乙双方签订的关于工程价款的合同内容如下。

（1）建筑安装工程造价 660 万元，建筑材料及设备费占施工产值的比重为 60%；

（2）预付工程款为建筑安装工程造价的 20%，工程实施后，预付工程款从未施工工程尚需的主要材料及购件的价值相当于工程款数额时起扣；

（3）工程进度款逐月计算；

（4）工程保修金为建筑安装工程造价的 3%，竣工结算月一次扣留；

（5）材料价差调整按规定进行（按有关规定上半年材料价差上调 10%，在 6 月份一次调增）。

工程各月实际完成产值如表 14.3 所示。

表 14.3　各月实际完成产值　　单位：万元

月　份	二	三	四	五	六
完成产值	55	110	165	220	110

问题：

（1）通常工程竣工结算的前提是什么？

（2）工程价款结算的方式有哪几种？

（3）该工程的预付工程款、起扣点为多少？

（4）该工程 2～5 月每月拨付工程款为多少？累计工程款为多少？

（5）6 月份办理工程竣工结算，该工程结算造价为多少？甲方应付工程结算款为多少？

解：

问题 1：工程竣工结算的前提条件是承包商按照合同规定的内容全部完成所承包的工程，并符合合同要求，经验收质量合格。

问题 2：工程价款的结算方式主要分为按月结算、竣工后一次结算、分段结算、目标结算和双方议定的其他方式。

问题 3：

预付工程款：660 万元×20%＝132（万元）；起扣点：660 万元－132 万元/60%＝440（万元）。

问题 4：各月拨付工程款如下。

2 月：工程款 55 万元，累计工程款 55 万元；

3 月：工程款 110 万元，累计工程款 165 万元；

4 月：工程款 165 万元，累计工程款 330 万元；

5 月：工程款 220 万元－（220 万元＋330 万元－440 万元）×60%＝154 万元；

累计工程款 484 万元。

问题 5：

工程结算总造价为：660 万元＋660 万元×0.6×10%＝699.6（万元）

甲方应付工程结算款：699.6 万元－484 万元－（699.6 万元×3%）－132 万元＝62.612（万元）

实例 2　某承包商承包某工程项目，与业主签订的承包合同的部分内容如下。

（1）工程合同价 2000 万元，工程价款采用调值公式动态结算。该工程的人工费占工程价款的 35%，材料费占 50%，不调值费用占 15%。具体的调值公式为：

$$P=P_0\times(0.15+0.35A/A_0+0.23B/B_0+0.12C/C_0+0.08D/D_0+0.07E/E_0)$$

式中　A_0、B_0、C_0、D_0、E_0——基期价格指数；

A、B、C、D、E——工程结算日期的价格指数。

（2）开工前业主向承包商支付合同价 20%的工程预付款，当工程进度款达到 60%时，开始从工程结算款中按 60%抵扣工程预付款，竣工前全部扣清。

（3）工程进度款逐月结算。

（4）业主自第一个月起，从承包商的工程价款中按 5%的比例扣留质量保证金。工程保修期为一年。

该合同的原始报价日期为当年 3 月 1 日。结算各月份的工资、材料价格指数如表 14.4 所示。

表 14.4　工资、材料物价指数表

代号	A_0	B_0	C_0	D_0	E_0
3 月份指数	100	153.4	154.4	160.3	144.4
代号	A	B	C	D	E
5 月份指数	110	156.2	154.4	162.2	160.2
6 月份指数	108	158.2	156.2	162.2	162.2
7 月份指数	108	158.4	158.4	162.2	164.2
8 月份指数	110	160.2	158.4	164.2	162.4
9 月份指数	110	160.2	160.2	164.2	162.8

未调值前各月完成的工程情况为：

5 月份完成工程 200 万元，本月业主供料部分材料费为 5 万元。

6 月份完成工程 300 万元。

7 月份完成工程 400 万元，另外由于业主方设计变更，导致工程局部返工，造成拆除材料费损失 1500 元，人工费损失 1000 元，重新施工人工、材料等费用合计 1.5 万元。

8 月份完成工程 600 万元，另外由于施工中采用的模板形式与定额不同，造成模板增加费用 3000 元。

9 月份完成工程 500 万元，另有批准的工程索赔款 1 万元。

问题：

（1）工程预付款为多少？

（2）确定每月业主应支付给承包商的工程款。

解：

问题 1：

工程预付款：2000 万元×20%＝400（万元）

问题 2：

① 工程预付款的起扣点为：2000×60%＝1200（万元）

应从 8 月份开始起扣，因为 8 月份累计进度为：200＋300＋400＋600＝1500（万元）>1200（万元）。

② 每月终业主应支付的工程款如下。

5 月份：200×（0.15＋0.35×110/100＋0.23×156.2/153.4＋0.12×154.4/154.4＋0.08×162.2/160.3＋0.07×160.2/144.4）×（1－5%）－5＝194.08（万元）

6 月份：300×（0.15＋0.35×108/100＋0.23×158.2/153.4＋0.12×156.2/154.4＋0.08×162.2/160.3＋0.07×162.2/144.4）×（1－5%）＝298.16（万元）

7 月份：［400×（0.15＋0.35×108/100＋0.23×158.4/153.4＋0.12×158.4/154.4＋0.08×162.2/160.3＋0.07×164.2/144.4）＋0.15＋0.1＋1.5］×（1－5%）＝400.34（万元）

8 月份：600×（0.15＋0.35×110/100＋0.23×160.2/153.4＋0.12×158.4/154.4＋0.08×164.2/160.3＋0.07×162.4/144.4）×（1－5%）－（1500－1200）×60%＝298.16（万元）

9 月份：［500×（0.15＋0.35×110/100＋0.23×160.2/153.4＋0.12×160.2/154.4＋0.08×164.2/160.3＋0.07×162.8/144.4）＋1］×（1－5%）－（400－300×60%）＝284.74（万元）

本章小结

在本章内容里介绍了建设工程价款结算（包括中间结算和竣工结算）、工程预付款和工程质量保证金等的概念；工程结算的依据、应遵循的程序和方法。重点对建设工程结算时应遵循的相关规定、工程预付款、工程价款的动态结算方式进行了详细介绍。

思考与练习

1．试述建设工程价款结算的概念及意义。

2．建设工程价款结算的主要方式有哪些？

3．什么是建设工程预付款与质量保证金？

4．在《建设工程施工合同（示范文本）》中，对有关工程预付款做了哪些约定？

5．工程竣工结算的前提是什么？工程竣工结算审查时限是如何规定的？

6．工程款的结算实行动态结算的意义是什么？常用的工程款动态结算的办法有哪些？

7．运用调值公式进行工程价款价差调整时要注意什么？

8．某建设单位承包某工程项目，甲乙双方签订的关于工程价款的合同内容有：

（1）建筑安装工程造价 800 万元，主要材料费用占施工产值的比重为 80%；

（2）预付备料款为建筑安装工程造价的 20%；

（3）工程进度款逐月计算；

（4）工程保修金为建筑安装工程造价的 8%，保修期半年；

（5）材料价差调整按规定进行（按有关规定上半年材料价差上调 10%，在五月份一次调整）。

工程各月实际完成产值如表 14.5 所示。

表 14.5　各月实际完成产值表　　单位：万元

月　份	一	二	三	四	五
完成产值	150	150	200	200	100

问题：

（1）通常工程竣工结算的前提是什么？

（2）该工程的预付备料款和起扣点各为多少？

（3）该工程 1～4 月份，每月拨付工程款为多少？累计工程款为多少？

（4）五月份办理工程竣工结算，该工程结算造价为多少？甲方应付工程尾款为多少？

9．某项工程项目业主与承包商签订了工程施工承包合同。合同中估算工程量为 5300m，全费用单价为 180 元/m。合同工期为 6 个月，有关付款条款如下：

（1）开工前业主应向承包商支付估算合同总价 20%的工程预付款；

（2）业主自第一个月起，从承包商支付的工程款中，按 5%的比例扣留质量保证金；

（3）当累计实际完成工程量超过（或低于）估算工程量的 10%时，可进行调价，调价系数为 0.9（或 1.1）；

（4）每月支付工程款最低金额为 15 万元；

（5）工程预付款从乙方获得累计工程款超过估算合同价的 30%以后的下一个月起，至第 5 个月均匀扣除。

承包商每月实际完成并经签证确认的工程量如表 14.6 所示。

表 14.6　每月实际完成工程量

月　份	1	2	3	4	5	6
完成工程量（m）	800	1000	1200	1200	1200	500
累计完成工程量（m）	800	1800	3000	4200	5400	5900

问题：

（1）估算合同总价为多少？

（2）工程预付款为多少？工程预付款从哪个月起扣留？每月应扣留工程预付款为多少？

（3）每月工程量价款为多少？业主应支付给承包商的工程款为多少？

附录　案例
——某综合楼建筑工程施工图

1. 某综合楼建筑施工图目录

序　　号	图　　号	名　　称
1	建施 01	建筑设计说明
2	建施 02	一层平面图
3	建施 03	二层平面图
4	建施 04	三层平面图
5	建施 05	屋顶平面图、屋面人孔大样图
6	建施 06	Ⓐ—Ⓖ轴立面图
7	建施 07	Ⓖ—Ⓐ轴立面图
8	建施 08	1—1 剖面图

2. 建筑设计说明

1．砖墙体在标高－0.060m 处做 1∶2 水泥砂浆加 5%防水剂的防潮层 20 厚。

2．墙体厚度除注明者外，均为 240 厚砖墙。

3．装修：

（1）外墙见立面图，详见 98ZJ001 外墙 22/45，刷墙面抗碱封底涂料一遍，钙塑涂料一遍，涂料颜色按设计要求。

（2）木门油漆刷聚氨脂漆两遍。

4．楼梯：不锈钢管栏杆扶手参照 98ZJ401 W/14。

5．阳台、楼梯间、卫生间、厨房地面标高应比同层室内楼地面标高低 20mm。

6．一层①轴 C2、C3 做不锈钢防盗栅（嵌入式）。

7．屋面防水卷材采用 1.2 厚氯化聚乙烯橡胶共混防水卷材，见 98ZJ001 屋 4/77。

8．屋面ϕ100 硬质 PVC 落水管及雨水口，详见 98ZJ201（2/34）。

9．屋面水箱内面饰 1∶2 防水砂浆，水箱外面饰 1∶2 水泥砂浆。

10．所有装饰材料如釉面砖、瓷砖等均送样品经设计人同意后方可采用。

11．吊顶高度均为离楼地面 2.90m。

建施 01
建筑设计说明

3. 装饰表

序号	房间名称	地面	楼面	墙裙 H=1.5m	踢脚 H=1.5m	内墙面	顶棚
1	展厅	98ZJ001 20/6			98ZJ001 28/25	98ZJ001 4/30	98ZJ001 12/49
2	接待室、办公室	98ZJ001 19/6			98ZJ001 28/25		98ZJ001 3/47 乳胶漆三遍
3	陈列室		98ZJ001 10/15		98ZJ001 22/24		98ZJ001 12/49
4	办公室		98ZJ001 10/15		98ZJ001 22/24		98ZJ001 3/47 乳胶漆三遍抛光
5	卧室、客厅		98ZJ001 10/15		98ZJ001 22/24		
6	阳台		98ZJ001 10/15		98ZJ001 22/24		
7	厨房、卫生间	98ZJ001 50/11	98ZJ001 27/20	98ZJ001 5/37			
8	楼梯间	98ZJ001 19/6	98ZJ001 10/15		98ZJ001 22/24		

4. 门窗明细表

门窗名称	洞口尺寸宽×高（mm）	门窗数量	采用图号	备注
C-1	3000×2300	2	全玻塑钢固定窗	白玻 12mm
C-2	1800×1500	6	塑钢推拉窗	窗户统一采用 5mm 厚白玻
C-3	600×1500	6	塑钢推拉窗	
C-4	3000×1500	2	塑钢推拉窗	
C-5	1500×1500	4	塑钢推拉窗	
C-6	3000×1500	4	塑钢推拉窗	
M-1	3000×2700	1	全玻璃地弹门	平板白玻
M-2	1000×2100	11	装饰镶板门	
M-3	800×2100	8	塑钢门	
M-4	1000×2100	1	钢防盗门	
M-5	3000×2700	3	铝合金卷闸门	电动

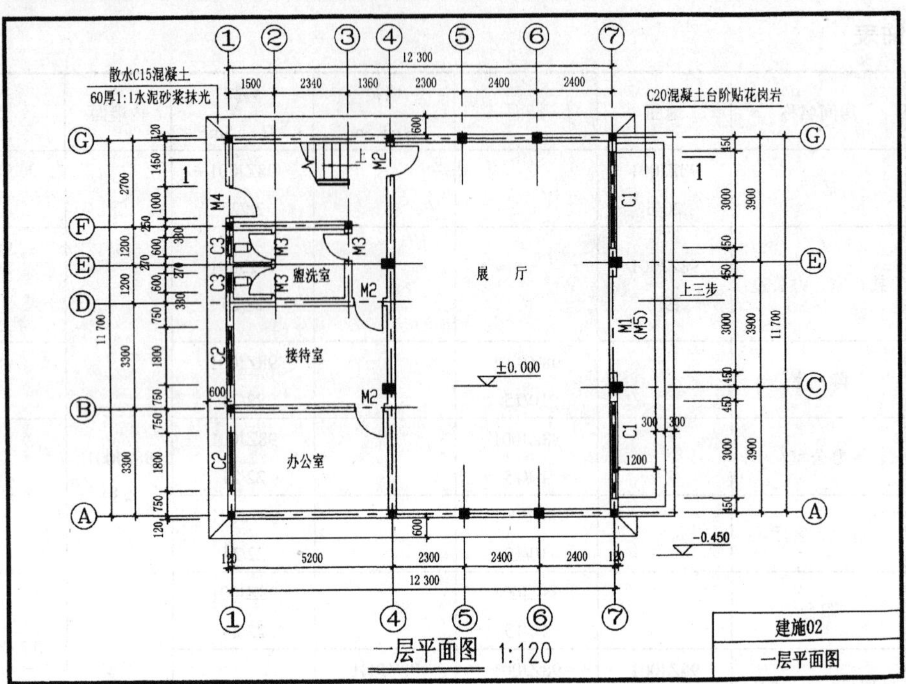

一层平面图 1:120

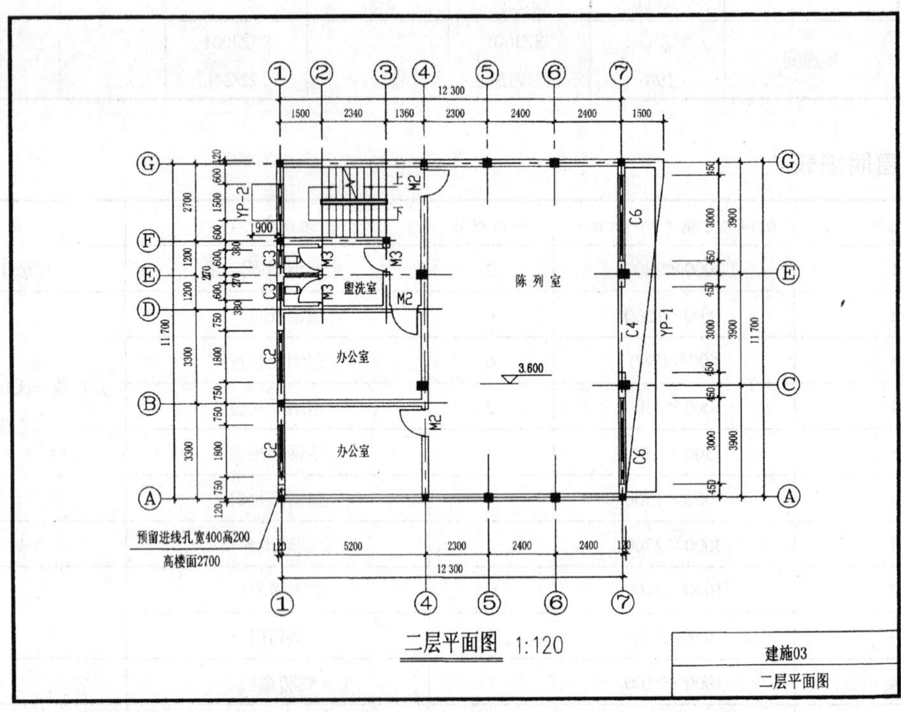

二层平面图 1:120

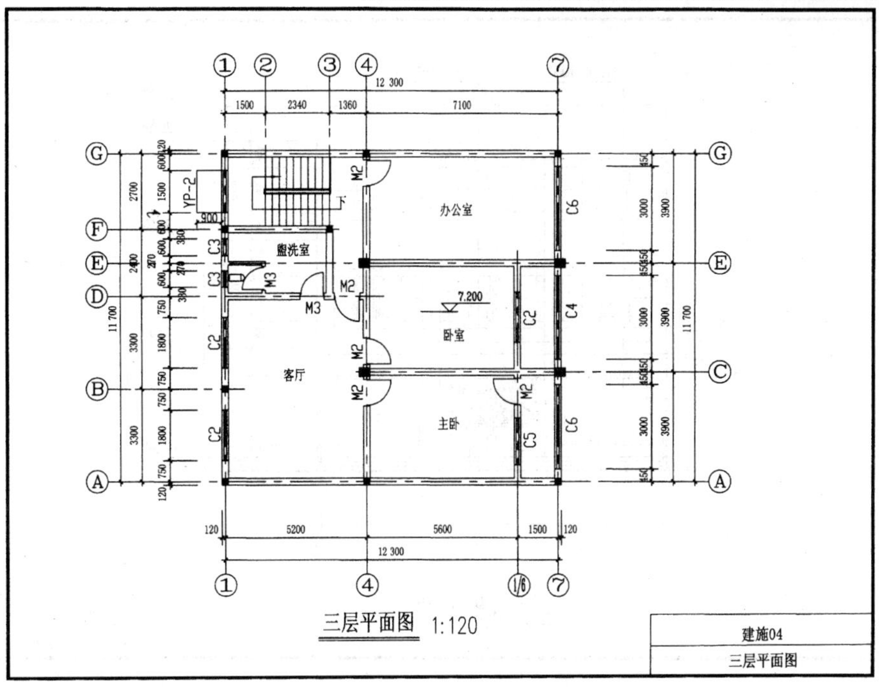

12 300
1500
2340
1360
7100
办公室
盥洗室
卧室
7.200
客厅
主卧
YP-2
M2
M3
C2
C3
C4
C5
C6
5200
5600
1500
120
11 700
3900
3000
三层平面图 1:120
建施04
三层平面图

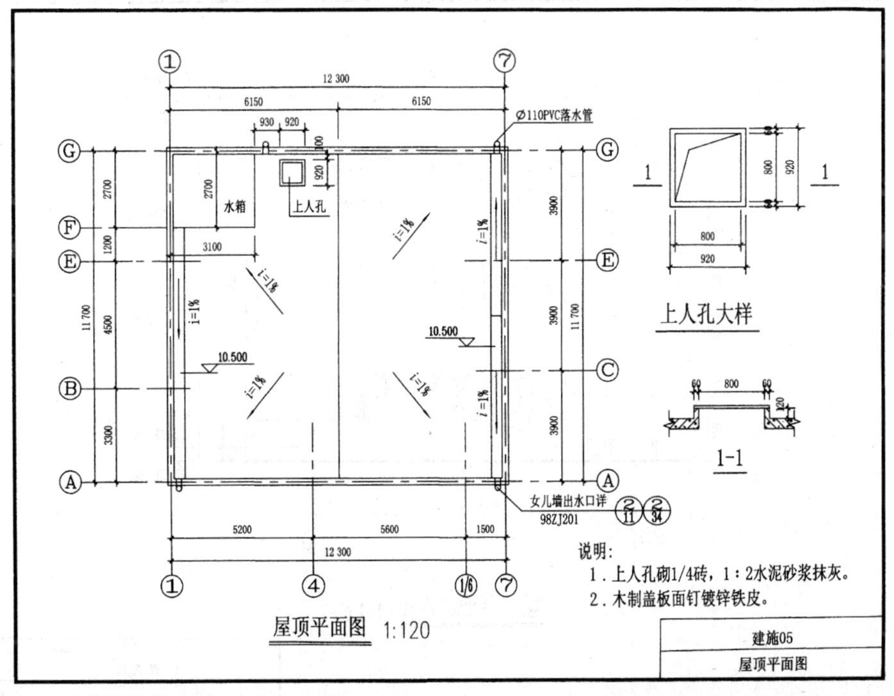

12 300
6150
6150
930
920
Ø110PVC落水管
水箱
上人孔
3100
i=1%
10.500
10.500
女儿墙出水口详
98ZJ201
5200
5600
1500
11 700
上人孔大样
800
920
1-1
说明：
1．上人孔砌1/4砖，1：2水泥砂浆抹灰。
2．木制盖板面钉镀锌铁皮。
屋顶平面图 1:120
建施05
屋顶平面图

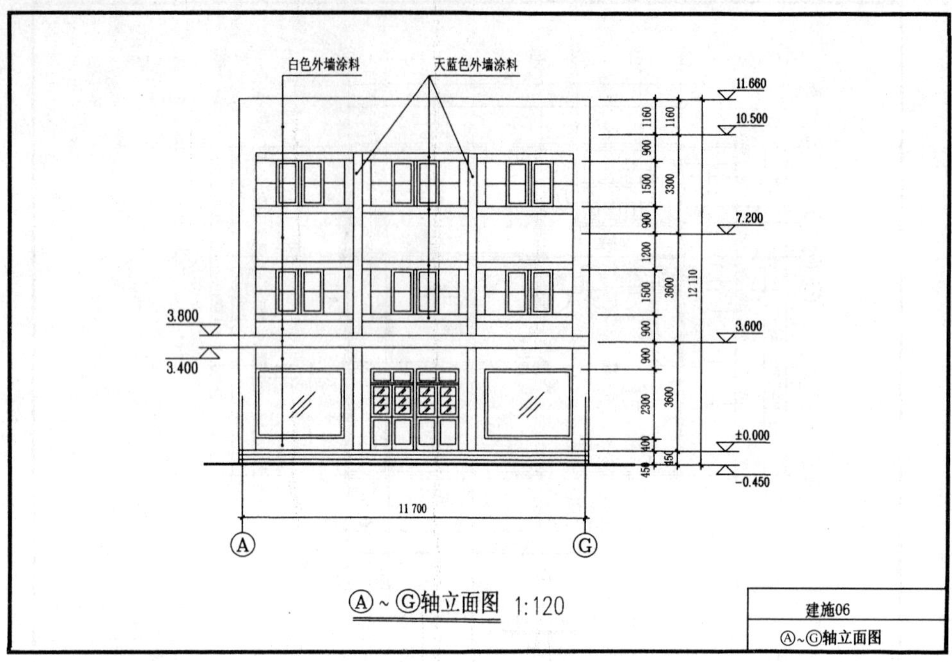

Ⓐ~Ⓖ轴立面图 1:120

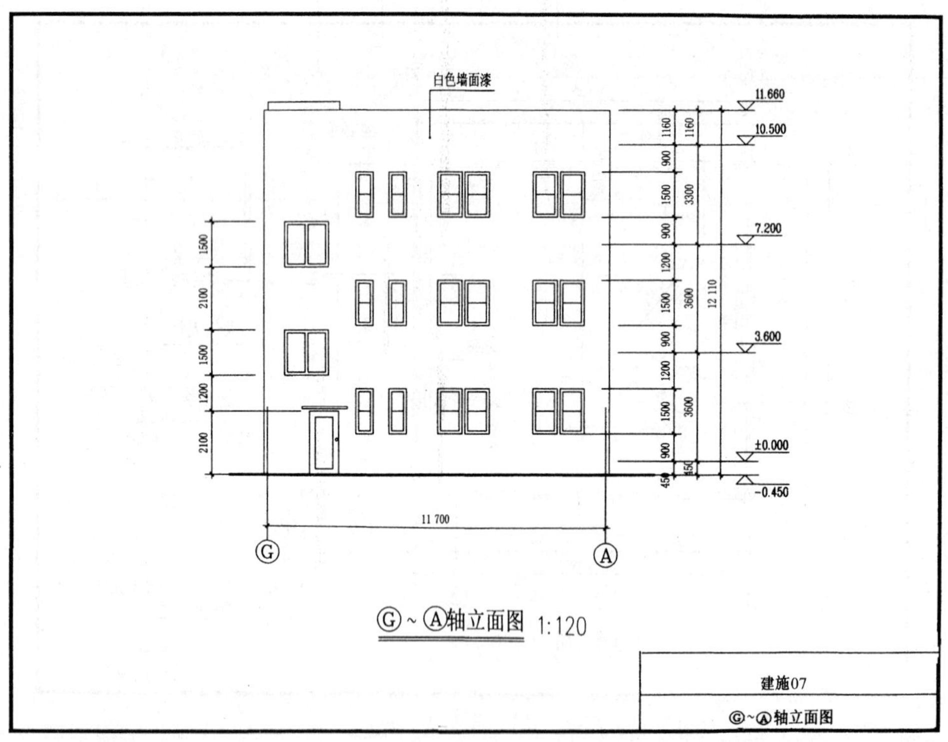

Ⓖ~Ⓐ轴立面图 1:120

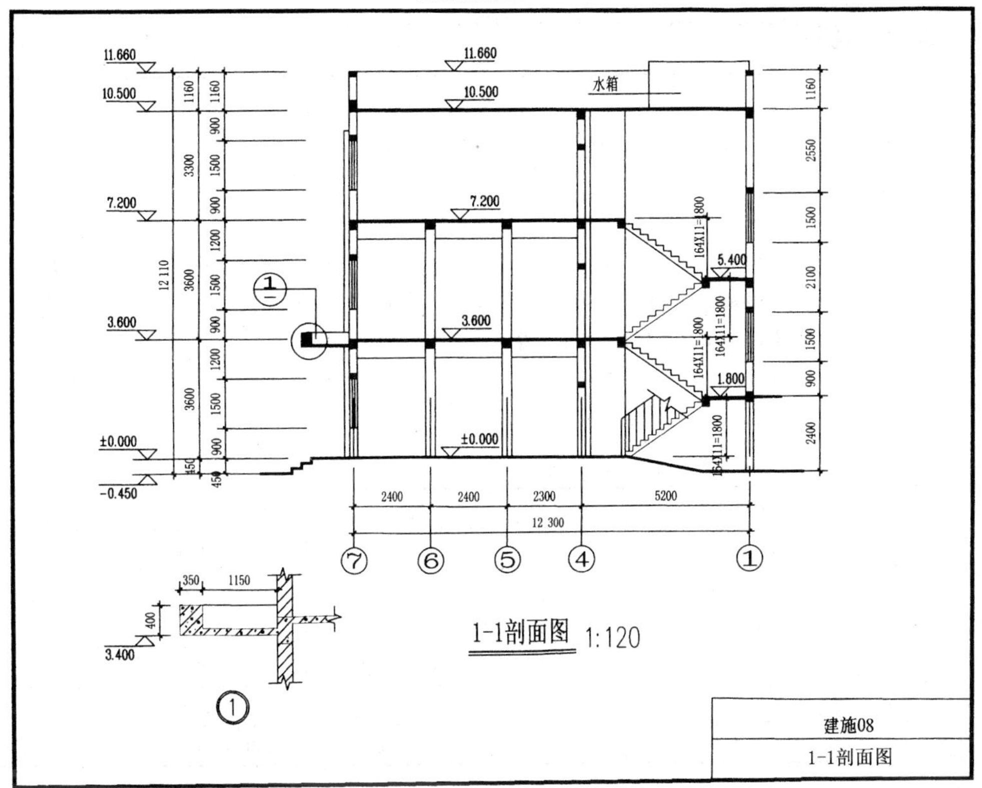

5. 某综合楼结构施工图目录

序　　号	图　　号	名　　称
1	结施 01	结构设计说明
2	结施 02	基础平面布置图
3	结施 03	基础大样图
4	结施 04	桩基大样图及 DL 详图
5	结施 05	二层楼面结构布置图
6	结施 06	三层楼面结构布置图
7	结施 07	屋顶结构布置图
8	结施 08	楼梯配筋图及柱表
9	结施 09	水箱结构详图

6. 结构设计说明

1．抗震设计及防火要求。

1.1 本工程抗震等级为四级，抗震设防烈度为6度。

1.2 本建筑耐火等级为二级。

2．地基基础部分

2.1 本工程采用打孔灌注桩，设计桩长约4.50m，桩径钢管管箍外径为325mm，桩顶配筋用钢筋笼，伸入桩内长度大于3m，外露长度L_d=400mm，箍筋采用螺旋箍筋；预制混凝土C30桩尖0.5m^3/个，桩数量为61根。

2.2 桩试压按桩数1%工程量试压，试压总根数不少于2根。

3．结构部分

3.1 现浇混凝土

3.3.1 各部分混凝土强度等级及钢筋级别见下表。

结构部分	混凝土强度等级	钢筋	结构部位	混凝土强度等级	钢筋
垫层	C10		楼面	C20	Ⅰ
桩	C20	Ⅰ	屋面	C20	Ⅰ
独立承台	C20	Ⅰ、Ⅱ	柱	C25	Ⅰ、Ⅱ
带形承台	C20	Ⅰ、Ⅱ	框架单梁	C20	Ⅰ、Ⅱ
水池	C30	Ⅰ、Ⅱ	构造柱圈梁	C20	Ⅰ
楼梯	C20	Ⅰ、Ⅱ	预制空心板	C30（650级计算）	冷拔丝

3.1.2 单向板底筋的分布筋及单向板、双向板支座负弯矩筋的分布筋，除图中注明外均为ϕ6@200。

3.1.3 双向板的底筋，长向筋放在短向筋之上。

3.1.4 各楼层的现浇端跨板的端角处（包括嵌固于承重墙内或支承于框架梁上），在1/3短向板跨范围内，用不少于ϕ8@100双向面筋。

3.1.5 钢筋混凝土柱与砌体的连接应沿钢筋混凝土柱高度每隔500mm预埋2ϕ6钢筋，锚入混凝土柱内200mm，外伸1000mm，若墙垛长不足上述长度时，则伸入墙内长度等于墙垛长，且末端弯直钩。

3.1.6 钢筋混凝土构造柱需先砌墙后浇筑，砌墙时沿墙高每隔500mm设2ϕ6钢筋，埋入墙内1000mm。

3.1.7 构造柱支承于基础钢筋混凝土梁上，钢筋锚入梁内30*d*。

3.1.8 屋顶女儿墙构造柱见98ZJ201（*a*/20），女儿墙压顶为现浇细石混凝土C20，详见98ZJ201（*b*/11）。

3.2 预制混凝土

3.2.1 预制混凝土构件除大样图有注明混凝土强度外，其余均用C20混凝土。

3.2.2 预制空心板采用94EG404。

3.3 砖砌体

3.3.1 ±0.000以下采用Mu10标准砖，M10水泥砂浆；±0.000以上采用Mu7.5标准砖，M7.5混合砂浆。

3.3.2 砖墙内的门洞、窗洞或设备留孔，其洞顶均需设钢筋混凝土过梁，过梁选用92ZG313。

结施01
结构设计说明

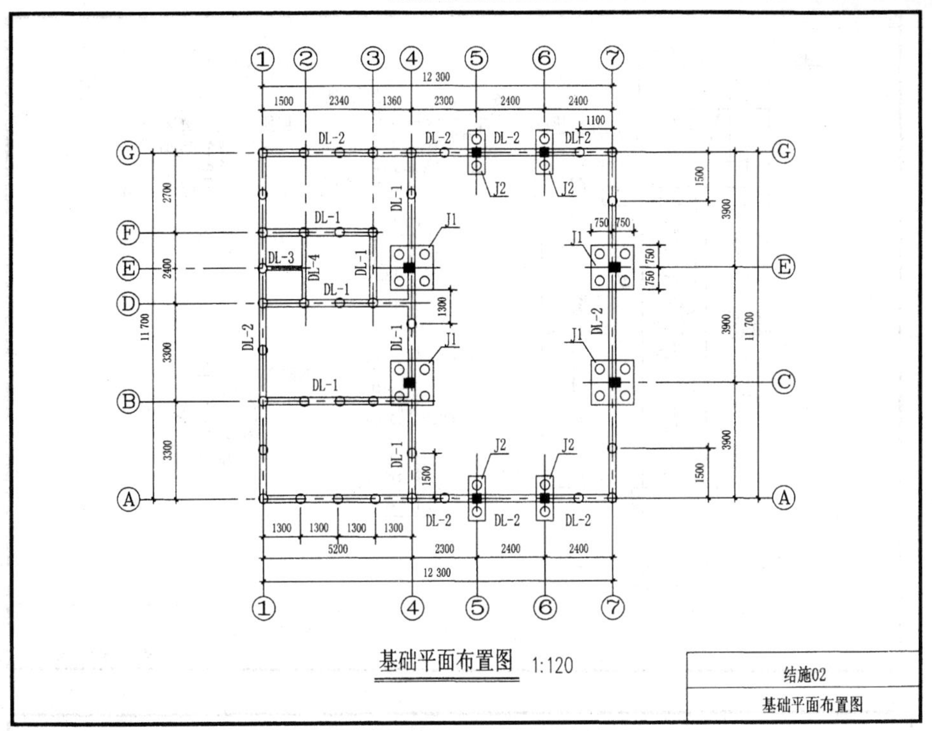

基础平面布置图 1:120
结施02
基础平面布置图

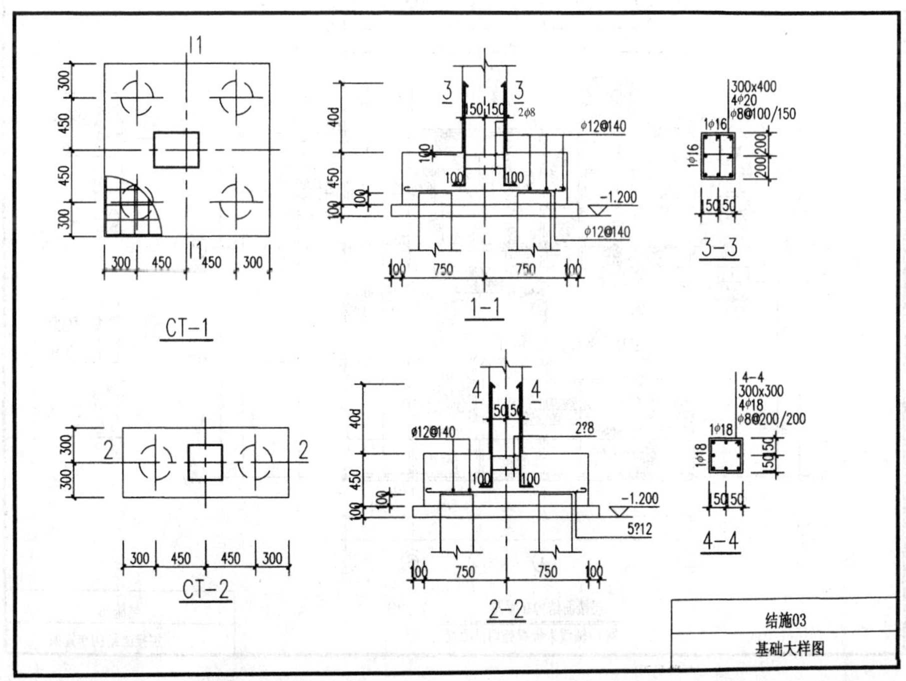

CT-1
CT-2
1-1
2-2
3-3
4-4
结施03
基础大样图

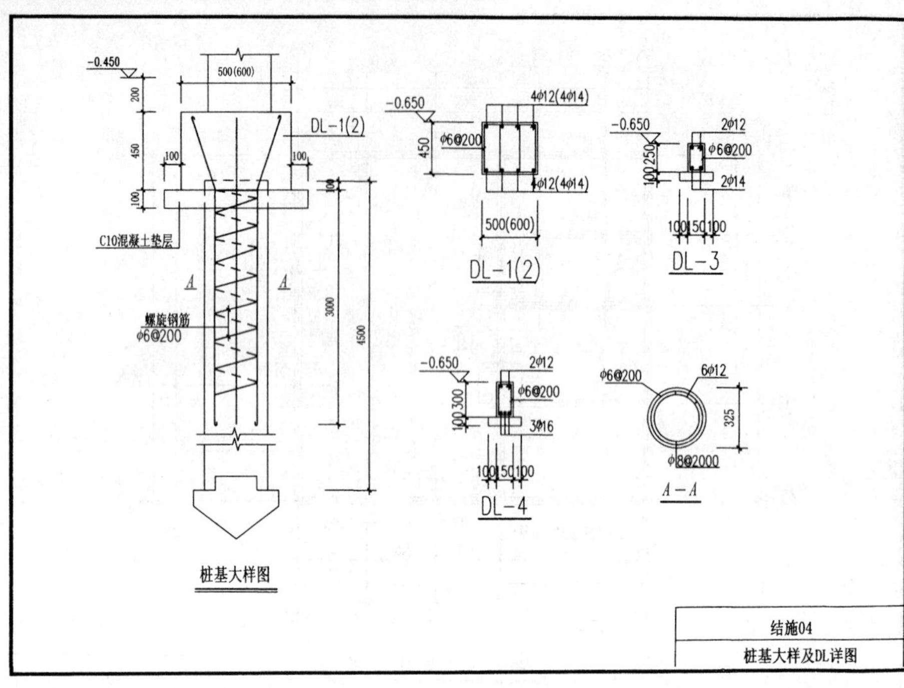
桩基大样图
C10混凝土垫层
螺旋钢筋
φ6@200
DL-1(2)
DL-3
DL-4
A-A
结施04
桩基大样及DL详图

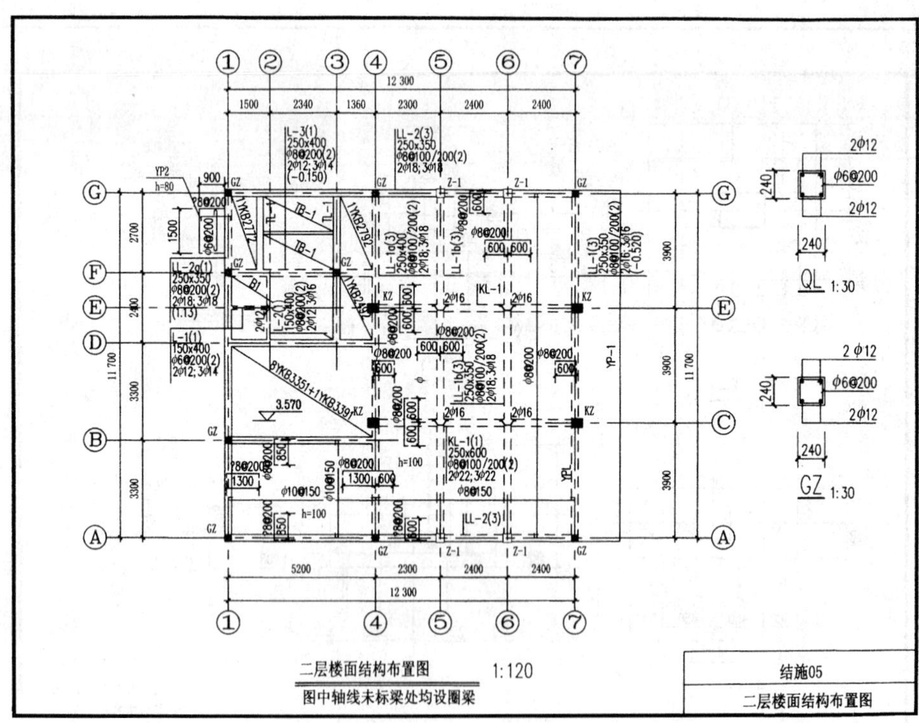
二层楼面结构布置图 1:120
图中轴线未标梁处均设圈梁
QL 1:30
GZ 1:30
结施05
二层楼面结构布置图

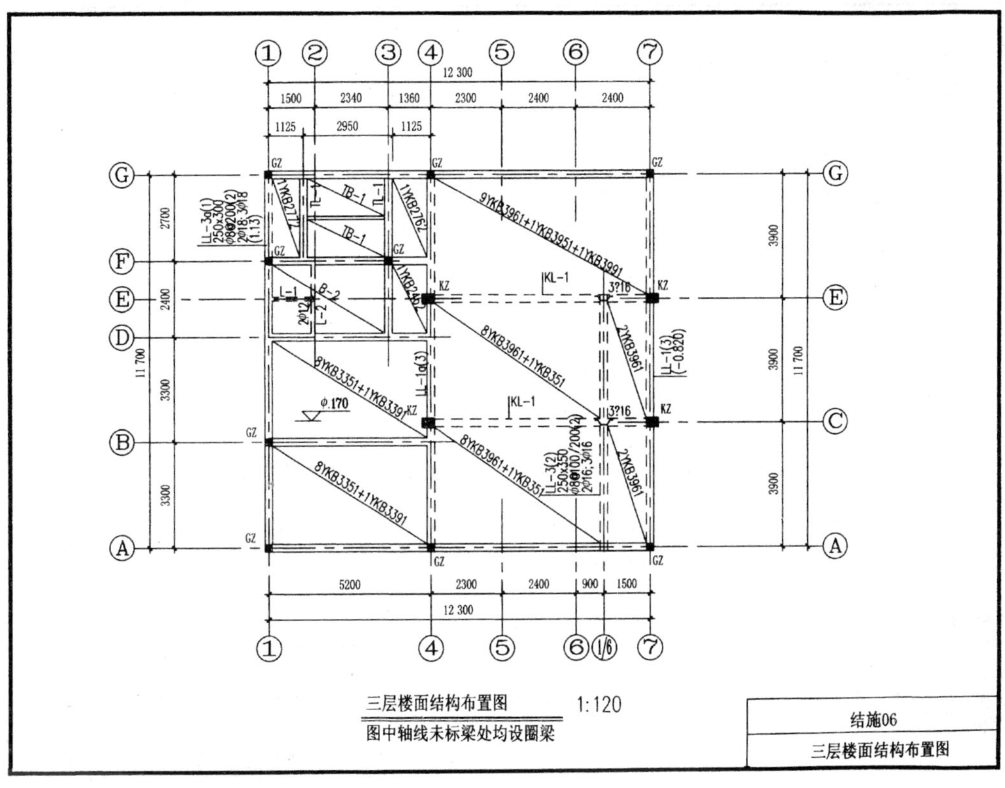
三层楼面结构布置图 1:120
图中轴线未标梁处均设圈梁
结施06
三层楼面结构布置图

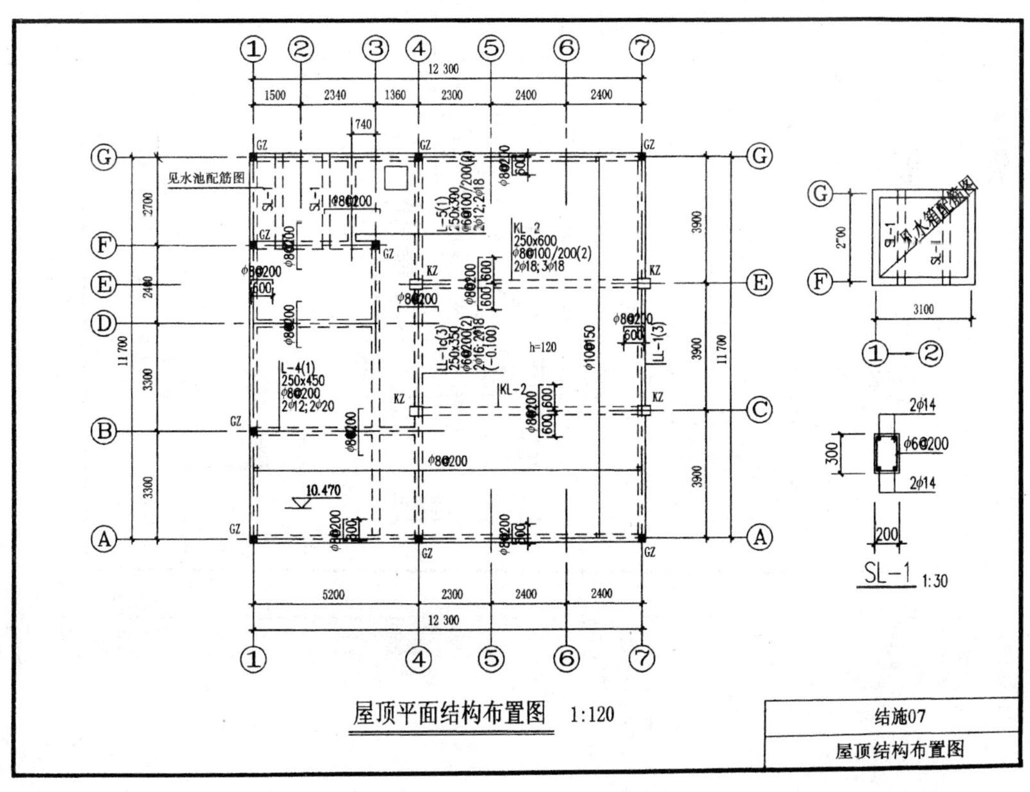
屋顶平面结构布置图 1:120
见水池配筋图
SL-1 1:30
结施07
屋顶结构布置图

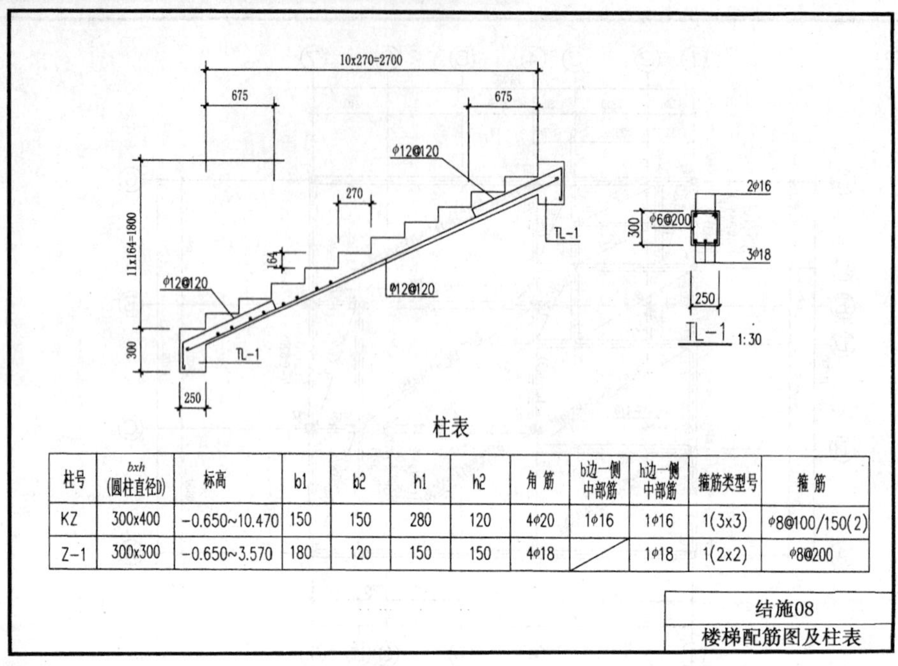

柱表

柱号	bxh (圆柱直径D)	标高	b1	b2	h1	h2	角筋	b边一侧中部筋	h边一侧中部筋	箍筋类型号	箍筋
KZ	300x400	-0.650~10.470	150	150	280	120	4φ20	1φ16	1φ16	1(3x3)	φ8@100/150(2)
Z-1	300x300	-0.650~3.570	180	120	150	150	4φ18		1φ18	1(2x2)	φ8@200

结施08

楼梯配筋图及柱表

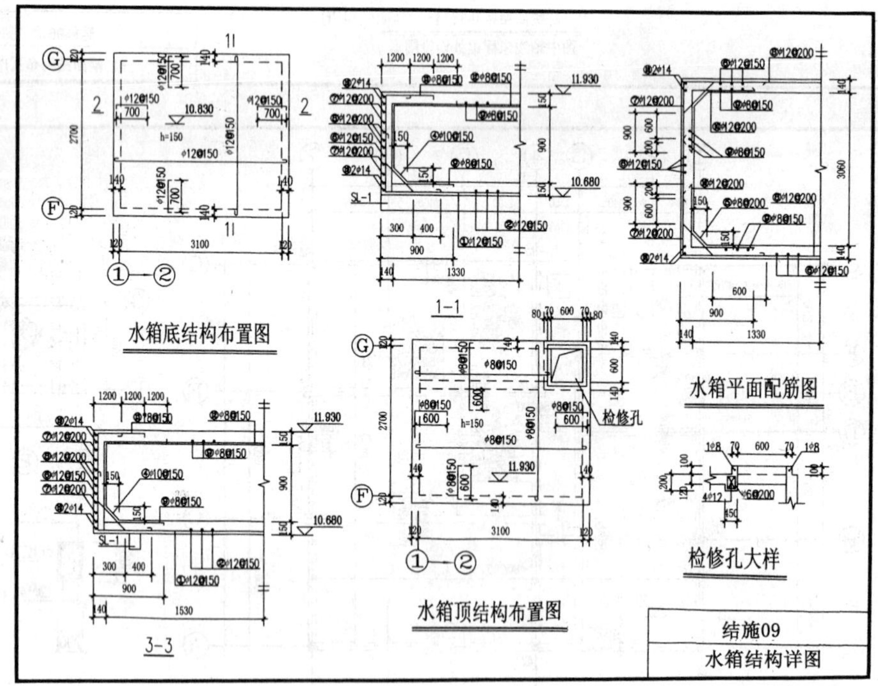

结施09

水箱结构详图

参 考 文 献

［1］ 中华人民共和国国家标准．建设工程工程量清单计价规范（GB 50500—2003）．北京：中国计划出版社，2003

［2］ 湖北省建筑工程消耗量定额及统一基价表．鄂建［2003］43 号文颁发．湖北省建设工程选价总站编印，2003

［3］ 建设工程工程量清单计价实例教材．武汉市建筑工程造价管理站与武汉建设工程造价管理协会，2004

［4］ 湖北省建筑安装工程消耗量及费用定额．鄂建［2008］216 号颁发．湖北省建设工程造价管理总站编，2008

［5］ 华均主编．建筑工程计价与投资控制．北京：中国建筑工程出版社，2006

［6］ 唐明怡等编著．建筑工程定额与预算．北京：中国水利水电出版社、知识产权出版社，2005

［7］ 全国造价工程师执业资格考试培训教材．工程造价计价与控制、建设工程技术与计量（土建工程部分）．北京：中国计划出版社，2006

［8］ 湖北省建设工程工程量清单编制与计价操作指南．湖北省建设工程造价管理总站．武汉：武汉出版社，2005

［9］ 沈祥华主编．建筑工程概预算．武汉：武汉理工大学出版社，2005

参考文献

[illegible]

反侵权盗版声明

《建筑工程概预算（第2版）》读者意见反馈表

尊敬的读者：

感谢您购买本书。为了能为您提供更优秀的教材，请您抽出宝贵的时间，将您的意见以下表的方式（可从 http://www.hxedu.com.cn 下载本调查表）及时告知我们，以改进我们的服务。对采用您的意见进行修订的教材，我们将在该书的前言中进行说明并赠送您样书。

姓名：__________ 电话：__________

职业：__________ E-mail：__________

邮编：__________ 通信地址：__________

1. 您对本书的总体看法是：

   □很满意　□比较满意　□尚可　□不太满意　□不满意

2. 您对本书的结构（章节）：□满意　□不满意　改进意见__________

3. 您对本书的例题：　□满意　□不满意　改进意见__________

4. 您对本书的习题：　□满意　□不满意　改进意见__________

5. 您对本书的实训：　□满意　□不满意　改进意见__________

6. 您对本书其他的改进意见：

7. 您感兴趣或希望增加的教材选题是：

请寄：100036　北京市万寿路173信箱高等职业教育分社　收

电话：010-88254565　　E-mail：gaozhi@phei.com.cn